安全科学与工程专业系列教材

危化场所雷电安全

李祥超　游志远　陈　俊　钱　勇　主编

气象出版社
China Meteorological Press

内 容 简 介

　　本书系统地介绍了雷电的产生、破坏作用、危害及其防护方法。本教材具有一定的理论深度,较宽的专业覆盖面,注重应用性,以提高学生对一些危化场所的深入认知,更全面地掌握对这些危化场所的雷电安全防护方法及措施。

　　全书共分为3篇。第1篇分4章介绍工厂的供电系统。第1章讲述了与工厂供电系统相关的基本知识和基本问题;第2章讲述了工厂变配电所运行、维护和设计必备的基础知识;第3章讲述了工厂电力线路的接线方式及导线和电缆的选择计算;第4章讲述了工厂照明系统的有关概念。第2篇分3章介绍化工仪器仪表。第5章介绍了一些检测变送仪表;第6章介绍了智能传感器;第7章介绍了智能仪器与安全监测。第3篇分3章介绍危化场所的雷电安全及防护。第8章讲述了雷电灾害风险评估技术;第9章讲述了供电系统的雷电防护;第10章讲述了智能仪表智能系统雷电防护。

　　本书可作为安全科学与工程类专业教材。

图书在版编目(ＣＩＰ)数据

　　危化场所雷电安全 / 李祥超等主编. -- 北京 : 气象出版社, 2021.11
　　ISBN 978-7-5029-7596-8

　　Ⅰ. ①危… Ⅱ. ①李… Ⅲ. ①化工产品-危险物品管理-防雷-教材 Ⅳ. ①TQ086.5

　　中国版本图书馆CIP数据核字(2021)第237979号

Weihua Changsuo Leidian Anquan

危化场所雷电安全

李祥超　游志远　陈　俊　钱　勇　主编

出版发行:气象出版社			
地　　址:北京市海淀区中关村南大街46号		邮政编码:100081	
电　　话:010-68407112(总编室)　010-68408042(发行部)			
网　　址:http://www.qxcbs.com		**E-mail**:qxcbs@cma.gov.cn	
责任编辑:张锐锐　郝　汉		终　　审:吴晓鹏	
责任校对:张硕杰		责任技编:赵相宁	
封面设计:地大彩印设计中心			
印　　刷:北京中石油彩色印刷有限责任公司			
开　　本:720 mm×960 mm　1/16		印　　张:16.75	
字　　数:370千字			
版　　次:2021年11月第1版		印　　次:2021年11月第1次印刷	
定　　价:68.00元			

编　委　会

前　言

南京信息工程大学在国内率先开设雷电科学与技术专业,所有问题都是新的探索。由于该学科建设时间较短,经验还不足,许多问题需要我们共同探索和研究。

为满足普通全日制高等院校安全科学与工程专业教学基本建设的需要,组织编写了《危化场所雷电安全》,供安全工程专业师生使用,以改善该类教材匮乏的局面。

本教材是根据安全科学与工程专业培养计划而撰写的,从而保证了与其他专业课内容的衔接,理论内容和实践内容的配套,体现了专业内容的系统性和完整性。本教材力求深入浅出,将基础知识点与实践能力点紧密结合,注重培养学生的理论分析能力和解决实际问题的能力。本教材适用于安全科学与工程专业教学。

随着电子设备的大规模普及和人们防雷意识的日益提高,国内外已将雷电安全防护列为重要的科研领域之一。本教材通过精选内容,以有限的篇幅取得比现有相关教材更大的覆盖面,在注重传统较为成熟的雷电安全防护基本内容的前提下,更充实了雷电安全防护方法的新思路,拓宽了知识面,并紧跟高新技术的发展,以适应雷电安全防护、应用的需要。

鉴于雷电安全涉及学科广泛,本教材在编写中力求突出对一些危化场所配电系统和相关仪器仪表的介绍,便于对这些危化场所进行相应的雷电防护,并针对危化场所的雷电安全,给出了防雷装置的检测方法、内容和防护措施。

本书在编写过程中得到了江苏春雷检测有限公司和厦门赛尔特电子有限公司等防雷企业的支持,在此表示感谢。限于编者水平,书中可能存在错误和不足之处,恳请读者批评指正。

李祥超

2021 年 4 月

目　录

前言

第1篇　工厂供电系统

第1章　工厂供电概述 ··· 1

1.1　工厂供电的意义、要求及课程任务 ··················· 1

1.2　工厂供电系统及发电厂、电力系统与工厂的自备电源 ·················· 2

1.3　电力系统的电压与电能质量 ···························· 12

1.4　电力系统中性点运行方式及低压配电系统接地形式 ············· 23

参考文献 ··· 30

第2章　工厂变配电 ··· 31

2.1　工厂变配电所的任务和类型 ···························· 31

2.2　电力变压器 ··· 33

2.3　电流互感器和电压互感器 ······························ 41

参考文献 ··· 46

第3章　工厂电力线路 ··· 47

3.1　工厂电力线路及其接线方式 ···························· 47

3.2　工厂电力线路的结构和敷设 ···························· 52

3.3　导线和电缆截面积的选择计算 ·························· 62

参考文献 ··· 68

第4章　工厂电气照明 ··· 69

4.1　照明技术的基本概念 ····································· 69

4.2　工厂常用的电光源和灯具 ······························ 72

4.3　照明质量、照度标准与照度计算 ······················· 82

4.4　照明供电系统及其选择 ·································· 87

参考文献 ··· 91

第 2 篇　化工仪器仪表

第 5 章　检测变送仪表 92
　5.1　检测变送仪表的基本性能与分类 92
　5.2　压力检测仪表 99
　5.3　温度检测仪表 115
　5.4　流量检测仪表 126
　参考文献 138

第 6 章　智能传感器 139
　6.1　概述 139
　6.2　智能传感器的实现途径 145
　参考文献 150

第 7 章　智能仪器与安全监测 151
　7.1　概述 151
　7.2　智能仪器的结构、特点及典型功能 153
　7.3　智能检测系统 157
　7.4　智能安全监测 161
　参考文献 164

第 3 篇　雷电安全

第 8 章　雷电灾害风险评估技术 165
　8.1　区域雷电灾害风险评估 165
　8.2　雷击损害与损失 178
　8.3　雷击风险和风险分量 180
　8.4　风险管理 182
　8.5　年均危险事件次数 N_x 的估算 187
　8.6　建筑物损害概率的估算 193
　8.7　建筑物损失率的估算 200
　8.8　风险分量的评估 206
　参考文献 210

第 9 章　供电系统雷电防护 211
　9.1　供电系统电涌保护器的应用 211

9.2 电气系统电击防护 ……………………………………………… 215

9.3 剩余电流保护器 ……………………………………………… 228

9.4 电气隔离 ……………………………………………… 236

9.5 安全电压 ……………………………………………… 237

参考文献 ……………………………………………… 238

第 10 章 仪器仪表智能系统雷电防护 ……………………………… 239

10.1 仪器仪表信号系统电涌保护器原理 ………………………… 239

10.2 仪器仪表信号系统电涌保护器应用 ………………………… 251

参考文献 ……………………………………………… 256

第 1 篇 工厂供电系统

第 1 章 工厂供电概述

本章概述与工厂供电有关的一些基本知识和基本问题,为学习本课程初步奠定基础。首先扼要说明工厂供电的意义、要求及本课程的任务,其次简单介绍一些典型的工厂供电系统及发电厂、电力系统和工厂自备电源的基本知识,重点讲述电力系统的电压和电能质量问题,最后讲述电力系统的中性点运行方式和低压配电系统的接地型式。

1.1 工厂供电的意义、要求及课程任务

工厂供电是指工厂所需电能的供应和分配,也称工厂配电。

众所周知,电能是现代工业生产的主要能源和动力。电能既可由其他形式的能量转换而来,也易于转换为其他形式的能量以供应用。电能的输送和分配简单经济,便于控制、调节和测量,有利于实现生产过程自动化。现代社会的信息技术和其他高新技术无一不是建立在电能应用基础之上的。因此,电能在现代工业生产及整个国民经济生活中的应用极为广泛。

在工厂里,电能是工业生产的主要能源和动力,但它在产品成本中所占的比重一般很小(除电化等工业外)。例如在机械工业中,电费开支仅占产品成本的5%左右;从投资额来看,一般机械工业在供电设备上的投资,也仅占总投资的5%左右。因此,电能在工业生产中的重要性,并不在于它在产品成本中或投资总额中所占比重,而在于工业生产实现电气化可以大幅增加产量,提高产品质量,提高劳动生产率,降低生产成本,减轻工人的劳动强度,改善工人的劳动条件,有利于实现生产过程自动化。如果工厂供电突然中断,则可能对工业生产造成严重的后果。例如某些对供电可靠性要求很高的工厂,即使是极短时间的停电,也会引起重大设备损坏或大量产品报废,甚至可能发生重大的人身事故,给国家和人民带来经济上、生态环境上甚至政治上的重大损失。因此,做好工厂供电工作对于发展工业生产、实现工业现代化具有十分重要的意义[1]。

工厂供电工作要很好地为工业生产服务,切实保证工厂生产和生活用电的需要,并做好节能和环保工作,就必须达到以下基本要求。

1. 安全:在电能的供应、分配和使用中,要注意环境保护,特别要注意防止发生人身事故和设备事故。

2. 可靠:应满足电能用户对供电可靠性,即连续供电的要求。

3. 优质:应满足电能用户对电压和频率等的质量要求。

4. 经济:供电系统的投资要少,运行费用要低,并尽可能地节约电能和减少有色金属消耗量。

此外,在供电工作中,应合理地处理局部与全局、当前与长远等关系,既要照顾局部和当前的利益,又要能顾全大局,适应长远发展。例如计划用电问题,就不能只考虑某一单位的局部利益,而要有全局观。

本课程的任务主要是讲述中小型工厂内部的电能供应和分配问题,同时介绍电气照明,使学生初步掌握中小型工厂供电系统和电气照明运行维护以及简单设计、计算所必需的基本理论和基本知识,为今后从事工厂供电技术工作奠定一定的基础。

1.2　工厂供电系统及发电厂、电力系统与工厂的自备电源

1.2.1　工厂供电系统概述

1. 6～10 kV 进线的中型工厂供电系统

一般情况下,中型工厂的电源进线电压是 6～10 kV。电能先经高压配电所集中,再由高压配电线路将电能分送到各车间变电所,或由高压配电线路直接供给高压用电设备。车间变电所内装有配电变压器,将 6～10 kV 的高压降为一般低压用电设备所需的电压,如 220 V/380 V(220 V 为相电压,380 V 为线电压),然后由低压配电线路将电能分送给低压用电设备使用。

图 1.1 是一个比较典型的中型工厂供电系统简图。该图未绘出各种开关电器(除母线和低压联络线上装设的联络开关外),而且只用一根线来表示三相线路,即绘成单线图的形式。该厂的高压配电所有两条 10 kV 的电源进线,分别接在高压配电所的两段母线上,这两段母线间装有一个分段隔离开关(又称联络隔离开关)形成所谓的"单母线分段制"。在任意一条电源进线发生故障或进行检修而被切除后,可以利用分段隔离开关的闭合,由另一条电源进线恢复对整个配电所,特别是其重要负荷的供电。这类接线的配电所通常的运行方式是:分段隔离开关闭合,整个配电所由一条电源进线供电,其电源通常来自公共电网(电力系统),而另一条电源进线作为备用,通常从邻近单位取得备用电源。

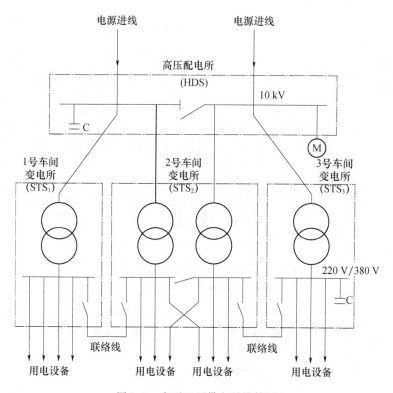

图 1.1　中型工厂供电系统简图

　　如图 1.1 所示,高压配电所有四条高压配电线,供电给三个车间变电所。其中 1 号车间变电所和 3 号车间变电所都只装有一台配电变压器,而 2 号车间变电所装有两台,并分别由两段母线供电,其低压侧又采取单母线分段制,因此对重要的低压用电设备可由两段母线交叉供电。各车间变电所的低压侧设有低压联络线相互连接,以提高供电系统运行的可靠性和灵活性。此外,该高压配电所还有一条高压配电线,直接供电给一组高压电动机;另一条高压配电线,直接与一组并联电容器相连。3 号车间变电所低压母线上也连接一组并联电容器。这些并联电容器都是用来补偿无功功率,以提高功率因数的。图 1.2 是图 1.1 所示中型工厂供电系统的平面布线示意图。

　　2. 35 kV 及以上进线的大中型工厂供电系统

　　大型工厂及某些电源进线电压为 35 kV 及以上的中型工厂,一般经两次降压。电源进厂后,先经总降压变电所,其装有较大容量的电力变压器,将 35 kV 及以上的电源电压降为 6～10 kV 的配电电压;再通过高压配电线将电能送到各个车间变电所,也有一些工厂中间经高压配电所后送到车间变电所;最后车间变电所通过配电变压器将电压降为一般低压用电设备所需的电压。其简图如图 1.3 所示。

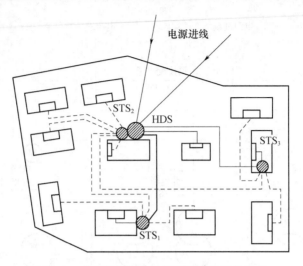

图 1.2 中型工厂供电系统的平面布线示意图

高压配电所(HDS)   车间变电所(STS)

控制屏、配电屏   ——→ 高压电源进线

—— 高压配电线   ---- 低压配电线

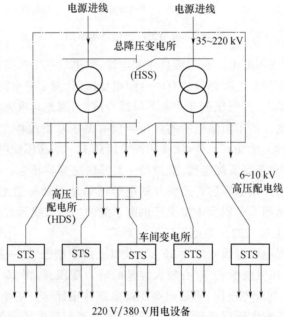

图 1.3 具有总降压变电所的工厂供电系统简图

一些 35 kV 进线的工厂,只经一次降压,即由 35 kV 线路直接引入靠近负荷中心的车间变电所,经车间变电所的配电变压器将电压直接降为低压用电设备所需的电压,如图 1.4 所示。这种供电方式称为高压深入负荷中心的直配方式。这种直配方式,可以省去一级中间变压,从而简化供电系统接线,节约投资和有色金属,降低电能损耗和电压损耗,提高供电质量。然而,这种直配方式的采用要根据厂区的环境条件是否满足 35 kV 架空线路深入负荷中心的"安全走廊"要求而定,以确保供电安全。

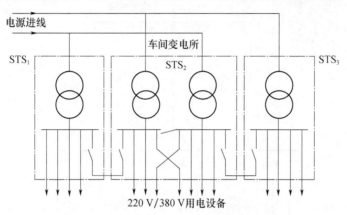

图 1.4　高压深入负荷中心的工厂供电系统简图

3. 小型工厂供电系统

对于小型工厂,由于其容量一般不大于 1000 kV•A 或稍多,通常只设一个降压变电所,将 6～10 kV 高压降为低压用电设备所需的电压,如图 1.5 所示。

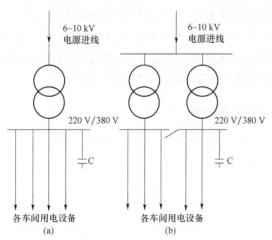

图 1.5　只设一个降压变电所的工厂供电系统简图
(a)装有一台主变压器;(b)装有两台主变压器

当工厂所需容量不大于 160 kV·A 时,一般采用低压电源进线,直接由公共低压电网供电。因此,工厂只需设一个低压配电间,如图 1.6 所示。

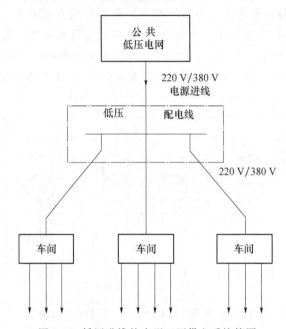

图 1.6 低压进线的小型工厂供电系统简图

4. 小结

(1)配电所的任务是接收电能和分配电能,不改变电压。

(2)变电所的任务是接收电能、变换电压和分配电能。

(3)供电系统中的母线(Busbar),又称汇流排,其任务是汇集和分配电能。

(4)工厂供电系统是指从电源线路进厂起,到高低压用电设备进线端的整个电路系统,包括工厂内的变配电所和所有高低压供配电线路。

1.2.2 发电厂和电力系统简介

电能的生产、输送、分配和使用的全过程是在同一瞬间实现的,彼此相互影响。因此,除了工厂供电系统概况外,还需了解工厂供电系统电源方向等发电厂和电力系统基本知识。

1. 发电厂

发电厂又称发电站,是将自然界蕴藏的各种一次能源转换为电能(二次能源)的工厂。

发电厂按其所利用的能源不同,分为水力发电厂、火力发电厂、核能发电厂、风力发电厂、地热发电厂、太阳能发电厂等类型。

（1）水力发电厂。水力发电厂简称水电厂或水电站，它利用水流的位能来生产电能。当控制水流的闸门打开时，水流沿进水管进入水轮机，冲动水轮机，带动发电机发电。其能量转换过程是：

$$水流位能 \xrightarrow{水轮机} 机械能 \xrightarrow{发电机} 电能$$

水电站的发电容量与水电站所在地点上下游的水位差（即落差，又称水头）及流过水轮机的水量（即流量）的乘积成正比，因此建造水电站必须用人工的办法来提高水位。

1）坝后式水电站。最常用的提高水位的办法，是在河流上建造一道很高的拦河水坝，形成水库，提高上游水位，使水坝的上下游形成尽可能大的落差，水电站就建在坝的后边，这类水电站称为坝后式水电站。我国一些大型水电站（包括长江三峡水电站）都属于这种类型。

2）引水式水电站。另一种提高水位的办法，是在具有相当坡度的弯曲河段上游筑一低坝，拦住河水，然后利用沟渠或隧道将上游水流直接引至建设在弯曲河段末端的水电站，这类水电站称为引水式水电站。

3）混合式水电站。还有一类水电站，是上述两种方式的综合，由高坝和引水渠道分别提高一部分水位，这类水电站称为混合式水电站。

4）潮汐水电站。另外还有一种利用海洋潮汐能的潮汐水电站，是在有潮汐的海湾或河口筑起水坝，形成水库，涨潮时蓄水，落潮时放水，利用潮汐能来驱动水轮发电机发电。

水电建设之初投资较大，建设周期较长，但发电成本较低，仅为火力发电成本的 $1/4\sim1/3$；而且水电属于清洁、可再生的能源，有利于环境保护；同时水电建设通常还兼有防洪、灌溉、航运、水产养殖和旅游等多项功能。我国的水力资源十分丰富（特别是我国的西南地区），居世界首位。因此，我国确定要大力发展水电建设，并实施"西电东送"工程，以促进整个国民经济的发展。

（2）火力发电厂。火力发电厂简称火电厂或火电站，它利用燃料的化学能来生产电能。火电厂按其使用的燃料类别划分，有燃煤式、燃油式、燃气式和利用工业余热、废料或城市垃圾等来发电的各种类型，我国的火电厂以燃煤式为主。为了提高燃煤效率，将煤块粉碎成煤粉燃烧，煤粉在锅炉的炉膛内充分燃烧，将锅炉内的水烧成高温高压的蒸汽，推动汽轮机带动发电机旋转发电。其能量转换过程是：

$$燃料化学能 \xrightarrow{锅炉} 热能 \xrightarrow{汽轮机} 机械能 \xrightarrow{发电机} 电能$$

现代火电厂一般都根据节能减排和环保要求，考虑了"三废"（废渣、废水、废气）的综合利用或循环使用。一些火电厂不仅能够发电，而且可以供热，这种兼供热能的火电厂称为热电厂。

火电建设的重点是煤炭基地的坑口电站。我国一些严重污染环境的低效火电厂，已按节能减排的要求陆续予以关停。我国火电发电量在整个发电量中的比重已逐年降低。

（3）核能发电厂。核能（原子能）发电厂通常称为核电站，它主要利用原子核的裂变能来生产电能。核电站生产过程与火电厂基本相同，只是以核反应堆（俗称原子锅炉）代替燃煤锅炉，以少量的核燃料代替大量的煤炭。其能量转换过程是：

$$ 核裂变能 \xrightarrow{核反应堆} 热能 \xrightarrow{汽轮机} 机械能 \xrightarrow{发电机} 电能 $$

核能是重要的能源，而且核电也是比较安全和清洁的能源，所以世界上很多国家都很重视核电建设，核电在整个发电量中的比重逐年增长。20世纪80年代，我国就确定要适当发展核电，并先后兴建了秦山、大亚湾、岭澳等多座大型核电站。核电站的选址不能处于地震带，以防地震引发核泄漏，污染环境，危害人类健康。

（4）风力发电简介。风力发电是利用风的动能来生产电能的发电方式，风力发电厂应建在有丰富风力资源的地方。风能是一种取之不尽的清洁、价廉和可再生能源，因此我国确定要大力发展风力发电。但是风能的能量密度较小，单机容量不可能很大，而且风能是一种具有随机性和不稳定性的能源，因此风力发电必须配备一定规模的蓄电装置，以保证连续供电。

（5）太阳能发电简介。太阳能发电是利用太阳的光能或热能来生产电能的发电方式，也称为"光伏发电"。利用太阳光能发电，可通过光电转换元件（如光电池等）直接将太阳光能转换为电能，这已广泛应用在人造地球卫星和宇航装置上，且在阳光比较充足地区的很多建筑物顶上已得到应用。

太阳热能发电可分为直接转换和间接转换两种方式。温差发电、热离子发电和磁流体发电均属于热电直接转换。而通过集热装置和热交换器，加热给水，使之变为蒸汽，推动汽轮发电机发电，与火力发电相同，属于间接转换发电。太阳能发电厂须建在常年日照时间较长的地方。太阳能是一种十分安全、经济、没有污染、取之不尽的能源。我国的太阳能资源也相当丰富，利用太阳能发电大有可为。

（6）地热发电简介。地热发电厂须建在有足够地热资源的地方，其能够利用地球内部蕴藏的大量地热资源来生产电能。地热发电不消耗燃料，运行费用低，并且不像火力发电那样排出大量灰尘和烟雾，因此地热属于比较清洁的能源。但是地下水和蒸汽中大多含有硫化氢、氨和砷等有害物质，因此对地热发电厂排出的废水要妥善处理，以免污染环境。

2. 电力系统

为了充分利用动力资源，减少燃料运输，降低发电成本，有必要在水力资源丰富的地方建造水电站，在燃料资源丰富的地方建造火电厂。但动力资源丰富的地方往往离用电中心较远,因此必须用高压输电线路进行远距离输电,如图 1.7 所示。

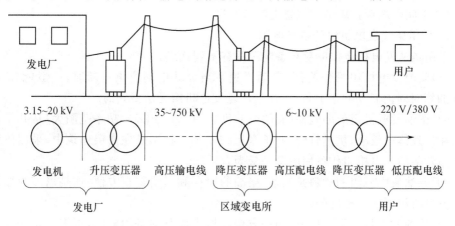

图 1.7　从发电厂到用户的送电过程示意图

电力系统中各级电压的电力线路及其联系的变电所称为电力网或电网。但习惯上,电网或系统往往以电压等级来区分,如 10 kV 电网或 10 kV 系统。这里所提到的电网或系统,实际上是某一电压级相互联系的整个电力线路。

电网可按电压高低和供电范围大小分为区域电网和地方电网。区域电网的范围大,电压一般在 220 kV 及以上。地方电网的范围较小,最高电压一般不超过 110 kV。工厂供电系统属于地方电网的一种。

电力系统加上发电厂的动力部分及其热能系统和热能用户,统称为动力系统。

全球各国建立的电力系统越来越大,甚至建立了跨国的电力系统或联合电网。我国规划截至 2020 年,要在水电、火电、核电和新能源合理利用和开发的基础上,初步建成全国统一的智能电网,实现电力资源在全国范围内的合理配置和可持续发展。

智能电网是建立在集成的、高速双向通信网络的基础上,通过先进的电子信息技术、设备控制技术及决策支持系统的应用,实现电网的安全、可靠、优质、经济、高效和环保。智能电网的主要特点是电网出现故障时反应快、自动修复能力强,而且节能减排的效果好,可以更好地满足电能用户的用电要求。

建立大型电力系统或统一的智能电网,可以更经济、合理地利用动力资源。通过充分利用水力资源和新能源,减少燃料运输费用,减少电能消耗和温室气体排放,降低发电成本,保证电能质量(即电压和频率合乎规范要求),并大幅提高供电可靠性,有利于整个国民经济的持续发展。

1.2.3　工厂的自备电源

对于工厂的重要负荷,一般在正常供电电源之外,须设置应急自备电源,最常用的自备电源是柴油发电机组。对于重要的计算机系统和应急照明等,则须另设不停电电源(也称不间断电源,UPS)或应急电源(EPS)[2]。

1. 采用柴油发电机组的自备电源

采用柴油发电机组作应急自备电源具有下列优点。

(1)柴油发电机组操作简便,启动迅速。当公共电网供电中断时,一般能在 10～15 s 的短时间内启动并接上负荷,这是汽轮发电机组无法做到的。

(2)柴油发电机组效率较高(其热效率可达 30%～40%),功率范围大(从几千瓦至几兆瓦),且体积较小,重量较轻,便于搬运和安装。特别是在高层建筑中,采用体型紧凑的高效柴油发电机组作备用电源是最为合适的。

(3)柴油发电机组的燃料是柴油,柴油的储存和运输都很方便,这是以煤为燃料的汽轮发电机组所无法相比的。

(4)柴油发电机组运行可靠,维护方便。作为应急的备用电源,可靠性是非常重要的。如果运行不可靠,就谈不上"应急"之需。

柴油发电机组也有运行中噪声和振动较大,过载能力较小等缺点。因此,在柴油发电机房的选址和布置上,应该考虑减小其对周围环境的影响,尽量采取减振和消声的措施;在选择机组容量时,应根据应急负荷的要求留有一定的裕量;在投运时,应避免过负荷和特大冲击负荷的影响。

柴油发电机组按启动控制方式可分为普通型、自启动型和全自动化型等。作为应急电源,应选自启动型或全自动化型。自启动型柴油发电机组在公共电网停电时,能自行启动;全自动化型柴油发电机不仅在公共电网停电时能自行启动,而且能在公共电网恢复供电时自动退出运行。

图 1.8 是采用快速自启动型柴油发电机组作备用电源的主接线图,正常供电电源为 10 kV 公共电网。

2. 采用交流不停电的或应急的自备电源

交流不间断电源(UPS)和应急电源(EPS)均主要由整流器(UR)、逆变器(UA)和蓄电池组(GB)等三部分组成,其示意图如图 1.9 所示。

当公共电网正常供电时,交流电源经晶闸管整流器转换为直流电,对蓄电池组充电。当公共电网突然停电时,电子开关(QV)在保护装置作用下进行切换,新电池组放电,经逆变器(UV)转换为交流电,UPS 或 EPS 投入工作,恢复对重要负荷的供电。

必须说明:上述 UPS 为"在线式",即其工作电源与重要负荷的工作电源在同一线路上。正常情况下,UPS 与重要负荷同时运行;在工作电源故障停电时,UPS 即不间断地继续给重要负荷供电。若 EPS 为"离线式"或"后备式",即其工作电源与重要负荷的工作电源是分开的,只作为后备电源。在重要负荷的正常供电电源故障停电时,EPS 通过切换装置迅速投入,向重要负荷供电,但其间有短暂的停电。

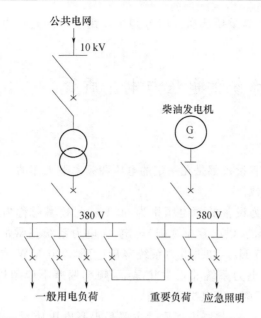

图 1.8 采用柴油发电机组作备用电源的主接线图

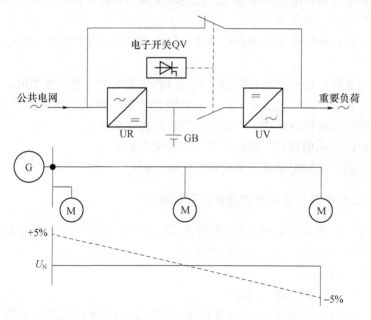

图 1.9 不停电电源和应急电源组成示意图

UPS 和 EPS 相较于柴油发电机组,具有体积小、效率高、无噪声、无振动、维护费用低、可靠性高等优点,但其容量相对较小。UPS 主要用于不允许停电的电子计算机中心、工业自动控制中心等重要场所。EPS 则主要用于可短暂停电的应急照明系统、消防装置等。

1.3　电力系统的电压与电能质量

1.3.1　概述

电力系统中的所有设备都是在一定的电压和频率下工作的。电压和频率是衡量电能质量的两个基本参数。

我国一般交流电力设备的额定频率为 50 Hz,此频率通称为"工频"(工业频率)。1996 年我国公布施行的《供电营业规则》规定,在电力系统正常情况下,工频的频率偏差一般不得超过±0.5 Hz。如果电力系统容量达到 3000 MW 或以上,则频率偏差不得超过±0.2 Hz。在电力系统非正常状况下,频率偏差不应超过±1 Hz。频率的调整,主要是依靠发电厂调整发电机的转速。

对工厂供电系统来说,提高电能质量主要是提高电压质量。电压质量是按照国家标准或规范对电力系统电压的偏差、波动、波形及其三相的对称性(平衡性)等的一种质量评估。

电压偏差是指电气设备的端电压与其额定电压之差,通常以其对额定电压的百分值来表示。

电压波动是指电网电压有效值(方均根值)的快速变动。电压波动值以用户公共供电点在时间上相邻的最大与最小电压方均根值之差对电网额定电压的百分值来表示。电压波动的频率用单位时间内电压波动(变动)的次数来表示。

电压波形的好坏用其对正弦波形畸变的程度来衡量。

三相电压的平衡情况用其不平衡度来衡量。

1.3.2　三相交流电网和电力设备的额定电压

按 GB/T 156—2007《标准电压》[3]规定,我国三相交流电网和电力设备的额定电压(Rated Voltage)见表 1.1。表中的变压器一、二次绕组额定电压,是依据我国电力变压器标准产品规格确定的。

1. 电网(电力线路)的额定电压

电网(电力线路)的额定电压(标称电压)等级,是国家根据国民经济发展的需要和电力工业发展的水平,经全面的技术经济分析后确定的。它是确定各类电力设备额定电压的基本依据。

表 1.1　我国三相交流电网和电力设备的额定电压

分类	电网和用电设备(kV)	发电机额定电压(kV)	电力变压器额定电压(kV)	
			一次绕组	二次绕组
低压	0.38	0.40	0.38	0.40
	0.66	0.69	0.66	0.69
高压	3.00	3.15	3.00,3.15	3.15,3.30
	6.00	6.30	6.00,6.30	6.30,6.60
	10.00	10.50	10.00,10.50	10.50,11.00
	—	13.80,15.75,18.00 20.00,22.00,24.00,26.00	13.80,15.75,18.00 20.00,22.00,24.00,26.00	—
	35.00	—	35.00	38.50
	66.00	—	66.00	72.50
	110.00	—	110.00	121.00
	220.00	—	220.00	242.00
	330.00	—	330.00	363.00
	500.00	—	500.00	550.00
	750.00	—	750.00	825.00(800.00)
	1000.00	—	1000.00	1100.00

2. 用电设备的额定电压

因为电力线路运行时(有电流通过时)要产生电压降,所以线路上各点的电压略有不同。但是批量生产的用电设备,其额定电压不可能按使用处线路的实际电压来制造,只能按线路首端与末端的平均电压,即电网的额定电压 U_N 来制造。因此,规定用电设备的额定电压与同级电网的额定电压相同。

在此必须指出:按 GB/T 11022—2011《高压开关设备和控制设备标准的共同技术要求》[4]规定,高压开关设备和控制设备的额定电压按其允许的最高工作电压来标注,即其额定电压不得小于它所在系统可能出现的最高电压,见表 1.2。我国近年生产的高压设备已按此新规定标注[5]。

表 1.2　系统的额定电压、最高电压和部分高压设备的额定电压(单位:kV)

系统额定电压	系统最高电压	高压开关、互感器及支柱绝缘子的额定电压	穿墙套管额定电压	熔断器额定电压
3	3.5	3.6	—	3.5
6	6.9	7.2	6.9	6.9
10	11.5	12.0	11.5	12.0
35	40.5	40.5	40.5	40.5

3. 发电机的额定电压

由于电力线路允许的电压偏差一般为±5%,即整个线路允许有10%的电压损耗,为了维持线路的平均电压在额定电压值,线路首端(电源端)的电压应较线路额定电压高5%,而线路末端电压则较线路额定电压低5%,如图1.10所示。因此,发电机额定电压按规定应高于同级电网(线路)额定电压5%。

4. 电力变压器的额定电压

(1)电力变压器一次绕组的额定电压分两种情况

1)当变压器直接与发电机相连时,如图1.10中的变压器T1,其一次绕组额定电压应与发电机额定电压相同,即高于同级电网额定电压5%。

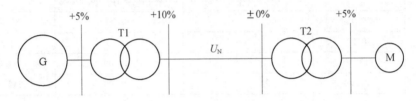

图 1.10　电力变压器的额定电压说明

2)当变压器连接在线路上,不与发电机相连时,如图1.10中的变压器T2,则可将它看作线路的用电设备,因此其一次绕组额定电压应与电网额定电压相同。

(2)电力变压器二次绕组的额定电压也分两种情况

1)变压器二次侧供电线路较长,如为较大的高压电网时,如图1.10中的变压器T1,其二次绕组额定电压需比相连电网额定电压高10%。其中5%用于补偿变压器满负荷运行时绕组内部约5%的电压降(因为变压器二次绕组的额定电压是指变压器一次绕组加上额定电压时二次绕组开路的电压)。此外,变压器满负荷时输出的二次电压还要高于电网额定电压5%,以补偿线路上的电压损耗。

2)变压器二次侧供电线路不长,如为低压电网或直接供电给高低压用电设备时,如图1.10中的变压器T2,其二次绕组额定电压只需高于电网额定电压5%,即仅考虑补偿变压器满负荷时绕组内部5%的电压降。

5. 电压高低的划分

我国现在统一以1000 V为界线来划分电压的高低(表1.1)。低压指交流电压在1000 V及以下者。高压指交流电压在1000 V以上者。此外,电压还常细分为特低压、低压、中压、高压、超高压和特高压等。交流50 V及以下为特低压,1000 V及以下为低压,1000 V至10 kV或35 kV为中压,35 kV及以上至110 kV或220 kV为高压,220 kV或330 kV及以上为超高压,800 kV及以上为特高压。不过这种电压高低的划分,尚无统一标准,因此划分的界线并不十分明确。

1.3.3　电压偏差与电压调整

1. 电压偏差的有关概念

(1)电压偏差的含义

电压偏差又称电压偏移,是指给定瞬间设备的端电压 U 与设备额定电压 U_N 之差对额定电压 U_N 的百分值,即:

$$\Delta U\% = \frac{U - U_N}{U_N} \times 100\% \tag{1-1}$$

(2)电压对设备运行的影响

1)对感应电动机的影响。当感应电动机端电压较其额定电压低 10% 时,转矩 M 与端电压 U 的二次方成正比($M \propto U^2$),因此其实际转矩将只有额定转矩的 81%,而负荷电流将增大 5%~10% 或更高,温升将增高 10%~15% 或更高,绝缘老化程度将比规定增加 1 倍以上,从而明显地缩短电动机的使用寿命。此外,由于转矩减小,转速下降,不仅会降低生产效率,减少产量,还会影响产品质量,增加废、次品所占比例。当其端电压较其额定电压偏高时,负荷电流和温升也将增加,绝缘相应受损,对电动机同样不利,也会缩短其使用寿命。

2)对同步电动机的影响。当同步电动机的端电压偏高或偏低时,转矩的变化也要与电压的二次方成正比,因此同步电动机的电压偏差,除了不会影响其转速外,其他如对转矩、电流和温升等的影响,均与感应电动机相同。

3)对电光源的影响。电压偏差对白炽灯的影响最为显著。当白炽灯的端电压降低10% 时,灯泡的使用寿命可延长 2~3 倍,但发光效率将下降 30% 以上,导致灯光明显变暗,照度降低,严重影响人的视力健康,降低工作效率,还可能增加事故的发生概率。当其端电压升高 10% 时,发光效率将提高 1/3,但使用寿命将大幅缩短至原来的 1/3 左右。电压偏差对荧光灯及其他气体放电灯的影响不像对白炽灯那样明显,但也有一定的影响。当其端电压偏低时,灯管不易启燃,多次反复启燃会使灯管寿命大受影响;且电压降低时,照度下降,会影响视力和工作。当其电压偏高时,灯管寿命会缩短。

(3)允许的电压偏差

GB 50052—2009《供配电系统设计规范》[6]规定:在电力系统正常运行情况下,用电设备端子处的电压偏差允许值(以额定电压的百分值表示)宜符合下列要求。

1)电动机:±5%。

2)电气照明:在一般工作场所为 ±5%;对于远离变电所的小面积一般工作场所,难以达到上述要求时,可为 +5%~-10%;应急照明、道路照明和警卫照明等,为 +5%~-10%。

3)其他用电设备:当无特殊规定时为 ±5%。

2. 电压调整的措施

为了满足用电设备对电压偏差的要求,供电系统必须采取相应的电压调整措施。

(1)正确选择无载调压型变压器的分接开关或采用有载调压型变压器。我国工厂供电系统中应用的 6～10 kV 电力变压器,一般为无载调压型,其高压绕组(一次绕组)有 $U_{1N}\pm5\%U_{1N}$ 的电压分接头,并装设有无励磁分接开关,如图 1.11 所示。如果设备端电压偏高,则应将分接开关换接到 $+5\%$ 的分接头,以降低设备端电压。如果设备端电压偏低,则应将分接开关换接到 -5% 的分接头,以升高设备端电压。但这只能在变压器无载条件下进行调节,使设备端电压较接近于设备额定电压,不能按负荷的变动实时地自动调节电压。如果用电负荷中一些设备对电压偏差要求严格,采用无载调压型变压器满足不了要求,而这些设备单独装设调压装置在技术经济上又不合理时,则可以采用有载调压型变压器,使之在负荷情况下自动调节电压,保证设备端电压的稳定。

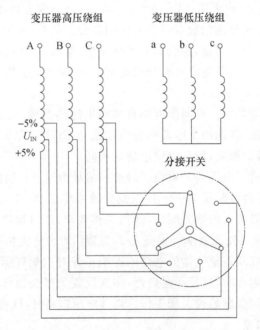

图 1.11　电力变压器的分接开关

(2)合理减小系统的阻抗。供电系统中的电压损耗与系统中各元件,包括变压器和线路的阻抗成正比,因此可考虑减少系统的变压级数,适当增大导线电缆的截面积或以电缆取代架空线等来减小系统阻抗,降低电压损耗,从而减小电压偏差,达到电压调整的目的。但增大导线电缆的截面积及以电缆取代架空线,会增加线路投资,因此应进行技术经济的分析比较,合理时才采用。

(3)合理改变系统的运行方式。在一班制或两班制的工厂或车间中,工作班的时间内,负荷重,电压往往偏低,因此需要将变压器高压绕组的分接头调在－5％的位置上。这样一来,到晚上负荷轻时,电压就会过高。这时如能切除变压器,改用与相邻变电所相连的低压联络线供电,既可减少这台变压器的电能损耗,又可因为投入低压联络线而增加线路的电压损耗,从而降低所出现的过高电压。对于两台变压器并列运行的变电所,在负荷轻时切除一台变压器,同样可起到降低过高电压的作用。

(4)尽量使系统的三相负荷均衡。在有中性线的低压配电系统中,如果三相负荷分布不均衡,将会使负荷端中性点电位偏移,造成部分相电压升高,从而增大线路的电压偏差。为此,应使三相负荷分布尽可能均衡,以降低电压偏差。

(5)采用无功功率补偿装置。由于电力系统中存在大量的感性负荷,如电力变压器、感应电动机、电焊机、高频炉、气体放电灯等,会出现相位滞后的无功功率,导致系统的功率因数降低以及电压损耗和电能损耗增大。为了提高系统的功率因数,降低电压损耗和电能损耗,可采用并联电容器或同步补偿机,使之产生相位超前的无功功率,以补偿系统中相位滞后的无功功率。这些专门用于补偿无功功率的并联电容器和同步补偿机,统称为无功补偿设备。由于并联电容器无旋转部分,安装简便,运行维护方便,有功损耗小、组装灵活和便于扩充等优点,其在工厂供电系统中获得了广泛的应用。但必须指出,采用专门的无功补偿设备,虽然电压调整的效果显著,但增加了额外投资,因此在进行电压调整时,应优先考虑前面所述各项措施,以提高供电系统的经济效益。

1.3.4　电压波动及其抑制

1. 电压波动的有关概念

(1)电压波动的含义

电压波动是指电网电压有效值(方均根值)的连续快速变动。

电压波动值,以用户公共供电点在时间上相邻的最大与最小电压有效值 U_{max} 与 U_{min} 之差对电网额定电压 U_N 的百分值来表示,即:

$$\delta U\% = \frac{U_{max} - U_{min}}{U_N} \times 100\% \qquad (1-2)$$

(2)电压波动的产生与危害

电压波动是由于负荷急剧变动的冲击性负荷所引起的。负荷急剧变动使电网的电压损耗相应变动,进而导致用户公共供电点的电压出现波动现象。例如电动机的启动,电焊机的工作,特别是大型电弧炉和大型轧钢机等冲击性负荷的投入运行,均会引起电网电压的波动。

电网电压波动可影响电动机的正常启动,甚至使其无法启动;可引起同步电动机的转子振动;可使电子设备和电子计算机无法正常工作;可导致照明灯光发生明显的闪变,严重影响视觉,使人无法正常生产、工作和学习。这种引起灯光(照度)闪变的波动电压,称为闪变电压。

2. 电压波动的抑制措施

抑制电压波动可采取下列措施。

(1)对负荷变动剧烈的大型电气设备,采用专用线路或专用变压器单独供电。这是最简便、有效的办法。

(2)设法增大供电容量,减小系统阻抗。例如将单回路线路改为双回路线路,将架空线路改为电缆线路等,使系统的电压损耗减小,从而减小负荷变动时引起的电压波动。

(3)在系统出现严重的电压波动时,减少或切除引起电压波动的负荷。

(4)对大容量电弧炉的炉用变压器,宜由短路容量较大的电网供电,一般选用更高电压等级的电网。

(5)对大型冲击性负荷,如果采取上述措施仍达不到要求时,可装设能"吸收"冲击性无功功率的静止型无功补供装置(SVC)。SVC 是一种能吸收随机变化的冲击性无功功率和动态谐波电流的无功补偿装置,其类型有多种,而以自饱和电抗器型(SR 型)的效能最好,其电子元件少,可靠性高,反应速度快,维护方便、经济实惠,我国一般变压器厂均能制造,是最适于在我国推广应用的一种 SVC。

1.3.5　电网谐波及其抑制

1. 电网谐波的有关概念

(1)电网谐波的含义

谐波是指对周期性非正弦交流信号进行傅里叶级数分解所得到的大于基波频率整数倍的各次分量,通常称为高次谐波。基波是指其频率与工频(50 Hz)相同的分量。

向公用电网注入谐波电流或在公用电网中产生谐波电压的电气设备,称为谐波源。

就电力系统中的三相交流发电机发出的电压来说,可认为其波形基本上是正弦量,即电压波形中基本无直流和谐波分量。但由于电力系统中存在着各种各样的谐波源,特别是大型变流设备和电弧炉等的应用日益广泛,使得谐波干扰成了当前电力系统中影响电能质量的一大"公害",亟待采取对策。

(2)谐波的产生与危害

电网谐波的产生,主要是由于电力系统中存在各种非线性元件。因此,即使电力系统中电源的电压波形为正弦波,也会由于非线性元件的存在,使得电网中总有谐波电流或电压存在。产生谐波电流或电压的电气元件很多,例如荧光灯和高压钠灯等气体放电灯、感应电动机、电焊机、变压器和感应电炉等;最为严重的是大型晶闸管变流设备和大型电弧炉,它们产生的谐波电流最为突出,是造成电网谐波的主要因素。

谐波对电气设备的危害很大。谐波电流通过变压器,可使变压器铁心损耗明显增加,使变压器出现过热,缩短其使用寿命。谐波电流通过交流电动机,不仅会使电动机的铁心损耗明显增加,而且会导致电动机转子发生振动现象,严重影响机械加工的产品质量。谐波对电容器的影响更为突出,谐波电压加在电容器两端时,由于电容器对于谐波的阻抗很小,电容器很容易过负荷甚至烧毁。此外,谐波电流可使电力线路的电能损耗和电压损耗增加,可使计量电能的感应式电能表计量不准确,可使电力系统发生电压谐振,进而在线路上引起谐振过电压,这可能击穿线路设备的绝缘,还可能造成系统的继电保护和自动装置发生误动作,并可对附近的通信设备和通信线路产生信号干扰。因此,GB/T 14549—1993《电能质量 公用电网谐波》[7]对谐波电压限值和谐波电流允许值均作了规定。

2. 电网谐波的抑制

抑制电网谐波,可采取下列措施。

(1)三相整流变压器采用 Yd 或 Dy 联结。由于 3 次及 3 的整数倍次谐波在三角形联结的绕组内能够形成环流,却不可能在星形联结的绕组内产生谐波电流;采用 Yd 或 Dy 联结的三相整流变压器能使注入电网的谐波电流中消除 3 次及 3 的整数倍次的谐波电流。由于电力系统中的非正弦交流电压或电流通常正、负两半波对时间轴是对称的,不含直流分量和偶次谐波分量;采用 Yd 或 Dy 联结的整流变压器后,注入电网的谐波电流只有 5、7、11、…、n 等次谐波,这是抑制高次谐波最基本的方法。

(2)增加整流变压器二次侧的相数。整流变压器二次侧的相数越多,整流波形的脉波数越多,其次数低的谐波被消除的也越多。例如整流相数为 6 相时,出现的 5 次谐波电流为基波电流的 18.5%,7 次谐波电流为基波电流的 12%;如果整流相数增加到 12 相时,则出现的 5 次谐波电流降为基波电流的 4.5%,7 次谐波电流降为基波电流的 3%,都减少了 75% 左右。由此可见,增加整流相数对高次谐波的抑制效果相当显著。

(3)使各台整流变压器二次侧互有相角差。多台相数相同的整流装置并列运行时,使其整流变压器的二次侧互有适当的相角差,这与增加二次侧的相数效果相类似,也能大幅减少注入电网的高次谐波。

(4)装设分流滤波器。在大容量静止"谐波源"(如大型晶闸管整流器)与电网连接处装设如图 1.12 所示的分流滤波器,使滤波器的各组 R-L-C 回路分别对需要消除的 5、7、11、…、n 等次谐波进行调谐,使之发生串联谐振。串联谐振回路的阻抗极小,以使这些次数的谐波电流可被其分流吸收,而不至注入公用电网中。

(5)选用 Dyn11 联结组三相配电变压器。Dyn11 联结的变压器高压绕组为三角形联结,可使 3 次及 3 的整数倍次的高次谐波在绕组内形成环流而不至注入高压电网中,从而抑制了高次谐波。

(6)其他抑制谐波的措施。例如限制电力系统中接入的变流设备和交流调压装置的容量,提高对大容量非线性设备的供电电压,将"谐波源"与不能受干扰的负荷电路从电网的接线上分开。

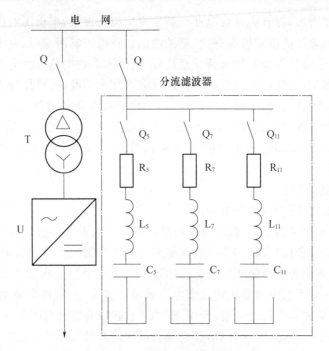

图 1.12　装设分流滤波器吸收高次谐波

⊔ 表示为星形联结

以上措施均有助于谐波的抑制或消除。

1.3.6　三相不平衡及其改善

1. 三相不平衡的产生及其危害

在三相供电系统中,如果三相的电压或电流幅值或有效值不等,或者三相的电压或电流相位差不为 120°时,称此三相电压或电流不平衡。

三相供电系统在正常运行方式下出现三相不平衡的主要原因是三相负荷不平衡(不对称)。

不平衡的三相电压或电流按对称分量法,可分解为正序分量、负序分量和零序分量。由于负序分量的存在,使得三相系统中的三相感应电动机在产生正向转矩的同时,还产生一个反向转矩,从而降低了电动机的输出转矩,并使电动机绕组电流增大,温升增高,最终缩短电动机的使用寿命。

对于三相变压器:由于三相电流不平衡,当最大相电流达到变压器额定电流时,其他两相却低于额定值,导致变压器容量不能得到充分利用。对于多相整流装置:三相电压不对称,将严重影响多相触发脉冲的对称性,进一步影响电能质量。

2. 电压不平衡度及其允许值

电压不平衡度,用电压负序分量的方均根值 U_2 与电压正序分量的方均根值 U_1 的百分比值来表示,即:

$$\delta U\% = \frac{U_2}{U_1} \times 100\%　　　　　　　　　　　(1\text{-}3)$$

GB/T 15543—2008《电能质量 三相电压不平衡》[8] 规定如下。

(1)电压不平衡度正常允许值为 2%,短时不超过 4%。

(2)接于公共连接点的每个用户电压不平衡度一般不得超过 1.3%,短时不超过 2.6%。

3. 改善三相不平衡的措施

(1)使三相负荷均衡分配。在供配电设计和安装中,应尽量使三相负荷均衡分配。三相系统中各相装设的单相用电设备容量之差应不超过 15%。

(2)使不平衡负荷分散连接。尽可能将不平衡负荷接到不同的供电点,以减少其集中连接造成电压不平衡度可能超过允许值的问题。

(3)将不平衡负荷接入更高电压的电网。由于更高电压的电网具有更大的短路容量,在接入不平衡负荷时,对三相不平衡度的影响可大幅减小。例如电网短路容量大于负荷容量 50 倍时,就能保证连接点的电压不平衡度小于 2%。

(4)采用三相平衡化装置。三相平衡化装置包括具有分相补偿功能的静止型无功补偿装置(SVC)和静止无功电源(SVG)。SVG 基本不用储能元件,而是通过充分利用三相交流电的特点,使能量在三相之间及时转移来实现补偿的。与 SVC 相比,SVG 可大幅减小平衡化装置的体积和材料消耗,而且响应速度快,调节性能好,它综合了无功补偿、谐波抑制和改善三相不平衡的优点,是值得推广应用的一种先进产品。

1.3.7　工厂供配电电压的选择

1. 工厂供电电压的选择

工厂供电的电压,主要取决于当地电网的供电电压等级,同时也要考虑工厂用电设备的电压、容量和供电距离等因素。在同一输送功率和输送距离条件下,供电电压越高,线路电流就越小,通过减小线路导线或电缆截面积,可减少线路的投资和有色金属消耗量。各级电压电力线路合理的输送功率和输送距离见表 1.3。

《供电营业规则》规定:供电企业(指供电电网)供电的额定电压,低压有单相 220 V、三相 380 V;高压有 10 kV、35(66) kV、110 kV、220 kV。同时规定:除发电厂直配电压可采用 3 kV 或 6 kV 外,其他等级的电压应逐步过渡到上述额定电压;当用户需要的电压等级不在上述范围时,应自行采用变压措施解决;当用户需要的电压等级在 110 kV 及以上时,其受电装置应作为终端变电所设计,其方案需经省电网经营企业审批。

表 1.3　各级电压电力线路合理的输送功率和输送距离

线路电压(kV)	线路结构	输送功率(kW)	输送距离(km)
0.38	架空线	≤100	≤0.25
0.38	电缆	≤175	≤0.35
6	架空线	≤1000	≤10
6	电缆	≤3000	≤8
10	架空线	≤2000	6～20
10	电缆	≤5000	≤10
35	架空线	2000～10000	20～50
66	架空线	3500～30000	30～100
110	架空线	10000～50000	50～150
220	架空线	100000～500000	200～300

2. 工厂高压配电电压的选择

工厂供电系统的高压配电电压,主要取决于工厂高压用电设备的电压和容量、数量等因素。

工厂采用的高压配电电压通常为 10 kV。如果工厂拥有相当数量的 6 kV 用电设备,或者供电电源电压就是从邻近发电厂取得的 6.3 kV 直配电压,则可考虑采用 6 kV 作为工厂的高压配电电压。如果不是上述情况,或者 6 kV 用电设备不多时,则仍应用 10 kV 作高压配电电压,而少数 6 kV 用电设备则通过专用的 10 kV/6.3 kV 变压器单独供电,3 kV 不能作为高压配电电压。如果工厂有 3 kV 用电设备,则应通过 10 kV/3.15 kV 变压器单独供电。

如果当地电网供电电压为 35 kV,而厂区环境条件又允许采用 35 kV 架空线路和较经济的 35 kV 电气设备时,则可考虑采用 35 kV 作为高压配电电压深入工厂各车间负荷中心,并经车间变电所直接降为低压用电设备所需的电压。这种高压深入负荷中心的直配方式,可以省去一级中间变压,大大简化供电系统接线,节约投资和有色金属,降低电能损耗和电压损耗,提高供电质量,因此有一定的推广价值。但必须考虑厂区要有满足 35 kV 架空线路深入各车间负荷中心的"安全走廊",以确保安全。

3. 工厂低压配电电压的选择

工厂的低压配电电压一般采用 220 V/380 V,其中线电压 380 V 接三相动力设备及额定电压为 380 V 的单相用电设备,相电压 220 V 接额定电压为 220 V 的照明灯具和其他单相用电设备。但某些场合宜采用 660 V 或 1140 V 作为低压配电电压,例如在矿井下,其负荷中心往往离变电所较远,为保证负荷端的电压水平需采用 660 V 甚至

1140 V 电压配电。相较于 380 V 配电,采用 660 V 或 1140 V 配电可以减少线路的电压损耗,提高负荷端的电压水平,并且能减少线路的电能损耗,降低线路的投资和有色金属消耗量,增加供电半径,提高供电能力,减少变压点,简化配电系统。因此,提高低压配电电压有明显的经济效益,是节电的有效措施之一,这在世界各国均已成为发展趋势。但是将 380 V 升高为 660 V,需电器制造部门乃至其他有关部门全面配合,我国目前尚难以实现。目前 660 V 电压只限于采矿、石油和化工等少数企业中采用,1140 V 电压只限于井下采用;至于 220 V 电压,现已不作为三相配电电压,仅作为单相配电电压和单相用电设备的额定电压。

1.4　电力系统中性点运行方式及低压配电系统接地形式

1.4.1　电力系统的中性点运行方式

在三相交流电力系统中,作为供电电源的发电机和变压器的中性点有三种运行方式:①电源中性点不接地;②中性点经阻抗接地;③中性点直接接地。前两种合称为小接地电流系统,也称中性点非有效接地系统或中性点非直接接地系统;后一种中性点直接接地系统,称为大接地电流系统,也称为中性点有效接地系统[9]。

我国 3～66 kV 的电力系统,特别是 3～10 kV 系统,一般采用中性点不接地的运行方式。如果单相接地电流大于一定值时(3～10 kV 系统中单相接地电流大于 30 A,20 kV 及以上系统中单相接地电流大于 10 A),则应采用中性点经消弧线圈接地的运行方式或低电阻接地的运行方式。我国 110 kV 及以上的电力系统,均采用中性点直接接地的运行方式。

电力系统电源中性点的不同运行方式,对电力系统的运行,特别是在系统发生单相接地故障时有明显的影响,而且将影响系统二次侧的继电保护和监测仪表的选择与运行。因此,有必要予以研究。

1. 中性点不接地的电力系统

图 1.13 是电源中性点不接地的电力系统在正常运行时的电路图和相量图。为了讨论问题简化起见,假设图 1.13a 所示三相系统的电源电压和线路参数 R、L、C 都是对称的,而且将相线与大地之间存在的分布电容用一个集中电容 C 表示,相线之间存在的电容因对所讨论问题没有影响予以略去。

系统正常运行时,三个相的相电压 $\dot{U}_A$、$\dot{U}_B$、$\dot{U}_C$ 是对称的,三个相的对地电容电流 $\dot{I}_{C0}$ 也是平衡的,如图 1.13b 所示。因此,三个相的电容电流的相量和为 0,地中没有电流流过。各相的对地电压,就是各相的相电压。

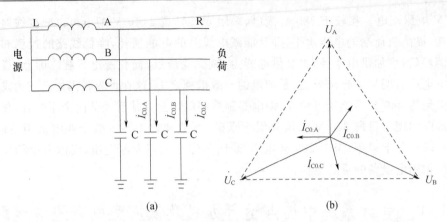

图 1.13　正常运行时的中性点不接地的电力系统

(a)电路图;(b)相量图

单相接地故障时,当假设是系统发生 C 相接地时,如图 1.14a 所示。这时 C 相对地电压为 0,而 A 相对地电压 $\dot{U}'_A = \dot{U}_A + (-\dot{U}_C) = \dot{U}_{AC}$,B 相对地电压 $\dot{U}'_B = \dot{U}_B + (-\dot{U}_C) = \dot{U}_{BC}$,如图 1.14b 所示。由图 1.14b 的相量图可知,C 相接地时,完好的 A、B 两相对地电压都由原来的相电压升高到线电压,即升高为原对地电压的 $\sqrt{3}$ 倍。

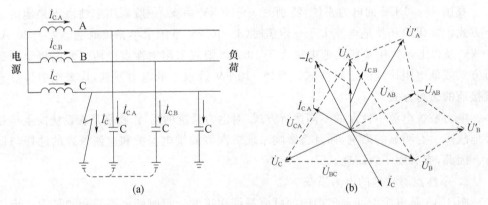

图 1.14　单相接地时的中性点不接地的电力系统

(a)电路图;(b)相量图

当 C 相接地时,系统的接地电流(电容电流)$\dot{I}'_C$ 应为 A、B 两相对地电容电流之和,即:

$$\dot{I}'_C = -(\dot{I}_{C.A} + \dot{I}_{C.B}) \tag{1-4}$$

由图 1.14b 的相量图可知,$\dot{I}_C$ 在相位上超前 $\dot{U}_C$ 90°;而在量值上,由于 $I_C = \sqrt{3} I_{C.A}$,

而 $I_{\mathrm{C.A}} = \dfrac{U'_{\mathrm{A}}}{X_{\mathrm{C}}} = \sqrt{3}\,\dfrac{U_{\mathrm{A}}}{X_{\mathrm{C}}} = \sqrt{3}\,I_{\mathrm{C0}}$，因此：

$$I_{\mathrm{C}} = 3I_{\mathrm{C0}} \tag{1-5}$$

即单相接地电容电流为系统正常运行时相线对地电容电流的 3 倍。

由于线路对地的电容 C 不好准确计算，因此 I_{C0} 和 I_{C} 也不好根据 C 值精确地计算。

中性点不接地系统中的单相接地电流通常采用下列经验公式计算：

$$I_{\mathrm{C}} = \frac{U_{\mathrm{N}}(l_{\mathrm{oh}} + 35\,l_{\mathrm{cab}})}{350} \tag{1-6}$$

式中：I_{C} 为系统的单相接地电容电流，单位为 A；U_{N} 为系统额定电压，单位为 kV；l_{oh} 为同一电压 U_{N} 的具有电气联系的架空线路总长度，单位为 km；l_{cab} 为同一电压 U_{N} 的具有电气联系的电缆线路总长度，单位为 km。

必须指出：当中性点不接地系统中发生单相接地时，三相用电设备的正常工作并未受到影响，因为线路的线电压相位和量值均未发生变化，这从图 1.14b 的相量图可以看出，因此该系统中的三相用电设备仍能照常运行。但这种存在单相接地故障的系统不允许长期运行，以免再有一相发生接地故障时，形成两相接地短路，使故障扩大。因此，在中性点不接地系统中，应装设专门的单相接地保护或绝缘监视装置。当系统发生单相接地故障时，须发出报警信号，提醒供电值班人员注意，及时处理；当危及人身和设备安全时，则单相接地保护应动作于跳闸，切除故障线路。

2. 中性点经消弧线圈接地的电力系统

上述中性点不接地的电力系统有一种故障情况比较危险，即在发生单相接地故障时，如果接地电流较大，将在接地故障点出现断续电弧。由于电力线路既有电阻 R、电感 L，又有电容 C，因此在发生单相弧光接地时，可形成一个 R-L-C 的串联谐振电路，从而使线路上出现危险的过电压（可达相电压的 2.5～3 倍），这可能导致线路上绝缘薄弱地点的绝缘击穿。为了防止单相接地时接地点出现断续电弧，引起谐振过电压，在单相接地电容电流大于一定值时（如前所述），电力系统中性点必须采取经消弧线圈接地的运行方式。

图 1.15 是电源中性点经消弧线圈接地的电力系统发生单相接地时的电路图和相量图。消弧线圈实际上就是一个可调的铁心电感线圈，其电阻很小，感抗很大。当系统发生单相接地时，通过接地点的电流为接地电容电流 $\dot{I}_{\mathrm{C}}$ 与通过消弧线圈 L 的电感电流 $\dot{I}_{\mathrm{L}}$ 之和。由于 $\dot{I}_{\mathrm{C}}$ 超前 U_{C} 90°，而 $\dot{I}_{\mathrm{L}}$ 滞后 U_{C} 90°，因此 $\dot{I}_{\mathrm{L}}$ 与 $\dot{I}_{\mathrm{C}}$ 在接地点相互补偿。当 $\dot{I}_{\mathrm{L}}$ 与 $\dot{I}_{\mathrm{C}}$ 的量值差小于发生电弧的最小电流（称为最小生弧电流）时，电弧就不会产生，即不会出现谐振过电压。

在电源中性点经消弧线圈接地的三相系统中，与中性点不接地的系统一样，在系统发生单相接地故障时允许短时间（一般规定为 2 h）继续运行，但应有保护装置在接地故障时及时发出报警信号。运行值班人员应抓紧时间积极查找故障,予以消除;在暂时无法消除故障时,应设法将重要负荷转移到备用电源线路上。当发生单相接地会危及人身和设备安全时,则单相接地保护应动作于跳闸,切除故障线路。

　　中性点经消弧线圈接地的电力系统,在单相接地时,其他两相对地电压也要升高到线电压,即升高为原对地电压的 $\sqrt{3}$ 倍。

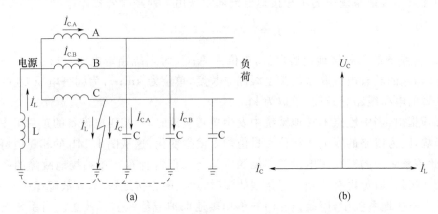

图 1.15　中性点经消弧线圈接地的电力系统发生单相接地时的情况

(a)电路图;(b)相量图

3. 中性点直接接地或经低电阻接地的电力系统

　　图 1.16 是电源中性点直接接地的电力系统发生单相接地时的情况。这种系统的单相接地,即通过接地中性点形成单相短路 $k^{(1)}$。单相短路电流 $I_k^{(1)}$ 比线路的正常负荷电流大得多,因此在系统发生单相短路时保护装置应动作于跳闸,切除短路故障,使系统的其他部分恢复正常运行。

　　中性点直接接地的系统发生单相接地时,其他两完好相的对地电压不会升高,这与上述中性点非直接接地的系统不同。因此,中性点直接接地系统中的供、用电设备绝缘只需按相电压考虑,而无需按线电压考虑。这对 110 kV 及以上的超高压系统是很有经济技术价值的。因为高压电器,特别是超高压电器,其绝缘问题是影响电器设计和制造的关键问题。电器绝缘要求的降低,在降低电器造价的同时,也改善了电器的性能,因此我国 110 kV 及以上超高压系统的电源中性点通常都采取直接接地的运行方式。在低压配电系统中,我国广泛应用的 TN 系统及国外应用较广的 TT 系统,均为中性点直接接地系统。TN 系统和 TT 系统在发生单相接地故障时,一般能使保护装置迅速动作,切除故障部分,比较安全。如果再加装剩余电流保护器,则人身安全更有保障。

　　在现代化城市电网中广泛采用电缆取代架空线路,而电缆线路的单相接地电容电流远比架空线路的大(由式(1-6)可以看出),采取中性点经消弧线圈接地的方式往往无法完全消除接地故障点的电弧,同时也无法抑制由此引起的危险的谐振过电压。因此,我国有些城市(例如北京市)的 10 kV 城市电网中性点采取低电阻接地的运行方式,它接近于中性点直接接地的运行方式,必须装设动作于跳闸的单相接地故障保护。在系统发生单相接地故障时,迅速切除故障线路,同时系统的备用电源投入装置动作,投入备用电源,恢复对重要负荷的供电。由于这类城市电网通常都采用环网供电的方式,而且保护装置完善,因此其供电可靠性是相当高的。

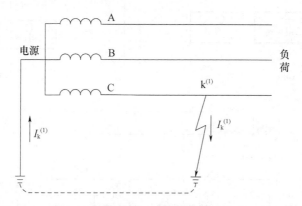

图 1.16　中性点直接接地的电力系统发生单相接地时的情况

1.4.2　低压配电系统的接地型式

我国 220 V/380 V 低压配电系统广泛采用中性点直接接地的运行方式,而且引出有中性线(N 线)、保护线(PE 线)或保护中性线(PEN 线)。

中性线的功能:一是用来接以额定电压为系统相电压的单相用电设备,二是用来传导三相系统中的不平衡电流和单相电流,三是用来减小负荷中性点的电位偏移。

保护线的功能:它是用来保障人身安全,防止发生触电事故的接地线。系统中所有外露可导电部分(指正常不带电压,但故障时可能带电压的易被触及的导电部分,例如设备的金属外壳、金质帽架等)通过保护线接地,可在设备发生接地故障时减少触电危险。

保护中性线的功能:它兼有 N 线和 PE 线的功能。这种 PEN 线在我国通称为"零线",俗称地线。

低压配电系统按接地方式分为 TN 系统、TT 系统和 IT 系统。

1. TN 系统

TN 系统的中性点直接接地,所有设备的外露可导电部分均接公共的 PE 线或公共的 PEN 线。这种接公共 PE 线或 PEN 线的方式,通称接零。TN 系统又分 TN-C 系统、TN-S 系统和 TN-C-S 系统,如图 1.17 所示。

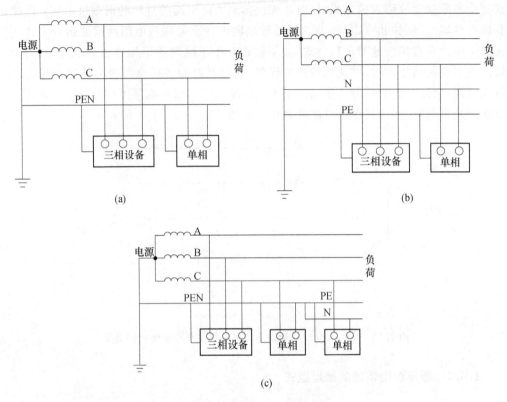

图 1.17　低压配电的 TN 系统
(a)TN-C 系统;(b)TN-S 系统;(c)TN-C-S 系统

（1）TN-C 系统。该系统 N 线与 PE 线全部合并为一根 PEN 线,PEN 线中可有电流通过,因此接 PEN 线的设备相互间会产生电磁干扰。当 PEN 线断线时,断线处后接 PEN 线的设备的外露可导电部分带电,可造成人身触电危险。该系统由于 PE 线与 N 线合为一根 PEN 线,节约了有色金属,减少了投资,较为经济。该系统在发生单相接地故障时,线路的保护装置应该动作,切除故障线路。目前 TN-C 系统在我国低压配电系统中应用最为普遍,但不适用于对人身安全和抗电磁干扰要求高的场所。

（2）TN-S 系统。该系统 N 线与 PE 线全部分开,设备的外露可导电部分均接 PE 线。由于 PE 线中没有电流通过,设备之间不会产生电磁干扰。正常情况下,PE 线断线也不会使断线处后接 PE 线的设备的外露可导电部分带电;但在断线处后如有设备发生一相接地故障,将使断线处后所有接 PE 线的设备的外露可导电部分带电,进而造成人身触电危险。该系统在发生单相接地故障时,线路的保护装置应该动作于切除故障线路。该系统在有色金属消耗量和投资方面较 TN-C 系统有所增加。TN-S 系统广泛应用于对抗电磁干扰要求高的数据处理和精密检测等实验场所以及对安全要求较高的场所,如浴室和居民住宅等处。

（3）TN-C-S 系统。该系统的前半部分全部为 TN-C 系统,后半部分则由 TN-C 系统和 TN-S 系统共同组成,其中设备的外露可导电部分接 PEN 线或 PE 线。该系统综合了 TN-C 系统和 TN-S 系统的特点,其灵活性较高,对安全要求较高的场所和对抗电磁干扰要求高的场所可采用 TN-S 系统,而一般场所则采用 TN-C 系统。

2. TT 系统

TT 系统的中性点直接接地,其中设备的外露可导电部分均各自经 PE 线单独接地,如图 1.18 所示。

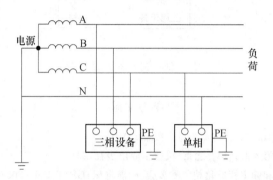

图 1.18　低压配电的 TT 系统

由于 TT 系统中各设备的外露可导电部分的接地 PE 线彼此是分开的,互无电气联系,因此相互之间不会发生电磁干扰问题。该系统如发生单相接地故障,则形成单相短路,线路的保护装置应动作于跳闸,切除故障线路。但是,该系统如出现绝缘不良而引起漏电时,由于漏电电流较小,可能不足以使线路的过电流保护动作,可使漏电设备的外露可导电部分长期带电,增加触电的危险。因此该系统必须装设灵敏度较高的漏电保护装置,以确保人身安全。该系统适用于安全要求及对抗干扰要求较高的场所,这种配电系统在国外应用较为普遍,目前我国也开始推广应用。GB 50096—2011《住宅设计规范》[10]就规定:住宅供电系统应采用 TT、TN-C-S 或 TN-S 接地方式。

3. IT 系统

IT 系统的中性点不接地,或经高阻抗（约 1000 Ω）接地。该系统没有 N 线,因此不适用于接额定电压为系统相电压的单相设备,只能接额定电压为系统线电压的单相设备或三相设备。该系统中所有设备的外露可导电部分均经各自的 PE 线单独接地,如图 1.19 所示。

由于 IT 系统中设备外露可导电部分的接地 PE 线也是彼此分开的,互无电气联系,其相互之间也不会发生电磁干扰问题。IT 系统中性点不接地或经高阻抗接地,因此当系统发生单相接地故障时,三相设备及接线电压的单相设备仍能照常运行。但是在发生单相接地故障时,应发出警报信号,以便供电值班人员及时处理,消除故障。IT系统主要用于对连续供电要求较高及有易燃易爆危险的场所,特别是矿山、井下等场所的供电。

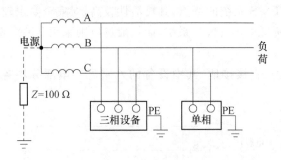

图 1.19   低压配电系统的 IT 系统

参考文献

[1] 刘介才.工厂供电[M].北京:机械工业出版社,2010.

[2] 刘介才.工厂供电(第4版)[M].北京:机械工业出版社,2014.

[3] 全国电压电流等级和频率标准化技术委员会.标准电压:GB/T 156—2007[S].北京:中国标准出版社,2007.

[4] 中国电器工业协会,全国高压开关设备标准化技术委员会.高压开关设备和控制设备标准的共同技术要求:GB/T 11022—2011[S].北京:中国标准出版社,2011.

[5] 刘介才.供配电技术[M].北京:机械工业出版社,2013.

[6] 中国机械工业勘察设计协会,中国联合工程公司.供配电系统设计规范:GB 50052—2009[S].北京:中国标准出版社,2009.

[7] 全国电压电流等级和频率标准化技术委员会.电能质量 公用电网谐波:GB/T 14549—1993[S].北京:中国标准出版社,1993.

[8] 全国电压电流等级和频率标准化技术委员会.电能质量 三相电压不平衡:GB/T 15543—2008[S].北京:中国标准出版社,2008.

[9] 苏文成.工厂供电[M].北京:机械工业出版社,1990.

[10] 中国建筑设计研究院.住宅设计规范:GB 50096—2011[S].北京:中国建筑工业出版社,2011.

第 2 章　工厂变配电

本章首先介绍工厂变配电所的任务和类型;然后重点讲述工厂变配电所的一次设备和主接线图,着重介绍电力变压器、互感器和高低压一次设备的功能、结构特点、基本原理及其选择,着重讲述对主接线图基本要求及一些典型接线;最后讲述工厂变配电所的所址选择、布置、结构、电气安装图及其运行维护和检修试验的基本知识。本章知识是本课程的重点,也是从事工厂变配电所运行、维护和设计的必备基础。

2.1　工厂变配电所的任务和类型

2.1.1　变配电所的任务

变电所担负着从电力系统受电,经过变压后配电的任务。配电所担负着从电力系统受电后直接配电的任务。显然,变配电所是工厂供电系统的枢纽,在工厂中占有特殊的重要地位[1]。

2.1.2　变配电所的类型与选择

1. 变配电所的类型

工厂变电所分为总降压变电所和车间变电所,一般中小型工厂不设总降压变电所。车间变电所按其主变压器的安装位置可分为下列类型。

(1)车间附设变电所。变电所变压器室的一面墙或几面墙与车间建筑的墙共用,变压器室的大门朝车间外开。根据变压器室位于车间墙内或墙外的不同,可进一步分为内附式(图 2.1 中的 1 和 2)和外附式(图 2.1 中的 3 和 4)。

(2)车间内变电所。变压器室位于车间内的单独房间内,变压器室的大门朝车间内开(图 2.1 中的 5)。

(3)露天(或半露天)变电所。变压器安装在车间外抬高的地面上(图 2.1 中的 6)。变压器上方没有任何遮蔽物的称为露天式,变压器上方设有顶板或挑檐的称为半露天式。

(4)独立变电所。整个变电所设在与车间建筑有一定距离的单独建筑物内(图 2.1

中的7)。

(5)杆上变电台。变压器安装在室外的电杆上,也称杆上变电所(图2.1中的8)。

(6)地下变电所。整个变电所设置在地下(图2.1中的9)。

(7)楼上变电所。整个变电所设置在楼上(图2.1中的10)。

(8)成套变电所。由电器制造厂按一定接线方案成套制造,现场装配的变电所,又称组合式或箱式变电所。

(9)移动式变电所。整个变电所装在可移动的车上。

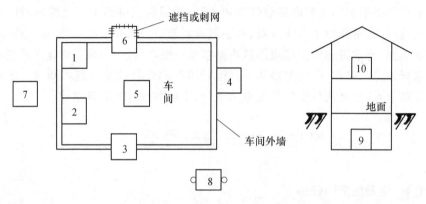

图 2.1　车间变电所的类型

1、2:内附式;3、4:外附式;5:车间内式;6:露天或半露天式;7:独立式;8:杆上式;9:地下式;10:楼上式

上述的车间附设变电所、车间内变电所、独立变电所、地下变电所和楼上变电所,均属于室内型(户内式)变电所。露天或半露天变电所和杆上变电台,则属于室外型(户外式)变电所。成套变电所和移动式变电所,则在室内型和室外型均有涉及。

2. 不同类型变配电所的适宜场所

(1)在负荷较大的多跨厂房、负荷中心在厂房中央且环境许可时,可采用车间内变电所。车间内变电所位于车间的负荷中心,可以缩短低压配电距离,从而降低电能损耗和电压损耗,减少有色金属消耗量,因此这种变电所的技术经济指标比较好。但是,此类变电所建在车间内部,要占一定的生产面积,不太适用于一些生产面积比较紧凑,生产流程要经常调整,设备也要相应变动的生产车间;同时其变压器室门朝车间内开,对生产安全有一定的威胁。这种车间内变电所在大型冶金企业中应用较多。

(2)对于生产面积比较紧凑,生产流程要经常调整,设备也要相应变动的生产车间,宜采用附设变电所。至于采用内附式或外附式,要视具体情况而定。内附式占用一定的生产面积,但离负荷中心比外附式稍近一些;从建筑外观来看,内附式一般也比外附式好。外附式不占或少占车间生产面积,而且其变压器室在车间的墙外,比内附式更安全一些。因此,内附式和外附式各有所长,这两种型式的变电所,在机械类工厂中比较普遍。

(3)露天或半露天变电所比较简单经济,通风散热好,因此只要是周围环境条件正常,无腐蚀性、爆炸性气体和粉尘的场所都可以采用。这种型式的变电所在工厂的生活区及小厂中较为常见。但这种型式的变电所安全可靠性较差,在靠近易燃易爆厂房附近及大气中含有腐蚀性、爆炸性物质的场所不能采用。

(4)独立变电所建筑费用较高,除各车间的负荷相当小而分散,或需远离易燃易爆和有腐蚀性物质的场所等情况外,一般车间变电所不宜采用。电力系统中的大型变配电站和工厂的总变配电所一般采用独立式。

(5)杆上变电台最为简单经济,一般用于容量在 315 kV·A 及以下的变压器,而且多用于生活区供电。

(6)地下变电所的通风散热条件较差,湿度较大,建筑费用也较高,但相当安全,且不碍观瞻。这种型式的变电所常在一些高层建筑、地下工程和矿井中采用。

(7)楼上变电所适用于高层建筑,这种变电所要求尽可能轻便、安全,其主变压器通常采用无油的干式变压器,不少采用成套变电所。

(8)移动式变电所主要用于坑道作业及临时施工现场供电。

(9)工厂的高压配电所应尽可能与邻近的车间变电所合建,以节约建筑费用。

2.2　电力变压器

2.2.1　电力变压器及其分类

电力变压器(T 或 TM)是变电所中最关键的一次设备,其主要功能是将电力系统的电能电压升高或降低,以利于电能的合理输送、分配和使用。

电力变压器按变压功能可分为升压变压器和降压变压器。工厂变电所都采用降压变压器,终端变电所的降压变压器也称为配电变压器。

电力变压器按容量系列可分为 R8 容量系列和 R10 容量系列两大类。R8 容量系列容量等级是按 $R8 = \sqrt[8]{10} \approx 1.33$ 倍数递增的。我国老的变压器容量等级采用 R8 系列,容量等级有 100 kV·A、135 kV·A、180 kV·A、240 kV·A、320 kV·A、420 kV·A、560 kV·A、750 kV·A、1000 kV·A 等。

电力变压器按相数可分为单相和三相两大类。工厂变电所通常采用三相变压器。

电力变压器按调压方式可分为无载调压(又称无励磁调压)和有载调压两大类。工厂变电所大多采用无载调压变压器,但在用电负荷对电压水平要求较高的场所,也有采用有载调压变压器的。

电力变压器按绕组(线圈)导体材质可分为铜绕组和铝绕组两大类。工厂变电所过去大多采用较价廉的铝绕组变压器,但现在低损耗的铜绕组变压器得到了越来越广泛的应用。

电力变压器按绕组型式可分为双绕组变压器、三绕组变压器和自耦变压器。工厂变电所一般采用双绕组变压器。

电力变压器按绕组绝缘及冷却方式可分为油浸式、干式和充气式(SF_6)等变压器。其中油浸式变压器,又分为油浸自冷式、油浸风冷式、油浸水冷式和强迫油循环冷却式等。工厂变电所大多采用油浸自冷式变压器。

电力变压器按铁心材质可分为普通硅钢片铁心变压器和非晶合金铁心变压器两大类。后者的铁损耗更小,更节能。

电力变压器按用途可分为普通电力变压器、全封闭变压器和防雷变压器等。工厂变电所大多采用普通电力变压器,只在易燃易爆场所及安全要求特高的场所采用全封闭变压器,在多雷区采用防雷变压器[2]。

2.2.2 电力变压器的联结组标号及其选择

电力变压器的联结组标号是指变压器一、二次(或一、二、三次)绕组因采取不同的联结方式,而形成变压器一、二次(或一、二、三次)侧对应的线电压之间不同的相位关系[3]。

1. 常用配电变压器的联结组标号

6～10 kV 配电变压器(二次电压为 220 V/380 V)有 Yyn0(即 Y/Y$_0$-12)和 Dyn11(即 △/Y$_0$-11)两种常用的联结组。

变压器 Yyn0 联结组的接线和示意图如图 2.2 所示,其一次线电压与对应的二次线电压之间的相位关系,如同时钟在 0 时(12 时)分针与时针的相互关系一样。图中一、二次绕组标注有黑点"·"的端子为对应的同名端。

变压器 Dyn11 联结组的接线和示意图如图 2.3 所示,其一次线电压与对应的一次线电压之间的相位关系,如同时钟在 11 时分针与时针的相互关系一样。

我国过去的配电变压器基本均采用 Yyn0 联结。近 20 多年来,Dyn11 联结的配电变压器开始得到推广应用。配电变压器采用 Dyn11 联结相较于采用 Yyn0 联结有下列优点。

(1)对 Dyn11 联结的变压器来说,其 $3n$ 次(n 为正整数)谐波电流在三角形联结的一次绕组内形成环流,能够避免电流注入公共的高压电网中,这相较于一次绕组接成星形的 Yyn0 联结的变压器更有利于抑制电网中的高次谐波。

(2)Dyn11 联结变压器的零序阻抗较之 Yyn0 联结变压器的零序阻抗小得多,更有利于低压单相接地短路故障保护的动作及故障的切除。

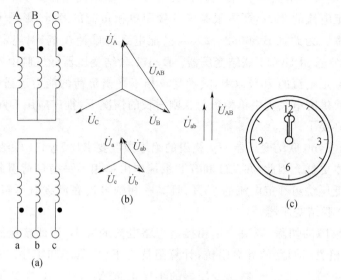

图 2.2　变压器 Yyn0 联结组

(a)一、二次绕组接线；(b)一、二次电压测量；(c)时钟示意图

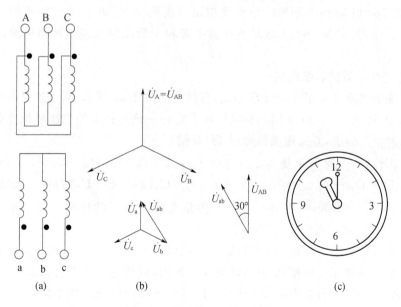

图 2.3　变压器 Dyn11 联结组

(a)一、二次绕组接线；(b)一、二次电压测量；(c)时钟示意图

(3)当低压侧接用单相不平衡负荷时,要求 Yyn0 联结变压器低压中性线电流不超过低压绕组额定电流的 25%,严重限制了其接用单相负荷的容量,影响了变压器设备能力的充分发挥。为此,GB 50052—2009《供配电系统设计规范》[4]规定:低压为 TN 和 TT 系统时,宜选用 Dyn11 联结变压器。Dyn11 联结变压器低压侧中性线电流允许达到低压绕组额定电流的 75% 以上,其承受单相不平衡负荷的能力远强于 Yyn0 联结变压器。在现代供配电系统中单相负荷急剧增长的情况下,推广应用 Dyn11 联结变压器就显得更有必要了。

但是,由于 Yyn0 联结变压器一次绕组的绝缘强度要求比 Dyn11 联结变压器稍低,使得其制造成本更低。因此,在 TN 和 TT 系统中由单相不平衡负荷引起的低压中性线电流不超过低压绕组额定电流的 25%,且其一相的电流在满载时不超过额定值时,仍可选用 Yyn0 联结变压器。

单相接地故障的切除,取决于单相接地短路电流的大小,而此接地短路电流等于相电压除以单相短路回路的计算阻抗,计算阻抗为正序、负序和零序之和的 1/3。当不计电阻只计电抗时,Dyn11 联结变压器的零序电抗 $X_0 = X_1$,X_1 为变压器的正序电抗,即变压器电抗 X_T;而 Yyn0 联结变压器的零序电抗 $X_0 = X_1 + X_{\mu 0}$,$X_{\mu 0}$ 为变压器的励磁电抗。由于 $X_{\mu 0} \geqslant X_1$,故 Dyn11 联结变压器的 X_0 比 Yyn0 联结变压器的 X_0 小得多,因此 Dyn11 联结变压器的单相接地短路电流比 Yyn0 联结变压器的单相接地短路电流大得多,以至 Dyn11 联结变压器更有利于低压单相接地短路故障的保护和切除。

2. 防雷变压器的联结组别

防雷变压器通常采用 Yzn11 联结组,其接线如图 2.4a 所示,其正常时的电压相量图如图 2.4b 所示。Yzn11 联结组的结构特点是每一铁心柱上的二次绕组都分为两个匝数相等的半个绕组,并采用曲折形(Z 形)联结。

正常工作时,一次线电压 $U_{AB} = U_A - U_B$,二次线电压 $U_{ab} = U_a - U_b$,其中 $U_a = U_{a1} - U_{b2}$,$U_b = U_{b1} - U_{c2}$。由图 2.4b 知,U_{ab} 与 $-U_B$ 同向,而 $-U_B$ 滞后 U_{AB} 330°,即 U_{ab} 滞后 U_{AB} 330°。在钟表内,时针 1 h 转动的角度为 30°,因此该变压器的联结组号为 330°/30° = 11,即联结组标号为 Yzn11。

当雷电过电压沿变压器二次侧(低压侧)线路侵入时,变压器二次侧同一心柱上的两个半个绕组的电流方向相反,其磁动势相互抵消,因此过电压不会感应到一次侧(高压侧)线路上。同理,假如雷电过电压沿变压器一次侧(高压侧)线路侵入时,由于变压器二次侧(低压侧)同一心柱上的两个绕组的感应电动势相互抵消,二次侧也不会出现过电压。由此可见,采用 Yzn11 联结的变压器有利于防雷,在多雷地区宜选用这类防雷变压器[5]。

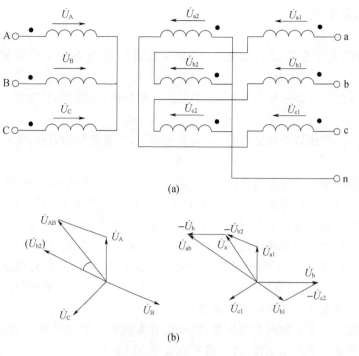

图 2.4　变压器 Yzn11 联结的防雷变压器

(a)一、二次绕组接线；(b)一、二次电压相量

2.2.3　变电所主变压器台数和容量的选择

1. 变电所主变压器台数的选择

选择主变压器台数时应考虑下列原则。

(1)应满足用电负荷对供电可靠性的要求。对供有大量一、二级负荷的变电所,应采用两台变压器,当一台变压器发生故障或检修时,另一台变压器能对一、二级负荷继续供电。对只有二级负荷而无一级负荷的变电所,也可以只采用一台变压器,但必须在低压侧敷设与其他变电所相连的联络线作为备用电源,或另有自备电源。

(2)对季节性负荷或昼夜负荷变动较大且宜采用经济运行方式的变电所,也可考虑采用两台变压器。

(3)除上述两种情况外,一般车间变电所宜采用一台变压器。但是负荷集中且容量相当大的变电所,虽为三级负荷,也可以采用两台或多台变压器。

(4)在确定变电所主变压器台数时,应适当考虑负荷的发展,留有一定的余地。

2. 变电所主变压器容量的选择

(1)只装一台主变压器的变电所,主变压器的容量 $S_{N.T}$ 应满足全部用电设备总计

算负荷 S_{30} 的需要,即:

$$S_{N.T} \geqslant S_{30} \tag{2-1}$$

(2)装有两台主变压器的变电所,每台变压器的容量 $S_{N.T}$ 应同时满足以下两个条件。

1)任意一台变压器单独运行时,宜满足总计算负荷 S_{30} 需要的 $60\% \sim 70\%$,即:

$$S_{N.T} = (0.6 \sim 0.7)S_{30} \tag{2-2}$$

2)任意一台变压器单独运行时,应满足全部一、二级负荷的需要,即:

$$S_{N.T} \geqslant S_{30(\text{I}+\text{II})} \tag{2-3}$$

(3)车间变电所主变压器的单台容量上限,一般不宜大于 1000 kV·A(或 1250 kV·A)。这一方面是受以往低压开关电器断流能力和短路稳定度要求的限制;另一方面也是考虑到可以使变压器更接近于车间负荷中心,以减少低压配电线路的电能损耗、电压损耗和有色金属消耗量。现在我国已能生产一些断流能力更大和短路稳定度更好的新型低压开关电器,如 DW15、ME 等型低压断路器及其他电器;当车间负荷容量较大、负荷集中且运行合理时,也可以选用单台容量为 1250~2000 kV·A 的配电变压器,这样可减少主变压器台数及高压开关电器和电缆等。

对装设在二层以上的电力变压器,应考虑其垂直和水平运输时对通道及楼板荷载的影响。如果采用干式变压器,其容量不宜大于 630 kV·A。

住宅小区变电所内的油浸式变压器单台容量也不宜大于 630 kV·A。这是因为油浸式变压器容量大于 630 kV·A 时,按规定应装设气体保护,而这些住宅小区变电所电源侧的断路器往往不在变压器附近,因此气体保护很难实施;且变压器容量一旦增大,供电半径也相应增大,往往会造成配电线路末端的电压偏低,给居民生活带来不便,例如荧光灯起燃困难、电冰箱不能启动等。

(4)适当考虑今后 5~10 a 电力负荷的增长,并留有一定的余地。干式变压器的过负荷能力较小,更宜留有较大的裕量。

这里,电力变压器的额定容量 $S_{N.T}$ 是在一定温度条件下(例如户外安装,年平均气温为 20 ℃)的持续最大输出容量(出力)。如果安装地点的年平均气温 $\theta_{0.av} \neq 20$ ℃,则年平均气温每升高 1 ℃,变压器容量也相应地减小 1%。因此,户外电力变压器的实际容量(出力)为:

$$S_T = \left(1 - \frac{\theta_{0.av} - 20}{100}\right)S_{N.T} \tag{2-4}$$

对于户内变压器,由于散热条件较差,一般变压器室的出风口与进风口之间有约 15 ℃ 的温度差,使得处在室中间的变压器环境温度比户外变压器环境温度要高出约 8 ℃,因此户内变压器的实际容量(出力)在上式所计算的容量(出力)的基础上还要减小 8%。

还要指出:由于变压器的负荷是变动的,大多数时间处于欠负荷运行状态,必要时可以适当过负荷,这种过负荷并不会影响其使用寿命。油浸式变压器户外可正常过负荷30%,户内可正常过负荷 20%;干式变压器则一般不考虑正常过负荷。

电力变压器在事故情况下(例如并列运行的两台变压器因故障切除一台时),允许短时间较大幅度地过负荷运行。无论故障前的负荷情况如何,过负荷运行时间均不得超过表 2.1 所规定的时间。

表 2.1　电力变压器事故过负荷允许值

油浸自冷式变压器	过负荷百分数(%)	30	60	75	100	200
	过负荷时间(min)	120.0	45.0	20.0	10.0	1.5
干式变压器	过负荷百分数(%)	10	20	30	50	60
	过负荷时间(min)	75.0	60.0	45.0	16.0	5.0

最后必须指出:变电所主变压器台数和容量的最后确定,应结合变电所主接线方案,经技术和经济比较后择优而定。

例 2.1　某 10 kV/0.4 kV 变电所,总计算负荷为 1200 kV·A,其中一、二级负荷为 680 kV·A,试初步选择该变电所主变压器的台数和容量。

解:根据变电所一、二级负荷的情况,确定选两台主变压器。

每台容量:$S_{N.T} = (0.6 \sim 0.7) \times 1200 \text{ kV·A} = (720 \sim 840) \text{kV·A}$

且 $S_{N.T} \geqslant S_{30(\mathrm{I}+\mathrm{II})}$

因此,初步确定每台主变压器容量为 800 kV·A。

2.2.4　电力变压器并列运行条件

两台或多台变压器并列运行时,必须满足以下三个基本条件。

(1)并列变压器的额定一、二次电压必须对应相等,即并列变压器的电压比必须相同,允许差值不超过±0.5%。如果并列变压器的电压比不同,并列变压器二次绕组的回路内将出现环流,即二次电压较高的绕组将向二次电压较低的绕组供给电流,导致绕组过热,甚至烧毁。

(2)并列变压器的阻抗电压(即短路电压)应尽量相等。并列运行变压器的负荷分配与其阻抗电压值成反比,当阻抗电压相差很大时,可能导致阻抗电压小的变压器发生过负荷,所以要求并列变压器的阻抗电压尽量相等,允许差值不得超过±10%。

(3)并列变压器的联结组标号必须相同,即所有并列变压器一、二次电压的相序和相位都必须对应相同,否则不能并列运行。假设两台变压器并列运行,一台为 Yyn0 联结,另一台为 Dyn11 联结,则它们的二次电压将出现 30° 相位差,从而在两台变压器的二次绕组间产生电位差 ΔU,如图 2.5 所示。ΔU 将在两台变压器的二次侧产生一个很大的环流,可能使变压器绕组烧毁。

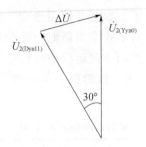

图 2.5　Yyn0 联结变压器与 Dyn11 联结变压器并列运行时二次电压相量

此外,并列运行的变压器容量应尽量相同或相近,其最大容量与最小容量之比一般不能超过 3∶1。如果容量相差悬殊,不仅运行不方便,而且当变压器特性上稍有差异时,变压器间的环流将相当显著,特别是容量小的变压器容易过负荷或烧毁。

例 2.2　现有一台 S9-800/10 型电力变压器与一台 S9-2000/10 型电力变压器并列运行,均为 Dyn11 联结。总负荷达到 2800 kV·A 时,上述变压器中哪一台将要过负荷? 过负荷可达多少?

解:并列运行的变压器之间的负荷分配是与其阻抗标幺值成反比的,因此先计算其阻抗标幺值。

变压器的阻抗标幺值按下式计算:

$$|Z_T^*| = \frac{U_K\% S_d}{100 \, S_N}$$

式中:$U_K\%$ 为变压器的阻抗电压(短路电压)百分值;S_d 为基准容量,单位为 kV·A,通常取 $S_d = 100 \, \text{MV·A} = 1 \times 10^5 \, \text{kV·A}$;$S_N$ 为变压器的额定容量,单位为 kV·A。

S9-800/10 型变压器(T1)的 $U_K\% = 5$,S9-2000/10 型变压器(T2)的 $U_K\% = 6$,因此这两台变压器的阻抗标幺值分别为(取 $S_d = 1 \times 10^5 \text{kV·A}$):

$$|Z_{T1}^*| = \frac{5 \times 10^5 \, \text{kV·A}}{100 \times 800 \, \text{kV·A}} = 6.25$$

$$|Z_{T2}^*| = \frac{6 \times 10^5 \, \text{kV·A}}{100 \times 2000 \, \text{kV·A}} = 3.00$$

由此可以计算出两台变压器在负荷达 2800 kV·A 时,各台变压器负担的负荷分别为:

$$S_{T1} = 2800 \, \text{kV·A} \times \frac{3.00}{6.25 + 3.00} = 908 \, \text{kV·A}$$

$$S_{T2} = 2800 \, \text{kV·A} \times \frac{6.25}{6.25 + 3.00} = 1892 \, \text{kV·A}$$

根据以上计算结果可知:S9-800/10 型变压器(T1)将过负荷(908−800)kV·A=

$108\ \mathrm{kV \cdot A}$，将超过其额定容量$\dfrac{108\ \mathrm{kV \cdot A}}{800\ \mathrm{kV \cdot A}} \times 100\% = 13.5\%$

　　按规定，油浸式变压器允许正常过负荷可达 20%（户内）或 30%（户外），因此 S9-800/10 型变压器过负荷 13.5% 在允许范围内。

　　从上述两台变压器的容量比来看，$800\ \mathrm{kV \cdot A} : 2000\ \mathrm{kV \cdot A} = 1 : 2.5$，未达到变压器并列运行一般不允许的容量比 1:3。

　　但考虑到负荷发展和运行的灵活性，S9-800/10 型变压器宜换以较大容量的变压器。

2.3　电流互感器和电压互感器

2.3.1　概述

　　电流互感器（TA），又称为仪用变流器。电压互感器（TV）又称为仪用变压器。它们合称仪用互感器，简称互感器。从基本结构和原理来说，互感器就是一种特殊变压器[6]。

　　互感器的功能主要如下。

　　(1)互感器可用于仪表、继电器等二次设备与一次电路（主电路）的绝缘。这样既可避免一次电路的高电压直接引入仪表、继电器等二次设备，又可防止仪表、继电器等二次设备的故障影响一次电路。采用互感器能够提高一、二次电路的安全性和可靠性，有利于人身安全。

　　(2)互感器可用于扩大仪表、继电器等二次设备的应用范围。例如用一只 5 A 的电流表，通过不同电流比的电流互感器就可测量任意大的电流；同理，用一只 100 V 的电压表，通过不同电压比的电压互感器就可测量任意高的电压。采用互感器可使二次仪表、继电器等设备的规格统一，有利于设备的批量生产。

2.3.2　电流互感器

1. 电流互感器的基本结构原理和接线方案

　　电流互感器的基本结构原理如图 2.6 所示。它的结构特点是：一次绕组匝数很少，导体相当粗，一些电流互感器（例如母线式）没有一次绕组，而是利用穿过其铁心的一次电路（如母线）作为一次绕组（相当于匝数为 1）；其二次绕组匝数很多，导体较细。其接线特点是：一次绕组串联在被测的一次电路中，而二次绕组则与仪表、继电器等的电流线圈串联，形成一个闭合回路。由于这些电流线圈的阻抗很小，电流互感器工作时其二次回路接近于短路状态。二次绕组的额定电流一般为 5 A。

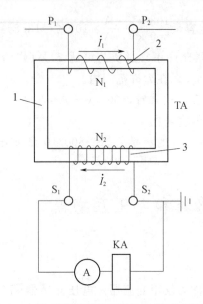

图 2.6　电流互感器和变压器的"减极性"判别法

电流互感器的一次电流 I_1 与其二次电流 I_2 之间有下列关系：

$$I_1 \approx \frac{N_2}{N_1} I_2 \approx K_i I_2 \qquad\qquad (2\text{-}5)$$

式中：N_1、N_2 分别为电流互感器一、二次绕组匝数；K_i 为电流互感器的电流比，一般表示为其一、二次绕组的额定电流之比，即 $K_i = K_{1N}/K_{2N}$，例如 100 A/5 A。

2. 电流互感器的类型和型号

电流互感器的类型很多。按一次绕组的匝数可分为单匝式（包括母线式、心柱式、套管式）和多匝式（包括线圈式、线环式、串级式）。按一次电压可分为高压和低压两大类。按用途可分为测量用和保护用两大类。按准确度等级分类，测量用电流互感器有 0.1、0.2、0.5、1、3、5 等级，保护用电流互感器有 5P、10P 两级。

高压电流互感器多制成不同准确度等级的两个铁心和两个二次绕组，分别接测量仪表和继电器，以满足测量和保护的不同要求。电气测量对电流互感器的准确度要求较高，且要求在一次电路短路时仪表受的冲击小，因此测量用电流互感器的铁心在一次电路短路时应易于饱和，以限制二次电流的增长倍数。而继电保护用电流互感器的铁心在一次电路短路时不应饱和，使二次电流能与一次电流成比例地增长，以适应保护灵敏度的要求。

以上两种电流互感器都是环氧树脂或不饱和树脂浇注绝缘的，较之老式的油浸式和其他非树脂绝缘的干式电流互感器，其尺寸小、性能好、安全可靠，现在生产的高低压成套配电装置基本上均采用这类新型电流互感器。

3. 电流互感器的选择与校验

电流互感器应按装设地点的条件及额定电压、一次电流、二次电流(一般为 5 A)、准确度等级等条件进行选择,并校验其短路动稳定度和热稳定度。

必须注意:电流互感器的准确度等级与二次负荷容量有关。互感器二次负荷 S_2 不得大于其准确度等级所限定的额定二次负荷 S_{2N},即互感器满足准确度等级要求的条件为:

$$S_{2N} \geqslant S_2 \tag{2-6}$$

电流互感器的二次负荷 S_2 由其二次回路的阻抗 $|Z_2|$ 来决定,而 $|Z_2|$ 应包括二次回路中所有串联的仪表、继电器电流线圈的阻抗 $\sum |Z_i|$、连接导线的阻抗 $|Z_{WL}|$ 和所有接头的接触电阻 R_{XC} 等。由于 $\sum |Z_i|$ 和 $|Z_{WL}|$ 中的感抗远比其电阻小,因此可认为:

$$|Z_2| \approx \sum |Z_i| + |Z_{WL}| + R_{XC} \tag{2-7}$$

式中: $|Z_i|$ 可由仪表、继电器的产品样本查得。 R_{XC} 很难准确测定,而且是可变的,一般近似地取为 0.1 Ω。 $|Z_{WL}| \approx R_{WL} = l/(\gamma A)$,这里的 γ 是连接导线的电导率,铜线 $\gamma = 53$ m/(Ω·mm²),铝线 $\gamma = 32$ m/(Ω·mm²)。 A 是连接导线截面积(mm²)。 l 是对应于连接导线的计算长度(m),假设从互感器至仪表、继电器的单向长度为 l_1,则互感器为三相星形接线时, $l = l_1$;为 V 形接线时, $l = \sqrt{3} l_1$;为一相式接线时, $l = 2l_1$。

电流互感器的二次负荷 S_2 按下式计算:

$$S_2 = I_{2N}^2 |Z_2| \approx I_{2N}^2 (\sum |Z_i| + R_{WL} + R_{XC})$$

或

$$S_2 \approx \sum S_i + I_{2N}^2 (R_{WL} + R_{XC}) \tag{2-8}$$

假设电流互感器不满足式(2-6)的要求,则应改选较大电流比或较大容量的互感器,或者加大二次接线的截面积。电流互感器二次接线一般采用铜芯线,截面积不小于 2.5 mm²。

关于电流互感器短路稳定度的校验,现在一些新产品,如 LZZB6-10 型等,直接给出了动稳定电流峰值和 1 s 热稳定电流有效值。不过,电流互感器的大多数产品是给出动稳定倍数和热稳定倍数的。

动稳定倍数 $K_{es} = i_{max}/\sqrt{2} I_{1N}$,因此其动稳定度校验的条件为:

$$K_{es} \times \sqrt{2} I_{1N} \geqslant i_{sh}^{(3)} \tag{2-9}$$

热稳定倍数 $K_1 = 1/11N$,因此其热稳定度校验的条件为:

$$(K_1 I_{1N})^2 t \geqslant I_{\infty}^{(3)2} t_{ima}$$

或

$$K_1 I_{1N} \geqslant I_{\infty}^{(3)} \sqrt{\frac{t_{ima}}{t}} \tag{2-10}$$

一般电流互感器的热稳定试验时间为 $t=1\,\mathrm{s}$,因此其热稳定度校验的条件为:

$$K_1 I_{1N} \geqslant I_\infty^{(3)} \sqrt{t_{\mathrm{ima}}} \tag{2-11}$$

4. 电流互感器的使用注意事项

(1)电流互感器在工作时其二次侧不得开路。电流互感器正常工作时,其二次回路串联的是电流线圈,阻抗很小,因此接近于短路状态。根据磁动势平衡方程式 $I_1 N_1 - I_2 N_2 = I_0 N_1$ 可知,其一次电流 I_1 产生的磁动势 $I_1 N_1$,绝大部分被二次电流 I_2 产生的磁动势 $I_2 N_2$ 所抵消,所以总的磁动势 $I_0 N_1$ 很小,励磁电流(即空载电流)I_0 很小,只有一次电流 I_1 的百分之几。

当二次侧开路时,$I_2=0$,这会迫使 $I_0=I_1$。I_1 是一次电路的负荷电流,其值只取决于一次电路的负荷,与互感器二次负荷变化无关。I_0 突然增大到 I_1,会导致其值比正常工作时增大几十倍,使励磁磁动势 $I_0 N_1$ 也增大几十倍,这将产生如下严重后果。

1)铁心由于磁通量剧增而过热,并产生剩磁,降低铁心准确度等级。

2)因为电流互感器的二次绕组匝数远比其一次绕组匝数多,所以在二次侧开路时会感应出危险的高电压,危及人身和设备的安全。

因此,电流互感器工作时二次侧不允许开路。在安装时,其二次接线要求连接牢靠,且二次侧不允许接入熔断器和开关。

(2)电流互感器的二次侧其中一端必须接地。互感器二次侧其中一端必须接地是为了防止其一、二次绕组间绝缘击穿时,一次侧的高电压窜入二次侧,危及人身和设备的安全。

(3)连接电流互感器时要注意其端子的极性。按照规定,我国互感器和变压器的绕组端子均采用减极性标号法。所谓减极性标号法,就是互感器或变压器一次绕组接电压 U_1,二次绕组感应出电压 U_2。这时将一、二次绕组的一对同名端短接,则在其另一对同名端测出的电压为 $U=|U_1-U_2|$。用减极性法所确定的同名端,实际上就是同极性端,即在同一瞬间两个对应的同名端同为高电位,或同为低电位。

GB 1208—2006《电流互感器》[7]规定:一次绕组端子标 P_1、P_2,二次绕组端子标 S_1、S_2,其中 P_1 与 S_1、P_2 与 S_2 分别为对应的同名端。如果一次电流 I_1 从 P_1 流向 P_2,二次电流 I_2 则从 S_2 流向 S_1。

在安装和使用电流互感器时,一定要注意其端子的极性,否则其二次仪表、继电器中流过的电流就不是预想的电流,甚至可能引起事故。

2.3.3　电压互感器

1. 电压互感器的基本结构原理和接线方案

电压互感器的基本结构原理如图 2.7 所示。它的结构特点是:一次绕组匝数很多,二次绕组匝数较少,类似于降压变压器。其接线特点是:一次绕组并联在一次电路中,而二次绕组则并联仪表、继电器的电压线圈。由于电压线圈的阻抗一般都很大,电压互感器工作时其二次侧接近于空载状态。二次绕组的额定电压一般为 100 V[8]。

电压互感器的一次电压 U_1 与其二次电压 U_2 之间有下列关系:

$$U_1 \approx \frac{N_1}{N_2} U_2 \approx K_u U_2 \tag{2-12}$$

式中:N_1、N_2 分别为电压互感器一、二次绕组的匝数;K_u 为电压互感器的电压比,一般表示为其额定一、二次电压比,即 $K_u = U_{1N}/U_{2N}$,例如 10000 V/100 V。

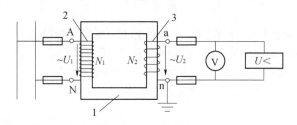

图 2.7　电压互感器的基本结构原理
1:铁心;2:一次绕组;3:二次绕组

2. 电压互感器的选择

电压互感器应按装设地点的条件及一次电压、二次电压(一般为 100 V)准确度等级等条件进行选择。由于它的一、二次侧均有熔断器保护,故无需进行短路稳定度的校验。

电压互感器的准确度也与其二次负荷容量有关,其满足的条件与电流互感器相同,即 $S_{2N} \geqslant S_2$,这里的 S_2 为其二次侧所有并联的仪表、继电器电压线圈所消耗的总视在功率:

$$S_2 = \sqrt{\left(\sum P_u\right)^2 + \left(\sum Q_u\right)^2} \tag{2-13}$$

式中:$\sum P_u$ 和 $\sum Q_u$ 分别为仪表、继电器电压线圈消耗的总有功功率和总无功功率,$\sum P_u = \sum (S_u \cos\varphi_u)$,$\sum Q_u = \sum (S_u \cos\varphi_u)$。

3. 电压互感器的使用注意事项

(1)电压互感器工作时其二次侧不得短路。由于电压互感器一、二次绕组都是在并联状态下工作的,如果二次侧短路,将产生很大的短路电流,有可能烧毁互感器,甚至影响一次电路的安全运行。因此电压互感器的一、二次侧都必须装设熔断器进行短路保护。

(2)电压互感器的二次侧其中一端必须接地。这与电流互感器二次侧其中一端必须接地的目的相同,也是为了防止一、二次绕组间在绝缘击穿时一次侧的高压窜入二次侧,危及人身和设备的安全。

(3)电压互感器在连接时也必须注意其端子的极性。GB 1207—2006《电磁式电压互感器》[9]规定:单相电压互感器的一、二次绕组端子标以 A、N 和 a、n,端子 A 与 a、N 与 n 各为对应的同名端或同极性端;而三相电压互感器的一次绕组端子分别标 A、B、C、N,二次绕组端子分别标 a、b、c、n,端子 A 与 a、B 与 b、C 与 c、N 与 n 分别为同名端或同极性端,其中 N 和 n 分别为一、二次三相绕组的中性点。

参考文献

[1] 曾德君.配电网新设备新技术问答[M].北京:中国电力出版社,2002.

[2] 陈小虎.工厂供电技术(第 2 版)[M].北京:高等教育出版社,2006.

[3] 李俊,遇桂琴.供用电网络及设备[M].北京:中国电力出版社,2007.

[4] 中国机械工业勘察设计协会,中国联合工程公司.供配电系统设计规范:GB 50052—2009[S].北京:中国标准出版社,2009.

[5] 王厚余.低压电气装置的设计、安装和检验[M].北京:中国电力出版社,2003.

[6] 中国航空工业规划设计研究院.工业与民用配电设计手册(第二版)[M].北京:中国电力出版社,1994.

[7] 中国电器工业协会,全国互感器标准化技术委员会.电流互感器:GB 1208—2006[S].北京:中国标准出版社,2006.

[8] 刘介才.工厂供电简明设计手册[M].北京:机械工业出版社,1993.

[9] 中国电器工业协会,全国互感器标准化技术委员会.电磁式电压互感器:GB 1207—2006[S].北京:中国标准出版社,2006.

第 3 章 工厂电力线路

本章首先讲述工厂电力线路的接线方式及其结构和敷设,然后重点讲述导线和电缆的选择计算,最后讲述工厂电力线路的电气安装图知识。本章也是工厂供电一次系统的重要内容。

3.1 工厂电力线路及其接线方式

3.1.1 概述

电力线路是电力系统的重要组成部分,担负着输送和分配电能的重要任务。电力线路按电压的高低可分为高压线路(1 kV 以上线路)和低压线路(1 kV 及以下线路)两大类,也可细分为低压(1 kV 及以下)、中压(1 kV 以上,35 kV 及以下)、高压(35 kV 以上,220 kV 及以下)、超高压(220 kV 及以上)和特高压(800 kV 及以上)等线路,其电压等级的划分并不十分统一和明确[1]。电力线路按其结构型式可分为架空线路、电缆线路和车间(室内)线路等。

3.1.2 高压线路的接线方式

工厂的高压线路有放射式、树干式和环形等基本接线方式。

1. 高压放射式接线

高压放射式接线(图 3.1)的线路之间互不影响,其供电可靠性较高,而且便于装设自动装置,保护装置也比较简单。但是其高压开关设备使用较多,且每台断路器须装设一个高压开关柜,这会导致投资增加。在发生故障或检修时,该线路所供电的负荷都要停电;要提高其供电可靠性,可在各车间变电所的高压侧之间或低压侧之间敷设联络线;如需进一步提高其供电可靠性,可采用来自两个电源的两路高压进线,经分段母线,由两段母线用双回路对重要负荷交叉供电。

2. 高压树干式接线

高压树干式接线(图 3.2)与放射式接线相比,多数情况下能减少线路的有色金属消耗量,同时采用的高压开关数较少,具有节省投资的优点。但高压树干式接线也存在供电可靠性较低的缺点,当干线发生故障或检修时,接于干线的所有变电所都要停电,且在实现自动化方面适应性较差;要提高其供电可靠性,可采用双干线供电或两端供电的接线方式,如图 3.3 所示。

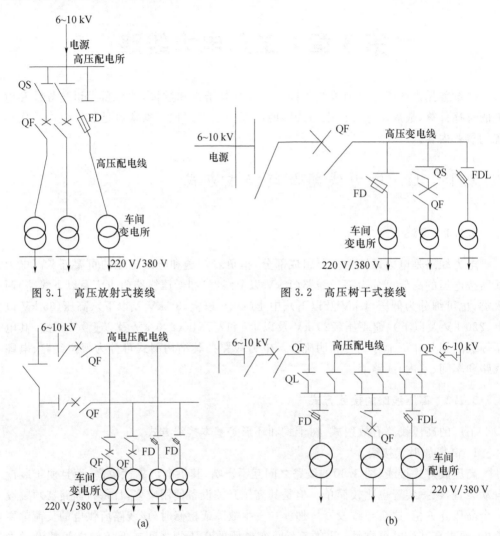

图 3.1　高压放射式接线　　　　图 3.2　高压树干式接线

图 3.3　双干线供电及两端供电的接线方式

(a)双干线供电;(b)两端供电

3. 高压环形接线

高压环形接线(图 3.4)实质上与两端供电的树干式接线相同,这种接线在现代城市电网中应用很广。为了避免环形线路上发生故障时影响整个电网,同时便于实现线路保护的选择性,大多数环形线路都采用"开口"运行方式,即环形线路中有一处的开关是断开的。环形线路中的开关多采用负荷开关,以便于切换操作。

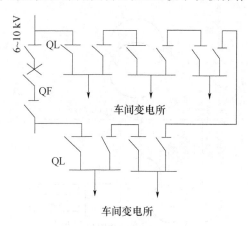

图 3.4　高压环形接线

实际上,工厂的高压配电线路往往是几种接线方式的组合,其视具体情况而定。对于大中型工厂,高压配电系统宜优先考虑采用放射式,因为放射式接线供电可靠性较高,且便于运行管理。但放射式接线采用的高压开关设备较多,投资较大,因此对于供电可靠性要求不高的辅助生产区和生活住宅区,可考虑采用树干式或环形配电,这样比较经济。

3.1.3　低压线路的接线方式

工厂的低压配电线路也有放射式、树干式和环形等基本接线方式。

1. 低压放射式接线

低压放射式接线(图 3.5)的特点是其引出线发生故障时互不影响,供电可靠性较高;但在一般情况下,其有色金属消耗较多,采用的开关设备较多,投资较大。低压放射式接线多用于设备容量较大或对供电可靠性要求较高的设备配电。

2. 低压树干式接线

低压树干式接线(图 3.6)的特点恰好与放射式接线相反。一般情况下,树干式接线采用的开关设备较少,有色金属消耗也较少,更为经济;当其干线发生故障时,影响范围却很大,其供电可靠性较低。图 3.6a 所示为树干式接线,该方式在机械加工车间、工具车间和机修车间中应用比较普遍,且多采用成套的封闭型母线,其灵活方便,也相当安全,很适用于供电给容量较小且分布比较均匀的一些用电设备,如机床、小型加热炉等。图 3.6b 所示为变压器—干线组接线,其省去了变电所低压侧整套低压配电装置,使得变电所结构大为简化,投资大幅降低。

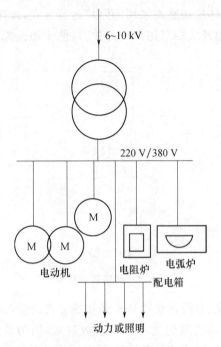

图 3.5　低压放射式接线

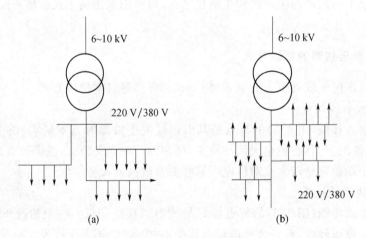

图 3.6　低压树干式接线
(a)低压母线放射式配电的树干式;(b)低压变压器—干线组的树干式

　　图 3.7 是一种变形的树干式接线,通常称为链式接线。链式接线的特点与树干式基本相同,适于用电设备彼此相距很近且容量均较小的次要用电设备。链式相连的用电设备一般不宜超过 5 台,链式相连的配电箱不宜超过 3 台,且总容量不宜超过 10 kW。

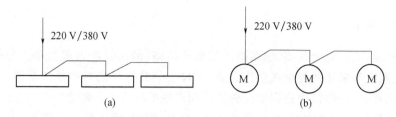

图 3.7 低压链式接线

(a)连接配电箱;(b)连接电动机

3. 低压环形接线

工厂内的一些车间变电所的低压侧可通过低压联络线相互连接成为环形。

低压环形接线(图 3.8)的供电可靠性较高,任意一段线路发生故障或检修时,都不至造成供电中断,或只造成短时停电,一旦切换电源的操作完成,就能恢复供电。环形接线可降低电能损耗和电压损耗,但其保护装置及整定配合比较复杂,如果配合不当容易发生误动作,反而会扩大故障停电范围。实际上,低压环形线路也多采用开口运行方式。

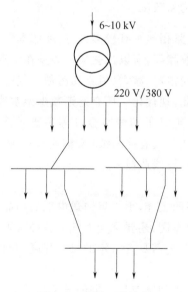

图 3.8 低压环形接线

在工厂的低压配电系统中,也往往会采用几种接线方式的组合,依具体情况而定。在环境正常的车间或建筑内,当大部分用电设备不很大,且无特殊要求时,宜采用树干式配电。一方面树干式配电相较于放射式更为经济;另一方面我国各工厂的供电人员对采用树干式配电已经积累了相当成熟的运行经验。实践证明,低压树干式配电在一般正常情况下能够满足生产要求。

3.1.4 小结

总的来说,工厂电力线路(包括高压和低压线路)的接线应力求简单。运行经验证明:供配电系统如果接线复杂或层次过多,不仅会导致投资浪费和维护不便,而且由于电路串联元件过多,因操作错误或元件故障而产生的事故也会随之增多,且事故处理和恢复供电的操作也比较麻烦,最终延长停电时间。同时,由于配电级数多,继电保护级数也相应增加,保护动作时间也相应延长,对供配电系统的故障切除十分不利。因此,GB 50052—2009《供配电系统设计规范》[2]规定:供配电系统应简单可靠,同一电压供电系统的变配电级数不宜多于两级。此外,高低压配电线路均应尽可能深入负荷中心,以减少线路的电压损耗、电能损耗和有色金属消耗量,提高负荷端的电压水平。

3.2 工厂电力线路的结构和敷设

3.2.1 架空线路的结构和敷设

因为架空线路与电缆线路相比具有较多优点,如成本低、投资少、安装容易、维护和检修方便、易于发现和排除故障等,所以过去架空线路在工厂中应用比较普遍。但是架空线路直接受大气影响,易受雷击、冰雪、风暴和污秽空气的影响,且要占用一定的地面空间,有碍交通和观瞻。因此,现代化工厂有逐渐减少架空线路改用电缆线路的趋向。

架空线路由导线、电杆、绝缘子和线路金具等主要元件组成,结构如图3.9所示。为了防雷,一些架空线路上还装设有接闪线(又称避雷线或架空地线)。为了加强电杆的稳固性,一些电杆还安装有拉线或扳桩。

1. 导线

架空线路的导线是线路的主体,承担着输送电能的功能。它架设在电杆上面,不仅要受自身重力和各种外力的作用,还要承受大气中各种有害物质的侵蚀。因此,导线在必须具有良好导电性的同时,仍需具有一定的机械强度和耐腐蚀性,且应尽可能质轻而价廉。

(1)导线材质一般有铜、铝和钢三种。铜的导电性最好(电导率为53 MS/m),机械强度也相当高(抗拉强度约为380 MPa),但铜是贵重金属,应尽量节约。铝的机械强度较差(抗拉强度约为160 MPa),但其导电性较好(电导率为32 MS/m),且具有质轻、价廉的优点,因此在能以铝代铜的场合,宜尽量采用铝导线。钢的机械强度很高(多股钢绞线的抗拉强度可达1200 MPa),价格低廉,但其导电性差(电导率仅为7.52 MS/m),功率损耗大,对交流电流还有磁滞涡流损耗(铁磁损耗),且其在大气中容易锈蚀,因此钢导线在架空线路上一般只作接闪线使用,且需使用镀锌钢绞线。

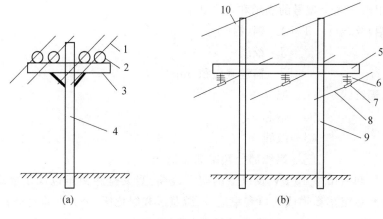

图 3.9 架空线路的结构

(a)低压架空线路;(b)高压架空线路

1:低压导线;2:低压针式绝缘子;3:低压横担;4:低压电杆;5:高压横担;
6:高压悬式绝缘子串;7:线夹;8:高压导线;9:高压电杆;10:接闪线

(2)架空线路一般采用裸导线。裸导线按其结构可分为单股线和多股绞线,采用多股绞线较为普遍。绞线又有铜绞线、铝绞线和钢芯铝绞线三种,一般情况下架空线路多采用铝绞线,在机械强度要求较高和 35 kV 及以上的架空线路则采用钢芯铝绞线。钢芯铝绞线简称钢芯铝线,其横截面结构如图 3.10 所示。这种导线的线芯是钢线,用以增强导线的抗拉强度,以弥补铝线机械强度较差的缺点;其外围采用铝线,取其导电性较好的优点。由于交流电流在导线中通过时有趋肤效应,交流电流实际上只从外围铝线部分通过,弥补了钢线导电性差的缺点,钢芯铝线型号中表示的截面积,就是其铝线部分的截面积。

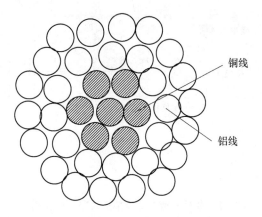

铜线

铝线

图 3.10 钢芯铝绞线的横截面结构

(3)常用裸导线全型号的表示和含义如下。

1)铜(铝)绞线　　 T(L)—铜(铝)

J—绞线

□—额定截面积(mm²)

2)钢芯铝绞线　　 L—铝

G—钢芯

J—绞线

□—铝线部分额定截面积(mm²)

对于工厂和城市中 10 kV 及以下的架空线路:当安全距离难以满足要求,或邻近高层建筑以及在繁华街道或人口密集地区、游览区和绿化区、公共严重污秽地段和建筑施工现场时,按 GB 50061—2010《66 kV 及以下架空电力线路设计规范》[3] 规定,可采用绝缘导线。

2. 电杆、横担和拉线

电杆是支持导线的支柱,是架空线路的重要组成部分。对电杆的主要要求是足够的机械强度,同时尽可能经久耐用、价廉、便于搬运和安装。

(1)电杆按其采用的材料可分为木杆、水泥杆(钢筋混凝土杆)和铁塔。对工厂来说,水泥杆的应用最为普遍,因为采用水泥杆可以节约大量的木材和钢材,而且其经久耐用,维护简单,也比较经济。

(2)电杆按其在架空线路中的地位和功能可分为直线杆、分段杆、转角杆、终端杆、跨越杆和分支杆等型式,图 3.11 是上述各种杆型在低压架空线路上的应用。

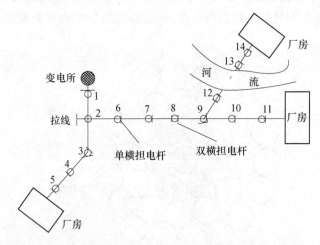

图 3.11　各种杆型在低压架空线路上的应用实例

1、5、11、14:终端杆;2:分支杆;3:转角杆;4、6、7、10:直线杆(中间杆);8:分段杆;12、13:跨越杆

（3）横担安装在电杆的上部，用来安装绝缘子以架设导线。常用的横担有木横担、铁横担和瓷横担，现在工厂里普遍采用的是铁横担和瓷横担。瓷横担是我国特有的产品，具有良好的电气绝缘性能，兼有绝缘子和横担的双重功能，能节约大量的木材和钢材，有效地利用电杆高度，降低线路造价。瓷横担在断线时能够转动，以避免因断线而扩大事故，同时它的表面便于雨水冲洗，可减少线路的维护工作量。瓷横担的结构简单，安装方便，可加快施工进度，但其比较脆，在安装和使用中必须避免机械损伤。

拉线具有平衡电杆各方向的作用力，并具有抵抗风压，防止电杆倾倒的作用，如终端杆、转角杆、分段杆等往往都装有拉线。

3. 线路绝缘子和金具

绝缘子俗称瓷瓶，作用是将导线固定在电杆上，并使导线与电杆绝缘，因此其既要具有一定的电气绝缘强度，又要具备足够的机械强度。线路绝缘子按电压高低分低压绝缘子和高压绝缘子两大类。

线路金具是用来连接导线、安装横担和绝缘子等的金属附件，包括安装针式绝缘子的直脚（图 3.12a）和弯脚（图 3.12b），安装蝴蝶式绝缘子的穿芯螺钉（图 3.12c），将横担或拉线固定在电杆上的 U 形抱箍（图 3.12d），调节拉线松紧的花篮螺钉（图 3.12e）以及悬式绝缘子串的挂环、挂板、线夹（图 3.12f）等。

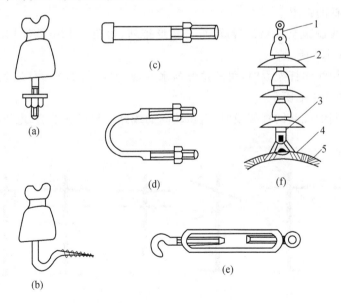

图 3.12 架空线路用金具

(a)直脚及低压针式绝缘子；(b)弯脚及低压针式绝缘子；(c)穿芯螺钉；

(d)U 形抱箍；(e)花篮螺钉；(f)高压悬式绝缘子串及金具

1:球头挂环；2:悬式绝缘子；3:弯头挂板；4:悬垂线夹；5:架空导线

4. 架空线路的敷设

(1)架空线路敷设的要求和路径的选择

敷设架空线路,要严格遵守有关技术规程的规定。整个施工过程中,要重视安全教育,采取有效的安全措施,特别是立杆、组装和架线时,更要注意人身安全,防止发生事故。竣工以后,要按照规定的手续和要求进行检查和验收,确保工程质量。

选择架空线路的路径时,应考虑以下原则。

1)路径要短,转角要少,尽量减少与其他设施的交叉;当与其他架空线路或弱电线路交叉时,其间间距及交叉点或交叉角应符合 GB 50061—2010《66 kV 及以下架空电力线路设计规范》的规定。

2)尽量避开河洼和雨水冲刷地带、不良地质地区及易燃、易爆等危险场所。

3)不应引起机耕、交通和人行困难。

4)不宜跨越房屋,应与建筑物保持一定的安全距离。

5)应与工厂和城镇的整体规划协调配合,并适当考虑今后的发展。

(2)导线在电杆上的排列方式

1)三相四线制低压架空线路的导线,一般都采用水平排列,如图 3.13a 所示。由于中性线电位在三相均衡时为 0,且其截面积一般较小,机械强度较差,所以中性线一般架设在靠近电杆的位置。

2)三相三线制架空线路的导线,可三角形排列,如图 3.13b 和 3.13c 所示;也可水平排列,如图 3.13f 所示。

3)多回路导线同杆架设时,可三角形与水平混合排列,如图 3.13d 所示;也可全部垂直排列,如图 3.13e 所示。

4)电压不同的线路同杆架设时,电压较高的线路应架设在上边,电压较低的线路则架设在下边。

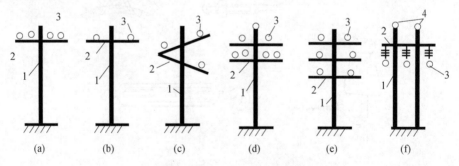

图 3.13　导线在电杆上的排列方式

(a)、(f)水平排列;(b)、(c)三角形排列;(d)三角形与水平混合排列;(e)垂直排列

1:电杆;2:横担;3:导线;4:接闪线

（3）架空线路的档距、弧垂及其他有关间距

架空线路的档距又称跨距，是指同一线路上相邻两根电杆之间的水平距离，如图 3.14 所示。

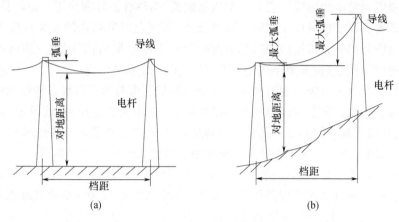

图 3.14　架空线路的档距和弧垂

(a)平地上；(b)坡地上

架空线路的弧垂，又称弛垂，是指架空线路一个档距内导线最低点与两端电杆上导线悬挂点之间的垂直距离，如图 3.14 所示。导线的弧垂是由于导线存在着荷重所形成的。弧垂不宜过大，也不宜过小。弧垂过大，则在导线摆动时容易引起相间短路，并使导线对地或对其他物体的安全距离不足；弧垂过小，则将使导线内应力增大，在天冷时可能引起导线收缩绷断。

架空线路的线间距离、档距、导线对地面和水面的最小距离、架空线路与各种设施接近和交叉的最小距离等，在 GB 50061—2010《66 kV 及以下架空电力线路设计规范》等规范中均有明确规定，设计和安装时必须遵循。

3.2.2　电缆线路的结构和敷设

电缆线路与架空线路相比，虽然成本高、投资大、维修不便，但是电缆线路具有运行可靠、不受外界影响、不需要架设电杆、不占地面、不碍观瞻等特点，特别是在有腐蚀性气体的场所和易燃易爆场所，不宜架设架空线路时，只能敷设电缆线路。在现代化工厂和城市中，电缆线路得到了越来越广泛的应用[4]。

1. 电缆和电缆头

（1）电缆。电缆是一种特殊结构的导线，在其几根绞线的（或单根）绝缘导电芯线外面，统包有绝缘层和保护层。保护层又分内护层和外护层，内护层用以保护绝缘层，而外护层用以防止内护层受到机械损伤和腐蚀。外护层道常为钢丝或钢带构成的钢铠，

外覆麻被、沥青或塑料护套。

供电系统中常用的电力电缆,按其缆芯材质可分为铜芯电缆和铝芯电缆两大类。按其采用的绝缘介质可分为油浸纸绝缘电缆和塑料绝缘电缆两大类。

1)油浸纸绝缘电力电缆。它具有耐压强度高、耐热性能好和使用寿命较长等优点,应用相当普遍。由于该电缆工作时浸渍油会流动,因此对其两端的安装高度差有一定的限制。电缆低的一端可能因油压过大而导致端头胀裂漏油;而高的一端则可能因油流失导致绝缘干枯,致使其耐压强度下降,甚至击穿损坏。

2)塑料绝缘电力电缆。它有聚氯乙烯绝缘及护套电缆和交联聚乙烯绝缘聚氯乙烯护套电缆两种类型。塑料绝缘电缆具有结构简单、制造加工方便、重量较轻、敷设安装方便、不受敷设高度差限制以及能抵抗酸碱腐蚀等优点。交联聚乙烯绝缘电缆的电气性能更优异,因此在工厂供电系统中有逐步取代油浸纸绝缘电缆的趋势。

在考虑电缆缆芯材质时,一般情况下宜按"节约用铜、以铝代铜"的原则,优先选用铝芯电缆。但在下列情况下应采用铜芯电缆:①震动剧烈,有爆炸危险或对铝有腐蚀等的严酷工作环境;②安全性、可靠性要求高的重要回路;③耐火电缆及其紧靠高温设备的电缆等。

(2)电缆头。电缆头就是电缆接头,包括电缆中间接头和电缆终端头。电缆头按使用的绝缘材料或填充材料可分为填充电缆胶电缆头、环氧树脂浇注电缆头、缠包式电缆头和热缩材料电缆头等。由于热缩材料电缆头具有施工简便、价格低廉和性能良好等优点,其在现代电缆工程中能够得到推广应用。

运行经验说明:电缆头是电缆线路中的薄弱环节,电缆线路的大部分故障都发生在电缆接头处。由于电缆头本身的缺陷或安装质量上的问题,往往会造成短路故障。因此电缆头的安装质量十分重要,其密封要好,耐压强度不应低于电缆本身的耐压强度,要有足够的机械强度,且体积尺寸应尽可能小,结构应简单,安装应方便。

2. 电缆的敷设

(1)电缆敷设路径的选择

选择电缆敷设路径时,应考虑以下原则。

1)避免电缆遭受机械性外力、过热和腐蚀等危害。

2)在满足安全要求的条件下应使电缆较短。

3)便于敷设和维护。

4)应避开将要挖掘施工的地段。

(2)电缆的敷设方式

工厂中常见的电缆敷设方式有直接埋地敷设、利用电缆沟和电缆桥架敷设等几种。在发电厂、某些大型工厂和现代化城市中,有时还采用电缆排管(图 3.15)和电缆隧道(图 3.16)等敷设方式。

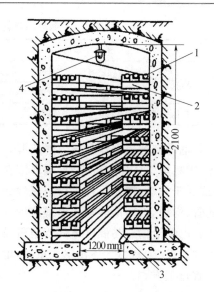

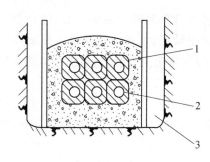

图 3.15 电缆排管
1:水泥排管;2:电缆孔(穿电缆);3:电缆沟

图 3.16 电缆隧道
1:电缆;2:支架;3:维护走廊;4:照明灯具

(3)电缆敷设的一般要求

敷设电缆一定要严格遵守有关技术规程的规定和设计的要求;竣工以后,要按规定的手续和要求进行检查和验收,确保线路的质量。部分重要的技术要求如下。

1)电缆长度宜按实际线路长度增加 5%～10% 的裕量,以作为安装、检修时的备用。直埋电缆应作波浪形埋设。

2)下列场合的非铠装电缆应采取穿管保护:①电缆引入或引出建筑物或构筑物;②电缆穿过楼板及主要墙壁处;③从电缆沟引出至电杆,或沿墙敷设的电缆距地面 2 m 高度及埋入地下小于 0.3 m 深度的一段;④电缆与道路、铁路交叉的一段。所用保护管的内径不得小于电缆外径或多根电缆包络外径的 1.5 倍。

3)多根电缆敷设在同一通道中位于同侧的多层支架上时,应按下列敷设要求进行配置:①应按电压等级由高至低的电力电缆、强电至弱电的控制和信号电缆、通信电缆的顺序排列;②支架层数受通道空间限制时,35 kV 及以下的相邻电压级的电力电缆可排列在同一层支架上,1 kV 及以下电力电缆也可与强电控制和信号电缆配置在同一层支架上;③同一重要回路的工作电缆与备用电缆实行耐火分隔时,宜适当配置在不同层次的支架上。

4)明敷的电缆不宜平行敷设于热力管道上边。电缆与管道之间无隔板防护时,相互间距应符合表 3.1 所列的允许距离(据 GB 50217—2007《电力工程电缆设计规范》[5]规定)。

表 3.1 明敷电缆与管道之间的允许间距(单位:mm)

电缆与管道之间走向		电力电缆	控制和信号电缆
热力管道	平行	1000	500
	交叉	500	250
其他管道	平行	150	100

5)电缆应远离爆炸性气体释放源。敷设在爆炸性危险较小的场所时,应符合下列要求:①易爆气体比空气重时,电缆应在较高处架空敷设,且对非铠装电缆采取穿管敷设,或置于托盘、槽盒等内进行机械性保护;②易爆气体比空气轻时,电缆应敷设在较低处的管、沟内,沟内的非铠装电缆应埋沙。

6)电缆沿输送易燃气体的管道敷设时,应配置在危险程度较低的管道一侧且应符合下列要求:①易燃气体比空气重时,电缆宜在管道上方;②易燃气体比空气轻时,电缆宜在管道下方。

7)电缆沟的结构应考虑到防火和防水。电缆沟从厂区进入厂房外应设置防火隔板。为了顺畅排水,电缆沟的纵向排水坡度不得小于 0.5%,而且不能排向厂房内侧。

8)电缆直埋敷设于非冻土地区的电缆,其外皮至地下构筑物的基础距离不得小于 0.3 m,至地面的距离不得小于 0.7 m;当位于车行道或耕地的下方时,应适当加深,且不得小于 1 m。电缆直埋于冻土地区时,宜埋入冻土层以下,直埋敷设的电缆,严禁位于地下管道的正上方或正下方。有化学腐蚀性的土壤中,电缆不宜直埋敷设,直埋电缆之间以及直埋电缆与管道、道路、建筑物等之间平行和交叉时的最小净距离应符合 GB 50168—2006《电气装置安装工程电缆线路施工及验收规范》[6]的规定。

9)直埋电缆在直线段每隔 50～100 m 处、电缆接头处、转弯处、进入建筑物处等,应设置明显的方位标志或标桩。

10)电缆的金属外皮、金属电缆头以及保护钢管、金属支架等,均应可靠接地。

3.2.3 车间线路的结构和敷设

车间线路包括室内配电线路和室外配电线路两部分。室内配电线路大多采用绝缘导线,配电干线则多采用裸导线(母线),少数采用电缆。室外配电线路指沿车间外墙或屋檐敷设的低压配电线路,一般采用绝缘导线[7]。

1. 绝缘导线的结构和敷设

(1)绝缘导线按芯线材质可分为铜芯和铝芯两种。重要回路例如办公楼、图书馆、实验室、住宅内等的线路及振动场所或对铝线有腐蚀的场所,均应采用铜芯绝缘导线,其他场所可选用铝芯绝缘导线。

(2)绝缘导线按绝缘材料可分为橡皮绝缘导线和塑料绝缘导线两种。塑料绝缘导线的绝缘性能好,耐油和抗酸碱腐蚀性强,价格较低,且可节约大量橡胶和棉纱,因此在室内明敷和穿管敷设中应优先选用塑料绝缘导线。但是塑料绝缘材料在低温时会变硬、变脆,高温时又易软化、老化,因此室外敷设宜优先选用橡皮绝缘导线。

绝缘导线全型号的表示和含义如下。

导线型号　额定电压　单芯　额定截面积

1)橡皮绝缘导线型号及含义:BX(BLX)为铜(铝)芯橡皮绝缘棉纱或其他纤维编织导线;BXR 为铜芯橡皮绝缘棉纱或其他纤维编织软导线;BXS 为铜芯橡皮绝缘双股软导线。

2)聚氯乙烯绝缘导线型号及含义:BV(BLV)为铜(铝)芯聚氯乙烯绝缘导线;BVV(BLVV)为铜(铝)芯聚氯乙烯绝缘聚氯乙烯护套圆型导线;BVVB(BLVVB)为铜(铝)芯聚氯乙烯绝缘聚氯乙烯护套扁型导线;BVR 为铜芯聚氯乙烯绝缘软导线。

(3)绝缘导线的敷设方式分明敷和暗敷两种。明敷是导线直接敷设,或在穿线管、线槽等保护体内敷设于墙壁、顶棚的表面及支架等处。暗敷是导线在穿线管、线槽内,敷设于墙壁、顶棚、地坪及楼板等内部,或在混凝土板孔内敷设。绝缘导线的敷设要求应符合有关规程的规定,其中以下几点应特别注意。

1)线槽布线和穿管布线的导线中间不允许直接接头,接头必须经专门的接线盒。

2)穿金属管或金属线槽的交流线路,应将同一回路的所有相线和中性线(如有中性线时)穿于同一管槽内,否则线路电流不平衡会导致金属管槽内产生铁磁损耗,使管槽发热,引发其中导线过热甚至烧毁。

3)电线管路与热水管、蒸汽管同侧敷设时,应敷设在水、汽管的下方;如有困难时,可敷设在水、汽管的上方,但其间距应适当增大,或采取隔热措施。

2. 裸导线的结构和敷设

车间内配电的裸导线大多数采用裸母线的结构,其截面形状有圆形、管形和矩形等,其材质有铜、铝和钢。车间内以采用 LMY 型硬铝母线最为普遍。现代化的生产车间大多采用封闭式母线(也称母线槽)布线。封闭式母线安全、灵活、美观,但耗用的钢材较多,投资也较大。

封闭式母线水平敷设时,至地面的距离不宜小于 2.2 m;垂直敷设时,其距地面1.8 m 以下部分应采取防止机械损伤的措施,但敷设在电气专用房间内(如配电室、电机房等)时除外。

封闭式母线水平敷设的支持点间距不宜大于 2 m;垂直敷设时,应在通过楼板处采用专用附件支撑。当垂直敷设的封闭式母线进线盒及末端悬空时,应采用支架固定。

封闭式母线终端无引出或引入线时,端头应封闭。

封闭式母线的插接分支点应设在安全及安装维护方便的地方。

为了识别裸导线的相序,以利于运行维护和检修,GB 2681—1981《电工成套装置中的导线颜色》[8]规定交流三相系统中的裸导线应按表 3.2 所列涂色。裸导线涂色不仅有利于识别相序,而且有利于防腐蚀及改善散热条件。表 3.2 的规定对需识别相序的绝缘导线线路也是适用的。

表 3.2　交流三相系统中导线的涂色

导线类别	A 相	B 相	C 相	N 线、PEN 线	PE 线
涂漆颜色	黄	绿	红	淡蓝	黄绿双色

3.3　导线和电缆截面积的选择计算

3.3.1　概述

1. 为保证供电系统安全、可靠、优质、经济地运行,选择导线和电缆的截面积必须满足下列条件。

(1)发热条件。导线和电缆在通过正常最大负荷电流(即计算电流)时产生的发热温度不应超过其正常运行时的最高允许温度。

(2)电压损耗条件。导线和电缆在通过正常最大负荷电流(即计算电流)时产生的电压损耗,不应超过其正常运行时允许的电压损耗。对于工厂内较短的高压线路,可不进行电压损耗校验。

(3)经济电流密度。35 kV 及以上的高压线路和 35 kV 以下的长距离、大电流线路,例如较长的电源进线和电弧炉的短网等线路,其导线和电缆截面积宜按经济电流密度选择,以使线路的年运行费用支出最小。按经济电流密度选择的导线(含电缆)截面积称为经济截面。工厂内 10 kV 及以下线路,通常不按经济电流密度选择。

(4)机械强度。导线(含裸线和绝缘导线)截面积不应小于其最小允许截面积。对于电缆,不必校验其机械强度,但需校验其短路热稳定度;母线则应校验其短路的动稳定度和热稳定度。

2. 对于绝缘导线和电缆,还应满足工作电压的要求。

根据设计经验,一般 10 kV 及以下的高压线路和 1 kV 及以下的低压动力线路,通常是先按发热条件选择导线和电缆截面积,再校验电压损耗和机械强度;低压照明线路,因其对电压水平要求较高,通常是先按允许电压损耗进行选择,再校验发热条件和机械强度;对长距离、大电流线路和 35 kV 及以上的高压线路,则可先按经济电流密度确定经济截面,再校验其他条件。按上述经验选择计算,通常容易满足要求,较少返工[9]。

下面分别介绍如何按发热条件、经济电流密度和电压损耗选择导线和电缆截面积的问题。关于机械强度,工厂电力线路一般只需按其最小允许截面积校验即可,因此不再赘述。

3.3.2　按发热条件选择导线和电缆的截面积

1. 三相系统相线截面积的选择

电流通过导线(包括电缆、母线,下同)时,要产生电能损耗,使导线发热。裸导线的温度过高时,会导致其接头处的氧化加剧,增大接触电阻,使之氧化进一步加重,最终可能发展到断线。绝缘导线和电缆的温度过高时,还可使其绝缘加速老化甚至烧毁,或引发火灾事故。因此,导线的正常发热温度一般不得超过额定负荷时的最高允许温度。

按发热条件选择三相系统中的相线截面积时,应使其载流量 I_{ui} 不小于通过相线的计算电流 I_{30},即:

$$I_{ui} \geqslant I_{30} \tag{3-1}$$

所谓导线的允许载流量,就是在规定的环境温度下,导线能够连续承受而不至使其稳定温度超过允许值的最大电流。如果导线敷设地点的环境温度与导线允许载流量所采取的环境温度不同时,则导线的允许载流量应乘以下温度校正系数:

$$K_0 = \sqrt{\frac{\theta_{n1} - \theta_0'}{\theta_{n1} - \theta_0}} \tag{3-2}$$

式中: θ_{n1} 为导线额定负荷时的最高允许温度(℃); θ_0 为导线的允许载流量所采用的环境温度(℃); θ_0' 为导线敷设地点实际的环境温度(℃)。

这里所提到的环境温度,是按发热条件选择导线所采用的特定温度。在室外,环境温度一般取当地最热月平均最高气温;在室内,则取当地最热月平均最高气温加 5 ℃。对土中直埋的电缆,则取当地最热月地下 0.8～1 m 的土壤平均温度,也可近似地取为当地最热月平均气温。

按发热条件选择的导线和电缆截面积,还必须校验其与相应的保护装置(熔断器或低压断路器的过电流脱扣器)是否配合得当。如果配合不当,则可能发生导线或电缆因过电流而发热起燃,但保护装置不动作当然是不允许的。

2. 中性线和保护线截面积的选择

(1)中性线截面积的选择

三相四线制中的中性线要通过系统的不平衡电流和零序电流,因此中性线的允许载流量不应小于三相系统的最大不平衡电流,同时应考虑系统中谐波电流的影响[10]。GB 50054—2011《低压配电设计规范》[11]规定如下。

1)符合下列情况之一的线路,中性线截面积 A_0 应与相线截面积 A_φ 相同,即:

$$A_0 = A_\varphi \tag{3-3}$$

①单相两线制线路;②铜相线截面积 $A_\varphi \leqslant 16\ mm^2$,或铝相线截面积 $A_\varphi \leqslant 25\ mm^2$ 的三相四线制线路。

2)符合下列情况之一的线路,中性线截面积 A_0 可小于相线截面积 A_φ,但不宜小于相线截面积的50%,即:

$$0.5A_\varphi \leqslant A_0 < A_\varphi \tag{3-4}$$

① 铜相线截面积 $A_\varphi > 16\ mm^2$,或铝相线截面积 $A_0 \geqslant 25\ mm^2$ 时;②铜中性线截面积 $A_\varphi \geqslant 16\ mm^2$,或铝中性线截面积 $A_0 \geqslant 25\ mm^2$ 时;③在正常工作时,包括谐波电流在内的中性线预期最大电流 $I_{0.max}$ 小于或等于中性线允作载流 $I_{0.u1}$ 时;④中性线导体已进行了过电流保护时。

(2)保护线截面积的选择

保护线要考虑三相系统发生单相短路故障时,单相短路电流涌过的短路热稳定度。根据短路热稳定度的要求,按 GB 50054—2011《低压配电设计规范》规定,保护线的截面积 A_{PE} 应满足以下条件。

1)当 $A_\varphi \leqslant 16\ mm^2$ 时:

$$A_{PE} \geqslant A_\varphi \tag{3-5}$$

2)当 $16\ mm^2 < A_\varphi \leqslant 35\ mm^2$ 时:

$$A_{PE} \geqslant 16\ mm^2 \tag{3-6}$$

3)当 $A_\varphi > 35\ mm^2$ 时:

$$A_{PE} \geqslant 0.5A_\varphi \tag{3-7}$$

注意:按 GB 50054—2011《低压配电设计规范》的规定,当 PE 线采用单芯绝缘导线时,按机械强度要求,有机械保护的 PE 线,铜导体截面积不应小于 2.5 mm^2,铝导体截面积不应小于 16 mm^2;无机械保护的 PE 线,铜导体截面积不应小于 4 mm^2,铝导体截面积不应小于 16 mm^2。

(3)保护中性线截面积的选择

保护中性线兼有保护线和中性线的双重功能,因此保护中性线截面积选择应同时满足上述保护线和中性线的要求,取其中的最大截面积。

3.3.3　按经济电流密度选择导线和电缆的截面积

导线(包括电缆,下同)的截面积越大,电能损耗越小,但是线路投资、维修管理费用和有色金属消耗量都会增加。因此,从经济方面考虑,可选择一个比较合理的导线截面积,既使电能损耗小,又不至过分增加线路投资、维修管理费用和有色金属消耗量。

图 3.17 是线路年运行费用 C 与导线截面积 A 的关系曲线。其中,曲线 1 表示线路的年折旧费(即线路投资除以折旧年限之值)和线路的年维修管理费之和与导线截面积的关系曲线;曲线 2 表示线路的年电能损耗费与导线截面积的关系曲线;曲线 3 为曲

线 1 与曲线 2 的叠加,表示线路的年运行费用(包括线路的年折旧费、维修管理费和电能损耗费)与导线截面积的关系曲线。由曲线 3 可以看出,与年运行费最小值 C_a(a 点)相对应的导线截面积 A_0 不一定是最经济合理的导线截面积。a 点附近曲线较为平坦,若提高年运行成本,例如选为 C_b(b 点),其年运行费 C_b 比 C_a 增加不多,但导线截面积 A_b 却比 A_a 大幅减小,使得有色金属消耗显著降低。因此,导线截面积选为 A_b 比 A_a 更为经济合理,既使线路的年运行费用接近于最小,又适当地考虑有色金属节约的问题,这种从全面经济效益角度考虑得到的导线截面积称为经济截面,用符号 A_{ec} 表示。

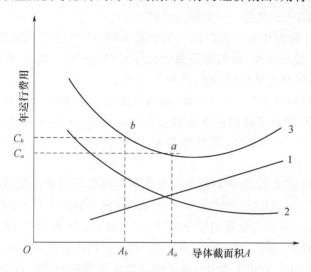

图 3.17　线路年运行费用与导线截面积的关系曲线

　　各国根据其具体国情,特别是其有色金属资源的情况,规定了导线和电缆的经济电流密度。我国现行的经济电流密度规定见表 3.3。

表 3.3　导线和电缆的经济电流密度(单位:A/mm²)

线路类别	导线材质	年最大有功负荷利用小时		
		3000 h 以下	3000~5000 h	5000 h 以上
架空线路	铜	3.00	2.25	1.75
	铝	1.65	1.15	0.90
电缆线路	铜	2.50	2.25	2.00
	铝	1.92	1.73	1.54

　　按经济电流密度 j_{ec} 计算经济截面积的公式为:

$$A_{ec} = I_{30}/j_{ec} \qquad (3-8)$$

式中:I_{30} 为线路的计算电流,单位为 A。

按式(3-8)计算出 A_{ec} 后,应选最接近的标准截面积(可取较小的标准截面积),然后校验其他条件。

3.3.4　线路电压损耗的计算

因线路存在阻抗,所以线路通过负荷电流时要产生电压损耗。一般线路的允许电压损耗不超过 5%。如果线路的电压损耗超过了允许值,则应适当加大导线截面积,使之满足允许电压损耗的要求。

1. 集中负荷的三相线路电压损耗的计算

以图 3.18a 中带两个集中负荷的三相线路为例。图中负荷电流用 i 表示,各线段电流用 I 表示,各线段长度、各相电阻和电抗分别用 l、r 和 x 表示,线路首端至各负荷点的长度、各相电阻和电抗分别用 L、R 和 X 表示。

以线路末端的相电压 $U_{\varphi 2}$ 作参考轴,绘制线路电压降相量图,如图 3.18b 所示。由于线路上的电压降相对于线路电压来说很小,$U_{\varphi 1}$ 与 $U_{\varphi 2}$ 间的相位差 θ 小到可忽略不计,因此负荷电流 i_1 与电压 $U_{\varphi 1}$ 间的相位差 φ_1 可近似地绘制成 i_1 与电压 $U_{\varphi 2}$ 间的相位差。

线路电压降的定义为:线路首端电压与末端电压的相量差。线路电压损耗的定义为:线路首端电压与末端电压的代数差。电压降在参考轴的水平方向(纵轴)上的投影(图 3.18b 上的 ag′)称为电压降的纵分量,用 ΔU_φ 表示。同理,电压降在参考轴的垂直方向(横轴)上的投影(图 3.18b 上的 gg′)称为电压降的横分量,用 $8U_\varphi$ 表示。

在地方电网和工厂供电系统中,由于线路的电压降相对于线路电压来说很小(图 3.18b 中的电压降相量图是被放大的),因此可近似地认为电压降纵分量 ΔU_φ 就是电压损耗。

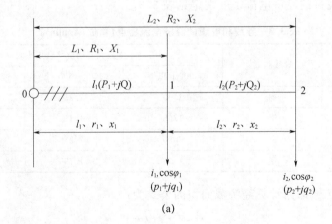

(a)

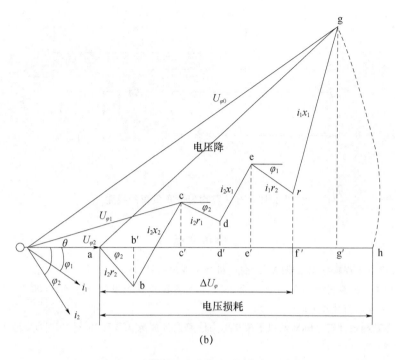

(b)

图 3.18　带有两个集中负荷的三相电路

(a)单相电路图;(b)线路电压降相量图

2. 均匀分布负荷的三相线路电压损耗的计算

设线路有一段均匀分布负荷,如图 3.19 所示。单位长度线路上的负荷电流为 i_0,则微小线段 dl 的负荷电流为 $i_0 dl$。这一负荷电流 $i_0 dl$ 流过线路(长度为 l,电阻为 R_0)产生的电压损耗为:

$$d(\Delta U) = \sqrt{3}\, i_0 dl \cdot R_0 l$$

因此,整个线路由分布负荷产生的电压损耗为:

$$\Delta U = \int_{l_1}^{l_1+l_2} d(\Delta u) = \int \sqrt{3}\, i_0 R_0 l dl = \sqrt{3}\, i_0 L_2 R_0 \left(L_1 + \frac{L_2}{2} \right)$$

令 $i_0 L_2 = I$ 为均匀分布负荷等效的集中负荷,则得:

$$\Delta U = \sqrt{3} R_0 \left(L_1 + \frac{L_2}{2} \right) \tag{3-9}$$

式(3-9)说明,带有均匀分布负荷的线路,在计算其电压损耗时,可将分布负荷集中于分布线段的中点,按集中负荷计算。

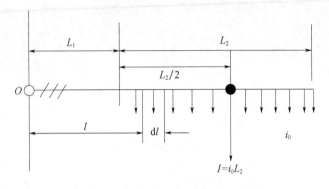

图 3.19　有一段均匀分布负荷的线路

参考文献

[1] 刘介才.供电工程师技术手册[M].北京:机械工业出版社,1998.

[2] 中国机械工业勘察设计协会,中国联合工程公司.供配电系统设计规范:GB 50052—2009[S].北京:中国标准出版社,2009.

[3] 辽宁电力勘测设计院.66kV 及以下架空电力线路设计规范:GB 50061—2010[S].北京:中国计划出版社,2010.

[4] 刘介才.工厂供用电实用手册[M].北京:中国电力出版社,2001.

[5] 中国电力工程顾问集团西南电力设计院.电力工程电缆设计规范:GB 50217—2007[S].北京:人民出版社,2007.

[6] 中国电力企业联合会.电气装置安装工程电缆线路施工及验收规范:GB 50168—2006[S].北京:中国计划出版社,2006.

[7] 刘介才.实用供配电技术手册[M].北京:中国水利水电出版社,2002.

[8] 中华人民共和国第一机械工业部.电工成套装置中的导线颜色:GB 2681—1981[S].北京:技术标准出版社,1981.

[9] 刘介才.安全供电实用技术[M].北京:中国电力出版社,2006.

[10] 电力工业部安全监察及生产协调司.电力供应与使用法规汇编[M].北京:中国电力出版社,1996.

[11] 中国机械工业联合会.低压配电设计规范:GB 50054—2011[S].北京:中国计划出版社,2011.

第 4 章　工厂电气照明

本章首先介绍照明技术(包括绿色照明)的有关概念,其次讲述工厂常用的电光源和灯具类型及其选择与布置,然后重点讲述照明质量、标准及照度的计算,最后介绍照明供电系统及其导线截面积的选择计算。

4.1　照明技术的基本概念

4.1.1　概述

照明方式按其光源的不同可分为自然照明(自然采光)和人工照明两大类。

电气照明具有灯光稳定、色彩丰富、控制调节方便和安全经济等优点,是现代人工照明中应用最为广泛的一种照明方式。

实践证明,工业生产的产品质量和劳动生产率与照明质量有密切的关系。良好的照明是保证安全生产、提高劳动生产率和产品质量、保障职工视力健康的必要措施。因此电气照明的合理选择与设计对工业生产具有十分重要的作用。

这里必须强调:合理的电气照明,必须达到绿色照明的要求。所谓"绿色照明",是指节约能源,保护环境,有益于提高人们生产、工作、学习效率和生活质量,保护身心健康的照明。

我国现在在国民经济建设中,大力提倡和实行节能减排、保护环境的科学发展方针,其中就包括实施绿色照明。

4.1.2　照明技术的有关概念

1. 光和光通量

(1)光。光是物质的一种形态,是一种波长比毫米无线电波短,又比 X 射线长的电磁波,而所有电磁波都具有辐射能。

在电磁波的辐射谱中,光谱的大致范围包括:红外线,波长为 $780 \text{ nm} < \lambda \leqslant 1 \text{ mm}$;可见光,波长为 $380 \text{ nm} < \lambda \leqslant 780 \text{ nm}$;紫外线,波长为 $1 \text{ nm} < \lambda \leqslant 380 \text{ nm}$。可见光又可分为:红($640 \text{ nm} < \lambda \leqslant 780 \text{ nm}$)、橙($600 \text{ nm} < \lambda \leqslant 640 \text{ nm}$)、黄($570 \text{ nm} < \lambda \leqslant 600 \text{ nm}$)、绿($490 \text{ nm} < \lambda \leqslant 570 \text{ nm}$)、蓝($450 \text{ nm} < \lambda \leqslant 490 \text{ nm}$)、靛($430 \text{ nm} < \lambda \leqslant 450 \text{ nm}$)和紫

（380 nm＜λ≤430 nm）七种单色光。

人眼对各种波长的可见光有不同的敏感性，实验证明正常人眼对波长为 555 nm 的黄绿色光最敏感，也就是这种黄绿色光的辐射最能刺激人眼的视觉。因此波长越偏离 555 nm 的光辐射，可见度越低。

（2）光通量。光源在单位时间内向周围空间辐射出的使人眼产生光感的能量，称为光通量，简称光通，符号为 Φ，单位为流明（lm）。

2. 光强及其分布特性

（1）发光强度。发光强度简称光强，是光源在给定方向的辐射强度，符号为 I，单位为坎德拉（cd）。

对于向各个方向均匀辐射光通量的光源，它在各个方向的发光强度均等，其值为：

$$I=\frac{\Phi}{\Omega} \tag{4-1}$$

式中：Φ 为光源在立体角内所辐射的总光通量；Ω 为空间立体角。

空间立体角：

$$\Omega=\frac{A}{r^2} \tag{4-2}$$

式中：r 为球的半径；A 为与 Ω 相对应的球面积。

（2）配光曲线。配光曲线即发光强度分布曲线，是在通过光源对称轴的一个平面上绘出的灯具发光强度与对称轴之间角度 α 的函数曲线。

对一般照明灯具，配光曲线绘在极坐标上，如图 4.1a 所示。其光源采用光通量为 1000 lm 的假想光源。而对于聚光很强的投光灯，其光强集中在一个很小的空间角内，因此其配光曲线一般绘在直角坐标上，如图 4.1b 所示。

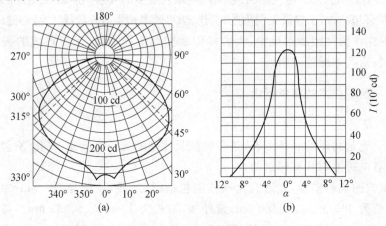

图 4.1　灯具的配光曲线

(a)绘在极坐标上的配光曲线（配照灯）；(b)绘在直角坐标上的配光曲线（极光灯）

3. 照度和亮度

(1)照度。受照物体表面单位面积投射的光通量,称为照度,符号为 E,单位为勒克斯(lx)。

如果光通量 Φ 均匀地投射在面积为 A 的表面上．则该表面的照度值为:

$$E = \frac{\Phi}{A} \tag{4-3}$$

(2)亮度。发光体(不只是指光源,受照表面的反射光通也可看作间接光源)在视线方向单位投影面上的发光强度,称为亮度,符号为 L,单位为坎德拉每平方米(cd/m^2)。

假设发光体表面法线方向的发光强度为 I,而人眼视线与发光体表面法线成 α 角,则视线方向的发光强度为 $I_\alpha = I\cos\alpha$,而视线方向的投影面为 $A_\alpha = A\cos\alpha$。由此可得发光体在视线方向的亮度为:

$$L = \frac{I_\alpha}{A_\alpha} = \frac{I\cos\alpha}{A\cos\alpha} = \frac{I}{A} \tag{4-4}$$

由式(4-4)可以看出,发光体的亮度值实际上与视线方向无关。

4. 物体的光照性能

当光通量 Φ 投射到物体上时,一部分光通量 Φ_ρ 从物体表面反射回去,一部分光通量 Φ_a 被物体所吸收,而余下的一部分光通 Φ_τ 则透过物体。

为表征物体的光照性能,特引入以下三个参数。

(1)反射比。反射比又称反射系数,其定义是反射光通 Φ_ρ 与总投射光通 Φ 之比,即:

$$\rho = \frac{\Phi_\rho}{\Phi} \tag{4-5}$$

(2)吸收比。吸收比又称吸收系数,其定义是吸收光通 Φ_a 与总投射光通 Φ 之比,即:

$$\alpha = \frac{\Phi_a}{\Phi} \tag{4-6}$$

(3)透射比。透射比又称透射系数,其定义是透射光 Φ_τ 与总投射光通 Φ 之比,即:

$$\tau = \frac{\Phi_\tau}{\Phi} \tag{4-7}$$

以上三个参数之间有下列关系:

$$\rho + \alpha + \tau = 1 \tag{4-8}$$

在照明技术中应特别注重反射比这一参数,因为它直接影响到工作面上的照度。表 4.1 所列为各种情况下墙壁、顶棚及地面的反射比近似值,供参考。

表 4.1　墙壁、顶棚及地面的反射比近似值

反射面情况	反射比 ρ(%)
刷白的墙壁,顶棚、窗子装有白色窗帘	70
刷白的墙壁,但窗户未挂窗帘;刷白的顶棚,但房间潮湿;墙壁和顶棚未刷白,但洁净光亮	50
有窗子的水泥墙壁、水泥顶棚;木墙壁,木顶棚;糊有浅色纸的墙壁、顶棚;水泥地面	30
有大量灰土的墙壁、顶棚;无窗帘遮蔽的玻璃窗;未粉刷的砖墙;糊有深色纸的墙壁、顶棚;较脏的水泥地面及沥青等地面	10

5. 光源的发光效能、色温和显色性

(1)发光效能。光源的发光效能指光源发出的光通量除以光源功率所得的商,简称光源的光效,其单位为流明每瓦特(lm/W)。普通白炽灯的光效为 7.3～25 lm/W,而紧凑型荧光灯的光效达 44～87 lm/W,这说明后者的光效远高于前者,因此如以紧凑型节能荧光灯取代白炽灯,将大大节约电能。

(2)色温。光源的色温度是以发光体表面颜色来估计其温度的一个物理量。光源的色温度用其辐射光的色品与某一温度下黑体的温度来度量。色温度的单位为开尔文(K)。普通白炽灯的色温度最高为 2900 K(1000 W 灯泡),普通日光色荧光灯的色温度为 6500 K(40 W)。

(3)显色性。光源的显色性指光源对被照物体颜色显现的性能。物体的颜色以日光或与日光相当的参考光源照射下的颜色为准。为表征光源的显色性,特引入光源的显色指数(Ra)。一般显色指数是指由国际照明委员会(CIE)规定的八种试验色样,在被测光源照明时与参考光源照明时其颜色相符程度的度量。被测光源的 Ra 越高,说明该光源的显色性越好,物体颜色在该光源照明下的失真度越小。以日光的 Ra 为 100 作基准,白炽灯的 Ra 为 95～99,而荧光灯的 Ra 为 75～90,这说明荧光灯的显色性比白炽灯的显色性差一些。

4.2　工厂常用的电光源和灯具

4.2.1　工厂常用电光源的类型、特性及其选择

1. 工厂常用电光源的类型

电光源按其发光原理可分为热辐射光源和气体放电光源两大类。

(1)热辐射光源

热辐射光源是利用物体加热时辐射发光的原理所制成的光源,如白炽灯和卤钨灯。

1)白炽灯。白炽灯依靠电流通过灯丝,以加热到白炽状态,进而引起热辐射发光。

白炽灯按灯丝结构可分为单螺旋和双螺旋两种,后者的光效率较高。按用途可分为普通照明和局部照明两种。普通照明的单螺旋灯丝白炽灯型号为 PZ,普通照明的双螺旋灯丝白炽灯型号为 PZS,局部照明的单螺旋灯丝白炽灯型号为 JZ,局部照明的双螺旋灯丝白炽灯型号为 JZS。此外,白炽灯的灯头型式有 B-插口式和 E-螺口式。

白炽灯结构简单,价格低廉,使用方便,显色性好。因此无论在城乡或是工厂,过去一直应用白炽灯最为广泛。但是它的光效低,耗电多,使用寿命较短,耐震性也较差。

2)卤钨灯。卤钨灯按其结构可分为两端引入式和单端引入式两种。前者用于需高照度的工作场所,后者主要用于放映灯等。

卤钨灯实质上是在白炽灯内充入含有卤素或卤化物的气体,利用卤钨循环的原理提高灯的光效和使用寿命。

卤钨循环原理如下。当灯管(或灯泡)工作时,灯丝(钨丝)的温度升高,钨分子随温度升高而蒸发,并移向玻管内壁,白炽灯泡在使用过程中会逐渐发黑也是因为这一过程。卤钨灯灯管内充有卤素(碘或溴),因此钨分子在管壁能够与卤素作用,生成气态的卤化钨;卤化钨由管壁向灯丝迁移,进入灯丝的高温(1600 ℃以上)区域后,卤化钨即分解为钨分子和卤素,钨分子则会沉淀在灯丝上;当钨分子沉淀的数量等于灯丝蒸发出去钨分子的数量时,即形成相对平衡状态,这一过程就称为"卤钨循环"。由于卤钨灯内存在卤钨循环,所以其玻管不易发黑,灯丝也不易烧断,因此其光效比白炽灯高,使用寿命也大大延长。

为了使卤钨灯的卤钨循环顺利进行,安装时必须保持灯管水平,倾斜角不得大于4°,且不允许采用人工冷却措施(如使用电风扇)。由于卤钨灯工作时管壁温度可高达600 ℃,因此其不能与易燃物品靠近。卤钨灯的显色性好,使用也方便,但由于其耐震性更差,需注意防震。最常用的卤钨灯为碘钨灯。

(2)气体放电光源

气体放电光源是利用气体放电时发光的原理所制成的光源,例如荧光灯、高压汞灯、高压钠灯、金属卤化物灯和氙灯等。

1)荧光灯。荧光灯利用汞蒸气,在外加电压作用下产生弧光放电,随之发出少许可见光和大量紫外线,紫外线激励管内壁涂覆的荧光粉,使之再辐射出大量的可见光。由此可见,荧光灯的光效显然比白炽灯高,使用寿命也比白炽灯长得多。

荧光灯的接线如图 4.2 所示。图中 S 是辉光启动器,它有两个电极,其中一个弯成 U 形的电极是双金属片;当荧光灯接上电压后,辉光启动器首先产生辉光放电,致使双金属片加热伸开,造成两极短接,使电流通过灯丝;灯丝加热后发射电子,并使管内少量的汞汽化。L 是镇流器,它实质上是一个铁心电感线圈;当辉光启动器两极短接使灯丝加热后,辉光启动器内的辉光放电停止,双金属片冷却收缩,随即导致灯丝加热回路突然断开,镇流器两端会感生很高的电动势,连同电源电压加在灯管两端,使充满汞蒸气的灯管击穿,产生弧光放电。由于灯管起燃后,管内电压降很小,因此仍需借助镇流器产生很大一部分电压降,以维持灯管稳定的电流。电容器 C 的作用是提高电路功率因数。未接 C 时,功率因数仅为 0.5 左右;接入 C 后,功率因数可提高到 0.95 以上。

荧光灯工作时,其灯光将随着加在灯管两端电压的周期性交变而频繁闪烁,这就是"频闪效应"。频闪效应可导致人眼出现错觉,使观察到的物体运动显现出不同于实际运动的状态,甚至可将一些由同步电动机驱动的旋转物体误认为是不动的物体,这当然是安全生产不能允许的。因此在有旋转机械的车间里,不宜使用荧光灯。如果要使用荧光灯,则必须设法消除其频闪效应。消除频闪效应的方法很多,最简单的方法是在该灯具内安装两根或三根荧光灯管,而各根灯管分别接到不同相位的线路上。

荧光灯除有普通直管形荧光灯(一般管径大于 26 mm)外,还有现在推广应用的稀土三基色细管径荧光灯和紧凑型节能荧光灯。

紧凑型荧光灯有 U 形、2U 形、H 形和 2D 形等多种形式。常用的 2U 形紧凑型荧光灯如图 4.3 所示。紧凑型荧光灯具有光色好、光效高、能耗低和使用寿命长等优点,因此在一般照明中可取代普通白炽灯,以节约电能。

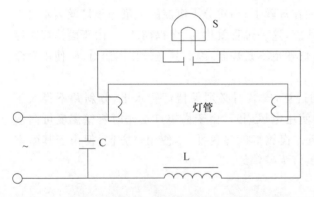

图 4.2　荧光灯的接线
S:辉光启动器;L:镇流器;C:电容器

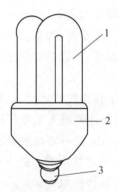

图 4.3　2U 形紧凑型节能荧光灯的结构
1:灯管;2:底罩;3:灯头

2)高压汞灯。高压汞灯又称高压水银荧光灯。它是上述荧光灯的改进产品,属于高气压(压强可达 $1×10^5$ Pa 以上)的汞蒸气放电光源,其结构有以下三种类型。

① GGY 型荧光高压汞灯。这是最常用的一种,适用于要求照度较高或中等的高大厂房和露天场所,对于显色性要求不高的场所可采用 GGY 型荧光高压汞灯。

② GYZ 型自镇流高压汞灯。它利用自身的灯丝兼作镇流器。

③ GYF 型反射高压汞灯。它采用部分玻壳内壁镀反射层的结构,使光线集中、均匀地定向反射。

高压汞灯不需要辉光启动器来预热灯丝,但它必须与相应功率的镇流器串联使用(除 GYZ 型外),其接线如图 4.4 所示。

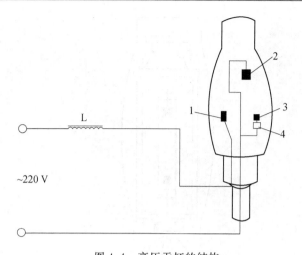

图 4.4   高压汞灯的结构
1:第一主电极;2:第二主电极;3:辅助电极;4:限流电阻

高压汞灯工作时,其第一主电极与辅助电极(触发极)间首先击穿放电,管内的汞随即蒸发,导致第一主电极与第二主电极间击穿,发生弧光放电,再使管壁的荧光质受激,产生大量的可见光。

高压汞灯的光效较高,寿命较长,但启动时间较长,显色性较差。

3)高压钠灯。高压钠灯结构如图 4.5 所示,其接线与高压汞灯(图 4.4)相同。高压钠灯利用高气压(压强可达 1×10^4 Pa)的钠蒸气放电发光,其光谱集中在人眼较为敏感的区间,因此其光效比高压汞灯还高 1 倍,日寿命长。但其旧显色性较差,启动时间也较长。

4)金属卤化物灯。金属卤化物灯是由金属蒸气与金属卤化物分解物的混合物放电而发光的放电灯。

金属卤化物的主要辐射来自填充在放电管内的铟、镝、铊、钠等金属的卤化物,这些卤化物在高温下分解产生金属蒸气和汞蒸气混合物,经激发可产生大量的可见光。其光效和显色指数也比高压汞灯高得多。

金属卤化物灯有下列型式:NTI 为钠铊铟灯;ZJD 为高光效金属卤素灯;DDG 为日光色镝灯;KNG 为钪钠灯。

5)高强度气体放电灯。以上高压汞灯、高压钠灯和金属卤化物灯,统称高强度气体放电(HID)灯。在高强度气体放电灯中,高压汞灯(特别是自镇流高压汞灯)的光效最低。因此,从节能的角度考虑,宜尽量以高压钠灯或金属卤化物灯取代高压汞灯。

6)单灯混光灯。这是 20 世纪末才发展起来的一种高效节能型新光源,其外形与上述几种高强度气体放电灯相似,它有以下三个系列。

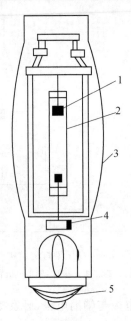

图 4.5　高压钠灯的结构

1:主电极;2:半透明陶瓷放电管;3:外玻壳;4:消气剂;5:灯头

① HX 系列中显钠汞灯。由一支中显钠灯管芯和一支汞灯管芯构成,克服了汞灯、钠灯和金属卤化物灯光色不太适合人的视觉习惯、光效偏低、显色性差、寿命短等缺点,是一种光效高、光色好、显色指数高、使用寿命长的新型混光光源。

② HXJ 系列金卤钠灯。由一支金属卤化物灯管芯和一支中显钠汞灯管芯串联构成,其吸取了中显钠汞灯和金属卤化物灯光效高、寿命长等优点,又克服了这两种灯光源、光色差(特别是金属卤化物灯在使用后期光通量衰减和变色严重)的缺点。金卤钠灯光色好、光线柔和、使用寿命长,是一种色温和显色指数等技术指标均优于中显钠汞灯和金属卤化物灯的新型混光光源。

③ HJJ 系列双管芯金属卤化物灯。它具有两支金属卤化物灯管芯。当其中一支管芯失效时,另一支管芯会自动启动,大大提高了其可靠性和使用寿命,并减少了维修工作量。因此这种光源特别适用于体育场馆、高大厂房等可靠性要求较高且维修比较困难的场所。

7)氙灯。它是一种充有高气压氙气的的高功率(可高达 100 kW)气体放电灯,俗称"人造小太阳"。它主要用于大型广场,而在工厂中很少应用,此处从略。

(3)LED 光源

电光源除上述常用的热辐射光源和气体放电光源两大类外,还有一种近几年才兴起的 LED 照明光源。

　　LED 是发光二极管（Light Emitting Diode）的英文缩写。早在 20 世纪初，就有学者发现了碳化硅的电致发光现象，但由于光线太暗，无法应用于照明。1965 年，世界上第一款发光二极管诞生，它是用锗材料制作的可发红光的 LED，其后又制作出可发橙光、黄光和白光的 LED。至 21 世纪初，美国一家公司推出一款新的发冷白光的 LED 照明光源，其发光效率和亮度都创下了新记录。近几年来，LED 照明光源在我国也得到了飞速发展，而且 LED 照明灯具逐渐多样化，发光效率不断提高，生产成本也在逐年下降。目前，LED 主要用于装饰和信号照明，随着低碳生活理念在我国的深入，LED 照明灯具有可能发展为灯具市场的主流。LED 照明灯的结构如图 4.6 所示。

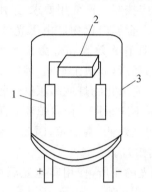

图 4.6　LED 照明灯的结构
1：电极；2：荧光二极管芯片；3：封装的树脂外壳

2. 部分常用电光源的主要技术特性

　　部分常用电光源的主要技术特性见表 4.2，供参考。由表 4.2 可以看出，高压钠灯的光效最高，其次是金属卤化物灯。高压汞灯的光效较低，光效最低的是白炽灯。但从显色指数来说，白炽灯最高，高压钠灯和高压汞灯都很低。因此选择光源类型时，要根据光源性能和具体应用场所而定。

表 4.2　部分常用电光源的主要技术特征

光源种类	额定功率（W）	光效（lm/W）	显色指数	色温（K）	平均寿命（h）
白炽灯	10～1500	10～18	95～99	2400～2900	1000～2000
卤钨灯	60～5000	20～30	95～99	2800～3300	1500～2000
荧光灯	4～200	40～90	60～72	3000～6500	6000～8000
高压汞灯	50～1000	30～50	35～40	3300～4300	5000～10000
高压钠灯	35～1000	70～190	20～25	1950～2500	12000～24000
金属卤化物灯	35～3500	60～99	65～90	3000～5600	5000～10000
单灯混光灯	100～800	40～100	60～80	3100～3400	10000～20000

3. 工厂常用电光源类型的选择

选择电光源时,应符合 GB 50034—2013《建筑照明设计标准》[1] 的规定。

选择电光源时,应在满足显色性、启动时间等要求的条件下,根据光源、灯具及镇流器等的效率、寿命和价格,在综合技术和经济分析比较后确定。

照明设计时,可按下列条件选择电光源。

(1)高度较低的房间,如办公室、教室、会议室及仪表和电子等生产车间,宜采用细管径(≤26 mm)直管形荧光灯,因为这种荧光灯较之普通的粗管径(38 mm)直管形荧光灯的光效高、寿命长、显色性也较好。

(2)高度较高的工业厂房,应按照生产使用要求,采用金属卤化物灯或高压钠灯,也可采用大功率的细管径荧光灯。金属卤化物灯由于光效较高且寿命长,而在高大厂房中得到普遍应用。高压钠灯也具有光效高和寿命长的优点,且价格较低,但其显色性差,因此宜用于辨色要求不高的场所,如锻工车间、炼铁车间、材料库、成品库等。

(3)由于荧光高压汞灯与金属卤化物灯或高压钠灯相比,其光效较低,寿命较短,显色指数也不高,因此一般情况下不应采用。而自镇流高压汞灯光效更低,更不应采用。

(4)由于普通照明白炽灯的光效低,寿命短,因此一般情况下不应采用。但在下列场所可采用 100 W 及以下的白炽灯。

1)要求瞬时启动和连续调光的场所,使用其他光源在技术、经济不合理时,宜采用白炽灯。

2)由于气体放电灯会产生高次谐波,从而产生电磁干扰,因此对防止电磁干扰要求严格的场所,宜采用白炽灯。

3)由于气体放电灯频繁开关时会缩短使用寿命,因此灯开关频繁的场所,可采用白炽灯。

4)照度要求不高,燃点时间不长的场所,也可采用白炽灯。

5)对装饰有特殊要求的场所,如采用紧凑型荧光灯或其他光源不合适时,可采用白炽灯。

(5)应急照明灯应选用能快速点燃的光源,如白炽灯或荧光灯,而不宜采用高强度气体放电灯。

(6)应根据识别颜色的要求和照明场所的特点,选用相应显色指数的光源。显色性要求高的场所,应选用显色指数高的光源,如显色指数>80 的三基色荧光灯或混光灯。显色性要求不高的场所,则可采用显色指数较低而光效更高、寿命更长的光源。

4.2.2　工厂常用灯具的类型及其选择与布置

1. 工厂常用灯具的类型

(1)按灯具的配光特性分类

按灯具的配光特性,有两种分类方法:一种是国际照明委员会(CIE)提出的分类法;另一种是传统的分类法。

1)CIE 分类法根据灯具向下和向上投射光通量的百分比,将灯具分为以下五种类型。

① 直接照明型。灯具向下投射的光通量占总光通量的 90%～100%,而向上投射的光通量极少。

② 半直接照明型。灯具向下投射的光通量占总光通量的 60%～90%,向上投射的光通量只有 10%～40%。

③ 均匀漫射型。灯具向下投射的光通量与向上投射的光通量基本相等,为 40%～60%。

④ 半间接照明型。灯具向上投射的光通量占总光通量的 60%～90%,向下投射的光通量只有 10%～40%。

⑤ 间接照明型。灯具向上投别的光通量占总光通量的 90%～100%,而向下投射的光通量极少。

2)传统分类法根据灯具的配光曲线形状,将灯具分为以下五种类型。

① 正弦分布型。发光强度是角度的正弦函数,并且在 $\theta = 90°$ 时(水平方向)发光强度最大。

② 广照型。最大的发光强度分布在较大的角度上,可在较广的面积上形成较为均匀的照度。

③ 漫射型。各个角度(方向)的发光强度基本一致。

④ 配照型。发光强度是角度的余弦函数,并且在 $\theta = 0°$ 时(垂直向下方向)发光强度最大。

⑤ 深照型。光通量和最大发光强度集中在 0°～30° 的狭小立体角内。

(2)按灯具的结构特点分类

灯具按其结构特点可分为以下五种类型。

1)开启型。光源与灯具外界的空间相通,例如通常使用的配照灯、广照灯和深照灯等。

2)闭合型。光源被透明罩包合,但内外空气仍能流通,例如圆球灯、双罩型(即万能型)灯和吸顶灯等。

3)密闭型。光源被透明罩密封,内外空气不能对流,例如防潮灯和防水、防尘灯等。

4)增安型。光源被高强度透明罩密封,且灯具能承受足够的压力,能安全地应用在有爆炸危险介质的场所,或称防爆型。

5)隔爆型。光源被高强度透明罩密封,但不是靠其密封性来防爆,而是在灯座的法兰与灯罩的法兰之间有一隔爆间隙。当气体在灯罩内部爆炸时,高温气体经过隔爆间隙被充分冷却,以防止引起外部爆炸性混合气体爆炸,因此隔爆型灯也能应用在有爆炸危险介质的场所。

2. 工厂用灯具类型的选择

工厂选用照明灯具,应符合 GB 50034—2013《建筑照明设计标准》的规定。

(1)在满足眩光限制和配光要求的条件下,应选用效率高的灯具,并应符合下列规定。

1)荧光灯灯具的效率不应低于表 4.3 的规定。

表 4.3　荧光灯灯具的效率

灯具出口形式	开敞式	保护罩(玻璃或塑料)		格栅
		透明	磨砂、棱镜	
灯具效率(%)	75	65	55	60

2)高强度气体放电灯灯具的效率不应低于表 4.4 的规定。

表 4.4　高强度气体放电灯灯具的效率

灯具出口形式	开敞式	格栅或透光罩
灯具效率(%)	75	60

(2)根据照明场所的环境条件,分别选用下列灯具。

1)在潮湿场所,应采用相应防护等级的防水灯具或带防水灯头的开敞式灯具。

2)在有腐蚀性气体或蒸汽的场所,应采用防腐蚀密闭式灯具。如果采用开敞式灯具,则其各部分应有防腐蚀或防水的措施。

3)在高温场所,应采用散热性能好、耐高温的灯具。

4)在有尘埃的场所,应按防尘的相应防护等级选择适宜的灯具。

5)在装有锻锤、大型桥式起重机等振动和摆动较大的场所使用的灯具,应有防振和防脱落的措施。

6)在易受机械损伤、光源自行脱落可能造成人身伤害或财产损失的场所使用的灯具,应有防护措施。

7)在有爆炸或火灾危险的场所使用灯具,应符合 GB 50058—2014《爆炸危险环境电力装置设计规范》[2]的有关规定。

8)在有洁净要求的场所,应采用不易积尘、易于擦拭的洁净灯具。

9)在需防止紫外线照射的场所,应采用隔紫灯具或无紫光源。

(3)直接安装在可燃材料表面上的灯具,当灯具发热部件紧贴在安装表面上时,必须采用带有 F-mark 标志的灯具,以免一般灯具的发热导致可燃材料燃烧,酿成火灾。

（4）照明设计时，应按下列原则选择镇流器。

1）自镇流荧光灯应配用电子镇流器。

2）直管形荧光灯应配用电子镇流器或节能型电感镇流器。

3）高压钠灯、金属卤化物灯应配用节能型电感镇流器。在电压偏差较大的场所，宜配用恒功率镇流器，功率较小者可配用电子镇流器。

4）所有采用的镇流器均应符合该产品的国家能效标准。

（5）高强度气体放电灯的触发器与光源的安装距离应符合产品的要求。

3. 室内灯具的悬挂高度

（1）室内灯具不宜悬挂过高。如悬挂过高，一方面会降低工作面上的照度，如需满足照度的要求，势必将增大光源功率，不经济；另一方面运行维修（如擦拭或更换灯泡）也不方便。

（2）室内灯具也不宜悬挂过低。如悬挂过低，一方面容易遭到碰撞，不安全；另一方面会产生眩光，导致人视力受损。

（3）室内一般照明灯具的最低悬挂高度，按机械行业标准 JBJ6—1996《机械工厂电力设计规范》[3] 规定，可供工厂照明设计参考。灯具的遮光角（又称保护角）表征灯具的光线被灯罩遮盖的程度，也表征避免灯具对人眼直射眩光的范围。

4. 室内灯具的布置方案

室内灯具的布置，与房间的结构及照明的要求有关，既要经济实用，又要尽可能协调美观。

（1）车间内一般照明灯具，通常有两种布置方案。

1）均匀布置。灯具在整个车间内均匀分布，其布置与生产设备的位置无关。

2）选择布置。灯具的布置与生产设备的位置有关，其大多是按工作面对称布置的，力求使工作面获得最有利的光照并消除阴影。

（2）由于灯具均匀布置较之选择布置更为美观，且能够使整个车间照度比较均匀，所以在既有一般照明又有局部照明的场所，其一般照明灯具宜采用均匀布置。

（3）均匀布置的灯具可排列成正方形或矩形，如图 4.7a 所示。矩形布置时，也应尽量使灯距 l 与 l' 相接近。为了使照度更加均匀，可将灯具排列成菱形，如图 4.7b 所示。当采用等边三角形的菱形布置，即 $l'=\sqrt{3}l$ 时，照度分布最为均匀。

灯具间的距离，应按灯具的光强分布、悬挂高度、房屋结构及照度要求等多种因素确定。为了使工作面上获得较均匀的照度，灯间距离 l 与灯具在工作面上的悬挂高度 h 之比（简称距高比）一般不宜超过各类灯具所规定的最高距高比。例如 GC1-A、B-2G 型工厂配照灯的最大允许距高比为 1.35，其余灯具的最大距高比可查有关设计手册或产品样本。

从使整个房间获得较为均匀照度的角度考虑，最边缘一列灯具离墙的距离 l'' 取值应如下：当靠墙有工作面时，可取 $l'' = (0.25 \sim 0.3)l$；当靠墙为通道时，可取 $l'' = (0.4 \sim 0.6)l$。其中，l 为灯具间距离，对于矩形布置，灯间距离可取其纵向和横向的几何平均值。

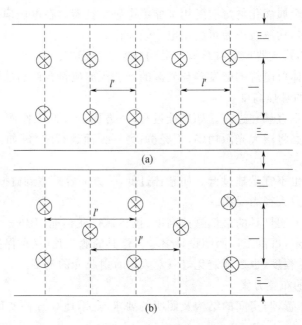

图 4.7　灯具的均匀布置
(a)矩形布置；(b)菱形布置

4.3　照明质量、照度标准与照度计算

4.3.1　照明质量

照明质量包括眩光限制、光源颜色、照度均匀度及工作房间表面的反射比等问题，但最基本的问题是照明区域内工作面上的照度是否达到规定的照度标准。此外，按 GB 50034—2013《建筑照明设计标准》规定，还需考虑照明的节能问题。在满足照度标准的前提下，照明的功率密度值(LPD)，单位为 W/m^2，也应满足要求。

1. 眩光限制

眩光能引起人眼视觉不适或降低视力，因此在照明设计中必须限制眩光，以保证照明质量。按 GB 50034—2013《建筑照明设计标准》规定，直接型灯具的遮光角不应小于表 4.5 所列数值。

表 4.5　直接型灯具的遮光角

光源平均亮度(kcd/m²)	遮光角(°)	光源平均亮度(kcd/m²)	遮光角(°)
1~20	10	30~500	20
20~50	15	≥500	30

工业建筑和公共建筑常用房间或场所的不舒适眩光应采用统一眩光值(UGR)来评价。UGR 值按 GB 50034—2013《建筑照明设计标准》所提供的公式计算(此处从略)。UGR 值分 28、25、22、19、16、13、10 共 7 挡;28 为刚刚不可忍受值,25 为不舒适感值,22 为刚刚不舒适感值,19 为感觉舒适与不舒适的界限值,16 为刚刚可接受值,13 为刚刚感到眩光值,10 为无眩光感值。GB 50034—2013《建筑照明设计标准》的照度标准多数采用 25、22、19 的 UGR 值。

由特定表面(如建筑物的光亮表面和玻璃窗等)产生的反射光引起的眩光称为光幕反射眩光。它可降低作业面的可见度,不利于工作。可采取下列措施减少光幕反射眩光。

(1)从灯具和作业面的布置方面考虑,应避免将灯具安装在干扰区内,例如将灯安装在正前方 40°以外区域。

(2)从房间各表面的装饰材料方面考虑,应采用低光泽度的材料。

(3)从灯具的亮度方面考虑,应设法限制灯具的亮度,例如采用格栅、漫反射罩。

(4)从周围亮度考虑,应适当照亮顶棚和墙壁,以降低光源与周围的亮度对比,但要避免顶棚和墙壁上出现光斑。

2. 光源颜色

按 GB 50034—2013《建筑照明设计标准》规定,室内照明光源的色表可按相关色温分为三组,各组色表适用的场所举例见表 4.6。

表 4.6　光源的色表特征及其适用场所

色标特征	相关色温(K)	适用场所
暖	<3300	客房、卧室、病房、酒吧
中间	3300~5300	办公室、教室、阅览室、诊室、实验室、仪表装配、控制室
冷	>5300	热加工车间、高照度场所

长期工作或停留的房间或场所,照明光源的显色指数不宜小于 80。在灯具安装高度大于 6 m 的工业建筑场所,显色指数可低于 80,但必须能够辨别安全色。

3. 照度均匀度

照度均匀度是在给定的照明区域内最小照度与平均照度的比值。

按 GB 50034—2013《建筑照明设计标准》规定,工业建筑作业区域内和公共建筑的工作房间内的一般照明,其照度均匀度不应小于 0.7,而作业面周围的照度均匀度不应小于 0.5。上述房间或场所内的通道和其他非作业区域的一般照明的照度值不宜低于作业区域一般照明照度值的 1/3。

GB 50034—2013《建筑照明设计标准》规定的作业面周围(指作业面外 0.5 m 范围内)与这些作业面照度对应的最低照度值见表 4.7。

表 4.7 作业面临近周围的最低照度值(单位:lx)

作业面照度值	作业面周围照度值	作业面照度值	作业面周围照度值
≥750	500	300	200
500	300	≤200	与作业面照度相同

4. 反射比

GB 50034—2013《建筑照明设计标准》规定,长时间工作的房间,其表面反射比宜按表 4.8 选取。

表 4.8 工作房间表面的反射比

表面名称	顶棚	墙面	地面
反射比	0.6~0.9	0.3~0.8	0.1~0.5

4.3.2 照度标准

为了创造良好的工作条件,提高工作效率和工作质量(含产品质量),保障人身安全,工作场所及其他活动环境的照明必须具有足够的照度。

照度标准值的分级为 0.5 lx、1 lx、3 lx、5 lx、10 lx、15 lx、20 lx、30 lx、50 lx、75 lx、100 lx、150 lx、200 lx、300 lx、500 lx、750 lx、1000 lx、1500 lx、2000 lx、3000 lx、5000 lx 等。

GB 50034—2013《建筑照明设计标准》规定的照度标准值,为作业面或参考平面上的平均照度值。

GB 50034—2013《建筑照明设计标准》规定:设计照度与照度标准值的偏差不应超过±10%。

4.3.3 照度的计算

在灯具的型式、悬挂高度和布置方案初步确定以后,就应该根据初步拟定的照明方案计算工作面上的照度,检验是否符合照度标准的要求。也可以在初步确定灯具型式和悬挂高度以后,根据工作面上的照度标准要求确定灯具的数目,然后确定灯具布置方案。

照度的计算方法,主要有利用系数法、概算曲线法、比功率法(即单位容量法)和逐点计算法。前三种方法只用于计算水平工作面上的照度,其中概算曲线法实质上是利用系数法的实用简化;而后一种方法则可用于任意倾斜面(包括垂直面)上的照度计算。限于篇幅和时间,这里只介绍前三种方法。

1. 利用系数法

(1)利用系数的概念

照明光源的利用系数是表征照明光源的光通量有效利用程度的一个参数,用投射到工作面上的光通量 Φ_e(包括直射光通量和多方反射到工作面上的光通量)与全部光源发出的光通量 $n\Phi$ 之比(Φ 为每一光源的光通量,n 为光源数)表示,即:

$$u = \frac{\Phi_e}{n\Phi} \tag{4-9}$$

利用系数 u 与下列因素有关。

1)与灯具的型式、光效和配光特性有关。灯具的光效越高,光通量越集中,利用系数也越高。

2)与灯具的悬挂高度有关。灯具悬挂的越高,反射的光通量越多,利用系数也越高。

3)与房间的面积及形状有关。房间的面积越大,越接近于正方形,则直射光通量越多,利用系数也越高。

4)与墙壁、顶棚及地面的颜色和洁污情况有关。颜色越淡、越洁净,反射的光通量越多,利用系数也越高。

(2)利用系数的确定

由 GC1-A、B-2G 型工厂配照灯的利用系数可以看出,利用系数值应按墙壁、顶棚和地面的反射比及房间的受照空间特征来确定。房间的受照空间特征用参数室空间比 RCR 表征。

如图 4.8 所示,一个房间按照情况不同可分三个空间。上面为顶棚空间,即从顶棚至悬挂的灯具开口平面的空间;中间为室空间,即从灯具开口平面至工作面的空间;下面为地板空间,即工作面以下至地板的空间。装设吸顶式或嵌入式灯具的房间无顶棚空间,而工作面为地面的房间则无地板空间。

室空间比 RCR 按下式计算:

$$RCR = \frac{5\, h_{RC}(l+b)}{lb} \tag{4-10}$$

式中:h_{RC} 为室空间高度;l 为房间长度;b 为房间宽度。

(3)按照利用系数法计算工作面上的平均照度

由于灯具在使用期间,光源(灯泡)本身的光效会逐渐降低,灯具会出现陈旧赃污,受照场所的墙壁、顶棚也有污损的可能,导致工作面上的光通量会有所减少。因此在计

算工作面上的实际平均照度时,应计入一个小于1的减光系数。故工作面上的实际平均照度为:

$$E_{\mathrm{av}} = \frac{uKn\Phi}{A} \tag{4-11}$$

式中:K 为减光系数(又称维护系数);u 为利用系数;n 为灯数;Φ 为每盏灯发出的光通量;A 为受照房间的面积,矩形房间面积 A 为其长 l 乘宽 b,即 $A = lb$。

假设已知工作面上的平均照度标准,并已确定灯具型式和光源功率,则可由下式确定灯具光源数:

$$n = \frac{E_{\mathrm{av}}A}{uK\Phi} \tag{4-12}$$

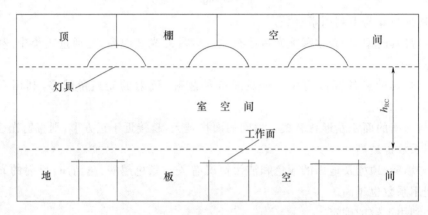

图 4.8　室空间比 RCR 的计算

2. 概算曲线法

(1)灯具概算曲线简介

灯具概算曲线是按照由利用系数法导出的式(4-12)进行计算而绘出的被照房间面积与所用灯数之间的关系曲线,假设的条件是:被照水平工作面的平均照度为 100 lx。

(2)按照概算曲线法进行灯数或照度的计算

首先根据房屋建筑的环境污染特征确定其顶棚、墙壁和地面的反射比 ρ_{c}、ρ_{w} 和 ρ_{r},并求出该房间的水平面积 A。然后由相应的灯具概算曲线上查得对应的灯数 N。由于灯具概算曲线绘制所依据的减光系数 K' 不一定与实际的减光系数 K 相同,且概算曲线法所依据的平均照度为 100 lx,并非实际要求达到的平均照度 E_{av},因此实际需用的灯数 n 应按下式进行换算:

$$n = \frac{E_{\mathrm{av}}K'}{100 \text{ lx} \cdot K}N \tag{4-13}$$

根据上式,也可以在已知布置方案和灯数 n 时,计算平均照度 E_{av}。

3. 比功率法

（1）比功率的概念

照明光源的比功率,是指单位水平面积上照明光源的安装功率,又称单位容量,即：

$$P_0 = \frac{P_\Sigma}{A} = \frac{nP_N}{A} \tag{4-14}$$

式中：P_Σ 为受照房间总的光源安装容量；P_N 为每一光源的安装容量；n 为总的光源数；A 为受照房间的水平面积。

（2）按比功率法估算照明灯具的安装容量或灯数

如果已知比功率 P_0 及车间平面面积 A,则车间一般照明的总安装容量为：

$$P_\Sigma = P_0 A \tag{4-15}$$

每盏灯具的光源容量为：

$$P_N = \frac{P_\Sigma}{n} = \frac{P_0 A}{n} \tag{4-16}$$

4.4　照明供电系统及其选择

4.4.1　概述

工厂的电气照明,按照明地点可分为室内照明和室外照明两大类；按照明方式可分为一般照明和局部照明两大类。一般照明不考虑某些局部的特殊需要,是为照亮整个场地而设置的照明。局部照明是为满足某些部位（如工作面）的特殊需要而设置的照明,例如机床上的工作照明和工作台上的台灯等。多数车间都采用由一般照明和局部照明组成的混合照明。

工厂的电气照明按照明的用途可分为正常照明、应急照明、值班照明、警卫照明和障碍照明等。正常照明是指在正常情况下使用的照明。应急照明是指因正常照明的电源发生故障后启用的照明；其又分为备用照明、安全照明和疏散照明。备用照明是用以确保正常活动继续进行的应急照明。安全照明是用以确保处于潜在危险之中的人员安全的应急照明。疏散照明是用以确保安全出口通道能被有效地辨认和应用,使人安全撤离的应急照明。

应急照明的电源,应区别于正常照明的电源。应急照明的供电电源宜从下列之一选取：独立于正常供电电源的发电机组；蓄电池组；供电系统中有效地独立于正常电源的馈电线路；应急照明灯自带直流逆变器；当装有两台及以上变压器时,应急照明应与正常照明的供电干线分别接自不同的变压器,如图 4.9 所示；仅装有一台变压器时,应从正常照明的供电干线自变电所的低压屏上或母线上分开,如图 4.10 所示。

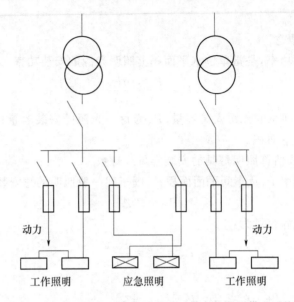

图 4.9　应急照明由两台变压器交叉供电的照明供电系统

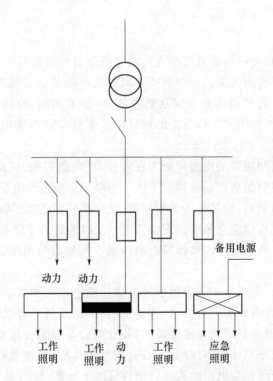

图 4.10　应急照明由一台变压器供电的照明供电系统

应急照明的正常电源在故障停电时宜实行备用电源自动投入（APD），如图 4.11 所示。当正常电源停电时，接触器 KM1 因失电而跳开，常闭触点 KM1 1-2 返回闭合，使时间继电器 KT 通电动作，延时闭合触点 KT1-2 经 0.5 s 后闭合，使接触器 KM2 通电动作，主触点闭合，从而投入备用电源。KM2 的常开触点 KM2 3-4 同时闭合，保持 KM2 线圈通电动作状态，常闭触点 KM2 1-2 断开，切断时间继电器 KT 的回路，触点 KT1-2 断开。同时，KM2 5-6 断开，切断 KM1 的回路。

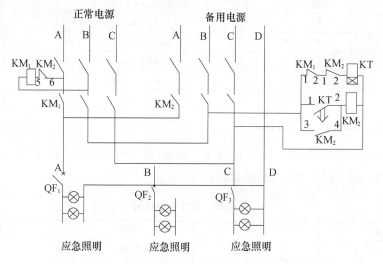

图 4.11　采用备用电源自动投入的应急照明电路

QF:低压断路器;KM:接触器;KT:时间继电器

4.4.2　电气照明的平面布线图

电气照明平面布线图是表示照明线路及其控制、保护设备和灯具等的平面相对位置及其相互联系的一种施工图，是照明工程施工、竣工验收和维护检修的重要依据。

在平面布线图上，对设备、灯具和线路等，均应按建设部批准的图集 09DX001《建筑电气工程设计常用图形和文字符号》[4] 规定的格式进行标注。

照明灯具的标注格式为：

$$a-b\frac{c\times d\times L}{e}f \tag{4-17}$$

式中：a 为灯数；b 为灯具型号或编号；c 为每盏灯具的灯泡数；d 为灯泡容量，单位为 W；e 为灯具安装高度，单位为 m，如果是"——"则表示吸顶安装；f 为安装方式；L 为光源种类。

灯具安装方式的标注代号见表 4.9。

表 4.9　灯具安装方式的标注代号

序号	中文名称	英文名称	文字符号
1	线吊式	wire suspension type	SW
2	链吊式	catenary suspension type	CS
3	管吊式	conduit suspension type	DS
4	壁装式	wall mounted type	W
5	吸顶式	ceiling mounted type	C
6	嵌入式	flush type	R
7	顶棚内安装	recessed in ceiling	CR
8	墙壁内安装	recessed in wall	WR
9	支架上安装	mounted on support	S
10	柱上安装	mounted on column	CL
11	座装	holder mounting	HM

关于光源种类代号,按 GB/T 4728.8—2008《电气简图用图形符号 第 8 部分:测量仪表、灯和信号器件》[5]规定,见表 4.10。

表 4.10　光源种类代号

名称	代号	名称	代号
白炽灯	IN	高压钠灯	Na
卤(碘)钨灯	I	金属卤化物灯	HL
荧光灯	FL	氙灯	Xe
高压汞灯	Hg	混光灯	ML

4.4.3　照明供电系统导线截面积的选择

由于照明负荷的电流一般比较小,而电压偏差对照明质量的影响比较显著,因此照明线路的导线截面积通常先按允许电压损耗进行选择,再校验发热条件和机械强度。照明线路的允许电压损耗一般为 2.5%～5%。

按允许电压损耗 $\Delta U_{al}\%$ 选择导线截面积的公式为:

$$A = \frac{\sum M}{C\Delta U_{al}\%} \tag{4-18}$$

式中:C 为计算系数;$\sum M$ 为线路中负荷功率矩之和,单位为 kW·m。

按上式计算的导线截面积还应校验发热条件和机械强度,并满足与该线路保护装置(熔断器或低压断路器过电流脱扣器)的配合要求。

4.4.4　照明供电系统保护装置的选择

照明供电系统可采用熔断器或低压断路器进行短路和过负荷保护。考虑到各种不同光源点燃的启动电流不同,不同光源的保护装置动作电流也有区别,见表 4.11。

表 4.11　照明线路保护装置的选择

保护装置类型	保护装置动作电路/照明线路计算电流(A)		
	白炽灯、卤钨灯、荧光灯、金属卤化物灯	高压汞灯	高压钠灯
PL1 型熔断器	1.0	1.3～1.7	1.5
RC1A 型熔断器	1.0	1.0～1.5	1.1
带热脱扣器低压断路器	1.0	1.1	1.0
带瞬时脱扣器低压断路器	6.0	6.0	6.0

必须注意:用熔断器保护照明线路时,熔断器应安装在相线上,而在 PE 线或 PEN 线上不允许装设熔断器。用低压断路器保护照明线路时,其过电流脱扣器也应装设在相线上。

参考文献

[1] 中国建筑科学研究院. 建筑照明设计标准:GB 50034—2013[S]. 北京:中国建筑工业出版社,2013.

[2] 中国工程建设标准化协会化工分会. 爆炸危险环境电力装置设计规范:GB 50058—2014[S]. 北京:中国计划出版社,2014.

[3] 中机中电设计研究院. 机械工厂电力设计规范:JBJ6—1996[S]. 北京:机械工业出版社,1996.

[4] 中国建筑标准设计研究院. 建筑电气工程设计常用图形和文字符号:09DX001[S]. 北京:中国计划出版社,2010.

[5] 全国电气信息结构、文件编制和图形符号标准化技术委员会. 电气简图用图形符号 第 8 部分:测量仪表、灯和信号器件:GB/T 4728.8—2008[S]. 北京:中国标准出版社,2008.

第 2 篇　化工仪器仪表

第 5 章　检测变送仪表

5.1　检测变送仪表的基本性能与分类

检测是指利用各种物理和化学效应,将物理世界的有关信息通过测量的方法赋予定性或定量结果的过程。检测是生产过程自动化的基础,在工业生产过程中,必须将生产过程中的温度、压力、流量、液位、pH 值以及成分量、状态量等检测出来。用来检测生产过程中各个有关参数的技术工具称为检测仪表。在检测过程中,能够感受规定的被测量并按照一定的规律转换成可用输出信号的器件或装置称为传感器,通常由敏感元件和转换元件组成。当传感器的输出为规定的统一标准信号时,则称为变送器[1]。

由于化工生产过程复杂,被测介质物理与化学性质不同,操作条件各异,因此其检测要求也各不相同。这里仅对化工生产过程中常用的检测变送仪表,就其基本工作原理、结构、用途和使用等内容进行介绍,以便合理选择和正确使用检测变送仪表。

5.1.1　检测的基本概念

测量就是以同性质的标准量(也称为单位量)与被测量比较,并确定被测量相对于标准量倍数的过程。在测量中一般都会用到传感器,或选用相应的变送器等[2]。

检测一般包括两个过程:第一过程将被测参数(信息)转换成可以被人直接感受的信息(如机械位移、电压、电流等),它一般包括敏感元件、信号变换、信号传输和信号处理等四个部分;第二过程是用合适的形式显示被测参数,如数值显示、带刻度的指针显示、声音的变化等,这个过程包括显示装置和与显示装置配套的相关测量电路。检测的原理框图如图 5.1 所示。

敏感元件能将被测参数的变化转换成另一种物理量的变化。例如,用铜丝绕制而成的铜电阻能感受其周围温度的升降而引起电阻值的增减,所以铜电阻是一种敏感元件。又由于它能感受温度的变化,故称这种铜电阻为温度敏感元件。

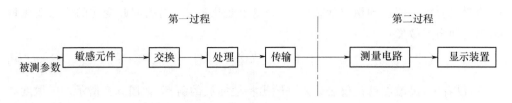

图 5.1　检测过程的原理框图

传感器能直接将被测参数的变化转换成一种易于传送的物理量。有些传感器就是一个简单的敏感元件,例如前面提到的铜电阻。由于很多敏感元件对被测参数的响应输出不便于远传,因此需要对敏感元件的输出进行信号变换,使之能具有远传功能。这种信号变换可以是机械式的和气动式的,但更多是电动式的。例如,检测压力常用的膜片是一种压力敏感元件,它能感受压力的变化并引起膜片的形变(位移),但由于该位移量非常小(一般为微米级),不便于远距离传送,所以它只是一个敏感元件,而不是传感器。如果把该膜片与一固定极板组成一对电容器极板,则膜片中心的位移将引起电容器电容量的变化,这样它们就构成了输出响应为电容量的压力传感器。

目前,绝大部分传感器是以电量的形式输出的,如电势(电压)、电流、电荷、电阻、电容、电感、电脉冲(频率)等。一些传感器的输出则是气压(压缩空气)或光强形式的。

变送器是一种特殊的传感器,它使用的是统一的动力源,而且输出的也是一种标准信号。所谓标准信号是指信号的形式和数值范围都符合国际统一的标准。目前,变送器输出的标准信号有:4~20 mA 直流电流,0~10 mA 直流电流,0~5 V 直流电压,20~100 kPa 空气压力。

5.1.2　检测仪表的基本性能

评价仪表的品质指标是多方面的,以下是常用的一些性能指标。

1. 测量范围和量程

每台检测仪表都有一个测量范围,在这个范围内工作可以保证仪表不会被损坏,而且仪表输出值的准确度能符合规定值。这个范围的最大值 X_{max} 和最小值 X_{min} 分别为测量上限和测量下限。测量上限和测量下限的代数差为仪表的量程 X_m,即:$X_m = X_{max} - X_{min}$。例如,一台温度检测仪表的测量上限值是 500 ℃,下限值是 −50 ℃,则其测量范围为 −50~500 ℃,量程为 550 ℃。仪表的量程在检测仪表中是一个非常重要的概念,它除了表示测量范围以外,还与准确度等级有关,也与仪表的选用有关。

2. 输入—输出特性

仪表的输入—输出特性主要包括仪表的灵敏度、死区、回差、线性度等。

(1)灵敏度 S。检测仪表对被测量变化的灵敏程度。在被测量改变时,经过足够时间,检测仪表输出值达到稳定状态后,仪表输出变化量 Δy 与引起此变化的输入变化量 Δx 之比即为灵敏度:

$$S = \frac{\Delta y}{\Delta x} \tag{5-1}$$

可以看出,灵敏度就是仪表输入—输出特性曲线的斜率,如图 5.2 所示。灵敏度高表示仪表在相同输入时具有更强的输出信号,或者从仪表示值中可读取更多的有效位数。

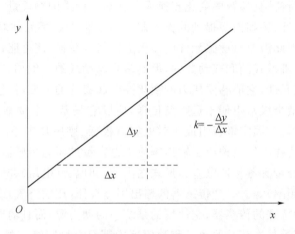

图 5.2　仪表的灵敏度

(2)死区。检测仪表的输入量的变化不致引起输出量可察觉的变化的有限区间。在这个区间内,仪表灵敏度为 0。引起死区的原因主要有电路的偏置不当,机械传动中的摩擦和间隙等。

(3)回差(也称变差)。检测仪表对于同一被测量在其上升和下降时对应输出值间的最大误差,如图 5.3 所示。

(4)线性度。各种检测仪表的输入—输出特性曲线应该具有线性特性,以便于信号间的转换和显示,利于提高仪表的整体准确度。仪表的线性度表示仪表的输入—输出特性曲线对相应直线的偏高程度。理论上,具有线性特性的检测仪表,往往由于各种因素的影响,会导致其实际的特性偏离线性,如图 5.4 所示。

3. 稳定性

检测仪表的稳定性可以从两个方面描述:一是时间稳定性,它表示在工作条件保持恒定时,仪表输出值在一段时间内随机变动量的大小;二是使用条件变化稳定性,它表示仪表在规定的使用条件内某个条件的变化对仪表输出的影响。以仪表的供电电压影响为例,如果仪表规定的使用电源电压为 AC(220±20)V,则实际电压在 AC 200~240 V 内可用电源每变化 1 V 时仪表输出值的变化量即表示仪表对电源电压的稳定性。

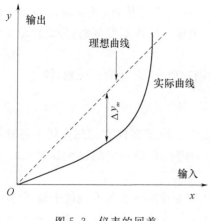

图 5.3　仪表的回差

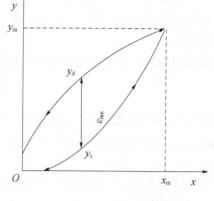

图 5.4　仪表的线性度

4. 重复性

在相同测量条件下,对同一被测量按同一方向(由小到大或由大到小)多次测量时,检测仪表提供相近输出值的能力称为检测仪表的重复性。这些条件应包括相同的测量程序、相同的观察者、相同的测量设备、在相同的地点以及在短时间内的重复。

5. 误差

在测量过程中,任何测量结果都不可能绝对准确,必然存在测量误差。由仪表测量所得到被测量的值与被测量实际值之间总是存在一定的差距,这个差距称为测量误差。测量误差的表示方法有绝对误差和相对误差两种。

(1)绝对误差。绝对误差理论上是指由测量所得到被测量的值 x 与被测量的真值 A 之差,记为 Δx,即:

$$\Delta x = x - A \tag{5-2}$$

由此可见,Δx 可正可负,并且是有单位的数值,其大小和符号分别表示测量值偏离被测量实际值的程度和方向。真值是指被测物理量客观存在的真实数值,它是无法得到的理论值。因此,用标准仪表(准确度等级更高的仪表)的测量结果作为约定真值,此时绝对误差也称为实际绝对误差。

(2)相对误差。仪表的实际绝对误差与被测量实际值之比的百分数称为实际值相对误差,即:

$$\gamma_A = \frac{\Delta x}{A} \times 100\% \tag{5-3}$$

在工程测量中,常用仪表指示值 x 代替被测量实际值 A,称为示值相对误差,即:

$$\gamma_x = \frac{\Delta x}{x} \times 100\% \tag{5-4}$$

(3)引用误差。对于相同的绝对误差,相对误差随被测量 r 的增大而减小;相反,随

x 的减小而增大。在整个测量范围内相对误差不是一个定值,因此相对误差无法用于评价检测仪表的准确度等级,也不便用于划分检测仪表的准确度等级,为此提出了引用误差的概念。

最大引用误差是最大绝对误差与检测仪表满度值 x_{FS} 之比的百分数,即:

$$\gamma_{om} = \frac{\Delta x_m}{x_{FS}} \times 100\% \tag{5-5}$$

γ_{om} 是检测仪表在标准条件下使用不应超过的误差。由于在仪表的刻度线上各处均可能出现 Δx_m,所以从最大误差出发,在整个测量范围内各处示值的最大误差 Δx_m 是个常量。

按国家标准规定,用最大引用误差来定义和划分检测仪表的准确度等级,将检测仪表的准确度等级分为…、0.05、0.1、0.2、0.35、0.4、0.5、1.0、1.5、2.5、4.0、…。它们的最大引用误差分别为…、±0.05%、±0.1%、±0.2%、±0.35%、±0.4%、±0.5%、±1.0%、±1.5%、±2.5%、±4.0%、…。国家标准规定中,不同类型仪表的准确度等级划分不同。当计算所得的 γ_{om} 与仪表准确度等级的分档不等时,应取比 γ_{om} 稍大的准确度等级值。仪表的准确度等级通常以 S 来表示。例如 $S=1.0$,说明该仪表的最大引用误差不超过 ±1.0%。

6. 反应时间

当使用仪表对被测量进行测量时,被测量突然变化后,仪表指示值总要经过一段时间才能准确地显示出来,这段时间即为反应时间。反应时间是用来衡量仪表是否能够尽快反映出参数变化的品质指标。仪表反应时间的长短,反映了仪表动态特性的好坏。

仪表的反应时间有不同的表示方法。当输入信号突然变化后,输出信号将由原始值逐渐变化到新的稳态值。仪表的输出信号(即指示值)由开始变化到新稳态值所用时间的 63.2%,可用来表示反应时间,也有用由变化到新稳态值所用时间的 95% 表示反应时间的。

5.1.3　检测仪表的分类

检测仪表根据技术特点或适用范围的不同有各种的分类方法,以下是常见的分类方法。

1. 按敏测参数分类,检测仪表一般被用来测量某个特定的参数,根据这些被测参数的不同,检测仪表可分为温度检测仪表(简称温度仪表)、压力检测仪表、流量检测仪表、物位检测仪表等。

2. 按对被测参数的响应形式分类,检测仪表可分为连续式检测仪表和开关式检测仪表。

3. 按仪表中使用的能源和主要信息的类型分类,检测仪表可分为机械式仪表、电式仪表、气式仪表和光式仪表。

4. 按是否具有远传功能分类,检测仪表可分为就地显示仪表和远传式仪表。

5. 按信号的输出(显示)形式分类,检测仪表可分为模拟式仪表和数字式仪表。

6. 按应用的场所分类,检测仪表也有各种分类。根据安装场所有无易燃易爆气体及其危险程度,检测仪表可分为普通型、隔爆型及本安型;根据使用的对象,检测仪表可分为民用仪表、工业仪表和军用仪表。

7. 按仪表的结构方式分类,检测仪表可分为开环结构仪表和闭环结构仪表。

8. 按仪表的组成形式分类,检测仪表可分为基地式仪表和单元组合式仪表。

(1)基地式仪表的特点是将测量、显示、控制等各部分集中组装在一个表壳里,形成一个整体。这种仪表比较适用于在现场做就地检测和控制,但其不能实现多种参数的集中显示与控制,这在一定程度上限制了基地式仪表的应用范围。

(2)单元组合式仪表的特点是将参数测量及其变送、显示、控制等各部分分别制成能独立工作的单元仪表(简称单元,例如变送单元、显示单元、控制单元等),各单元之间以统一的标准信号相互联系,可以根据不同要求,方便将各单元任意组合成各种控制系统,实用性和灵活性都很好。

由于利用单元组合仪表能方便、灵活地组成各种难易程度的过程控制系统,因此它在过程控制系统中应用极为广泛。单元组合仪表有气动单元组合仪表和电动单元组合仪表两大系列。气动单元组合(QDZ 型)仪表主要应用于特殊场合(例如要求本质安全防爆场合),其普及范围远比电动单元组合(DDZ 型)仪表要小,已几乎被 DDZ 型仪表所替代。DDZ 系列仪表又分为 DDZ-Ⅱ型和 DDZ-Ⅲ型,由于 DDZ-Ⅱ型性能远比 DDZ-Ⅲ型差得多,现在该仪表已停止生产;DDZ-Ⅲ型性能优越,又能用于易燃易爆场所,所以应用相当广泛。表 5.1 是 DDZ-Ⅱ型和 DDZ-Ⅲ型仪表的性能比较。

表 5.1　DDZ-Ⅱ型与 DDZ-Ⅲ型仪表的性能比较

系列		DDZ-Ⅱ	DDZ-Ⅲ
信号、 传输方式、 供电	信号	DC 0~10 mA	DC 4~20 mA、DC 1~5 V
	传输方式	串联制(电流传送电流接收)	并联制(电流传送电压接收)
	现场变送器连接方式	四线制	三线制
	供电	AC 220 V 单独供电	DC 220 V 集中供电, 有断电备用电源
防爆形式和 电气元件开关	防爆型式	防爆型	安全火花型
	安全栅	无	有
	电气元件	分立元件	集成组件

续表

系列		DDZ-Ⅱ	DDZ-Ⅲ
结构、电路设计和功能	差压变送器	双杠杆机构	矢量机构
	调节器	偏差指示 硬手动 手动—自动切换需先平衡 无保持电路 功能一般	全刻度指示和偏差指示 硬手动和软手动 软手动—自动切换可直接切换 有保持电路 功能多样
	系统构成	一般	灵活多样
	与计算机连用	兼容性差	兼容性好

5.1.4　变送器的使用

从使用的角度来说,变送器的量程调整、零点调整和零点迁移的概念是很重要的。

量程调整或称满度调整,其目的是使变送器输出信号的上限值(或满度值)y_{max} 与输入测量信号上限值 x_{max} 相对应。量程调整相当于改变变送器的灵敏度(即输入—输出特性的斜率)如图 5.5 所示[3]。

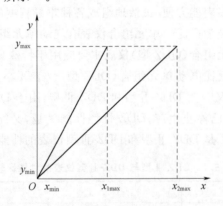

图 5.5　变送器的量程调整

将变送器的测量起始点由零点迁移到某一正值或负值,称为零点迁移。零点迁移有正迁移和负迁移,将变送器的测量起始点由零点迁移到某一正值,称为正零点迁移,如图 5.6b 所示;而将测量起始点迁移到某一负值,称为负零点迁移,如图 5.6c 所示。

变送器零点迁移后,若其测量范围 $x_{min} \sim x_{max}$ 不变,其输入—输出特性仅沿 x 轴方向向左或向右平移某一距离,变送器的灵敏度不变,如图 5.6b 和 5.6c 所示。但是,变送器零点迁移后,若其测量范围扩大或减小,则其灵敏度降低或提高。因此,工程上常利用零点迁移和量程调整提高其灵敏度。

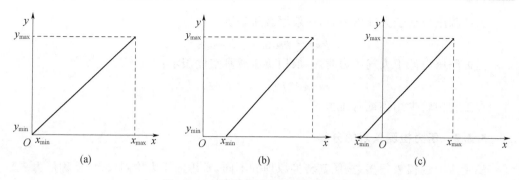

图 5.6 变送器的零点调整与零点迁移
(a)零点调整;(b)正零点迁郡;(c)负零点迁移

5.2 压力检测仪表

压力是工业生产过程中的重要参数之一。特别是在化学反应中,压力既影响物料平衡,也影响化学反应速度,所以必须严格遵守工艺操作规程,这就需要检测或控制其压力,以保证工艺过程的正常进行。其次,压力检测或控制也是安全生产所必需的,通过压力监测可以及时防止生产设备因过压而引起破坏或爆炸[4]。

5.2.1 压力的基本概念

压力是指均匀垂直地作用在作用对象单位面积上的力。在国际单位制中,压力的单位为帕斯卡(简称帕,用符号 Pa 表示),1 N 力垂直而均匀地作用在 1 m² 面积上所产生的压力称为 1 Pa,Pa 所代表的压力较小,工程上常用兆帕(MPa)表示,1 MPa$=1\times10^{6}$ Pa。

在压力测量中,常有表压、绝对压力、负压或真空度之分,其关系如图 5.7 所示。

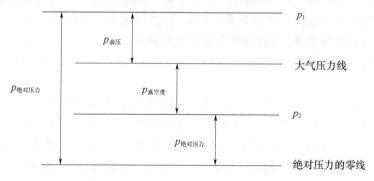

图 5.7 四种压力表示方法之间的关系

当被测压力高于大气压力时，一般用表压表示：

$$p_{表压} = p_{绝对压力} - p_{大气压力}$$

当被测压力低于大气压力时，一般用负压或真空度表示：

$$p_{真空度} = p_{大气压力} - p_{绝对压力}$$

在工程中较少用到绝对压力。

5.2.2　压力检测仪表的分类

测量压力的仪表很多，按照其转换原理的不同，常用的压力检测仪表（简称压力表）可分为四类。

1. 弹性式压力表

弹性式压力表是利用各种形式的弹性元件，在被测介质压力的作用下，使弹性元件受压后产生弹性形变的原理而制成的测压仪表。这种仪表具有结构简单、使用方便、读数清晰、牢固可靠、价格低廉、测量范围广以及精度高等优点。若增加附加装置，如记录机构、电气变换装置、控制元件等，则可以实现压力的记录、远传、信号报警、自动控制等。弹性式压力表可用来测量几百帕到数千兆帕范围内的压力，在工业上是应用最为广泛的一种测压仪表。

（1）弹性元件

在外力作用下，物体的形状和尺寸会发生变化，若去掉外力，物体能恢复原来的形状和尺寸，此种形变就称为弹性形变。弹性元件就是基于弹性形变原理的一种敏感元件。

弹性元件作为一种敏感元件直接感受被测量的变化，产生形变或应变响应，其输出还可经转换元件变为电信号。弹性元件可用于测量力、力矩、压力及温度等参数，在检测技术领域有着广泛的应用。

当测压范围不同时，所用的弹性元件也不同，常用弹性元件的结构如图 5.8 所示。

1）弹簧管式弹性元件。其测压范围较宽，可测高达 100 MPa 的压力。单圈弹簧管是弯成圆弧形的金属管子，它的截面为扁圆形或椭圆形，如图 5.8a 所示。这种弹簧管自由端位移较小，因此能测量较高的压力。为了增加自由端的位移，可以制成多圈弹簧管，如图 5.8b 所示。

2）薄膜式弹性元件。根据其结构不同还可分为膜片与膜盒两种弹性元件。它的测量范围比弹簧管式要窄。图 5.8c 所示为膜片式弹性元件，它是由金属或非金属材料制成的具有弹性的一张膜片（有平膜片与波纹膜片两种形式），在压力作用下能产生形变。有时也可以由两张金属膜片沿周口对焊起来，形成一薄膜盒，盒内充液体（例如硅油），称为膜盒，如图 5.8d 所示。

3）波纹管式弹性元件。它是一个周围为波纹状的薄壁金属筒体，如图 5.8e 所示。这种弹性元件易于变形,自由端的位移大,常用于微压与低压的测量(一般不超过 1 MPa)。

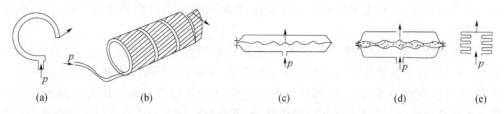

图 5.8　常用弹性元件的结构

(a)弹簧管式弹性元件截面;(b)多圈弹簧管;(c)膜片式弹性元件;(d)膜盒式弹性元件;(e)波纹管式弹性元件

(2)弹簧管压力表

弹簧管压力表是最常用的一种指示式压力表,其结构如图 5.9 所示,被测压力由接头 9 输入,使弹簧管 1 的自由端产生位移,通过拉杆 2 使扇形齿轮 3 逆时针偏转,于是指针 5 依靠同轴的中心齿轮 4 的带动而顺时针偏转。与此同时,由于压缩游丝 7 而产生反作用力矩。由于被测压力产生的作用力矩与游丝产生的反作用力矩相平衡时,指针 5 在面板 6 的刻度标尺上显示出被测压力的数值。调整螺钉 8 的位置(即改变机械传动的放大系数),可实现压力表的量程调节。由于弹簧管自由端的位移与被测压力呈线性关系,因此压力表的刻度标尺是均匀的。

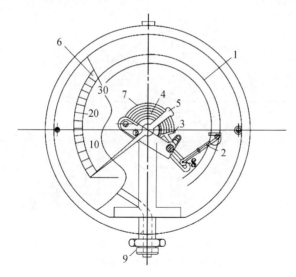

图 5.9　弹簧管压力表的结构

1:弹簧管;2:拉杆;3:扇形齿轮;4:中心内轮;5:指针;6:面板;7:游丝;8:调整螺钉;9:接头

被测介质的性质和被测介质的压力高低决定了弹簧管的材料。对于普通介质,当 $p<20$ MPa 时,弹簧管采用磷铜材料;当 $p>20$ MPa 时,则采用不锈钢或合金钢材料。

对于腐蚀性介质,一方面采用隔离膜和隔离液,另一方面也可采用耐腐蚀的弹簧管材料。例如,测氨介质时需采用不锈钢弹簧管,测量氧气压力时则严禁沾有油脂,以确保安全使用。

单圈弹簧管是一根弯成 270°圆弧的椭圆截面的空心金属管子。管子的自由端 B封闭,另一端固定在接头 9 上。当通入被测压力 p 后,由于椭圆形截面在压力 p 的作用下,发生形变将趋于圆形,使弹簧管的自由端 B 产生位移。输入压力与弹簧管自由端 B 的位移成正比,只要测得 B 点的位移量,就能反映压力的大小。但弹簧管自由端 B的位移量一般很小,直接显示有困难,所以必须通过放大机构才能指示出来。

(3)电接点信号压力表

在化工生产过程中,常需要把压力控制在某一范围内,即当压力低于或高于给定范围时,就会破坏正常工艺条件,甚至可能发生危险。因此应采用带有报警或控制触点的压力表。当被测压力偏离给定范围时,能及时发出信号,以提醒操作人员注意或通过中间继电器实现压力的自动控制。

电接点信号压力表结构如图 5.10 所示。压力表指针上有动触点 2,表盘上另有两根可调节指针,上面分别有静触点 1 和 4。当压力超过上限给定数值时,2 和 4 接触,红色信号灯 5 点亮。当压力低于下限给定数值时,2 与 1 接触,绿色信号灯 3 点亮。1、4的位置可根据需要灵活调节。

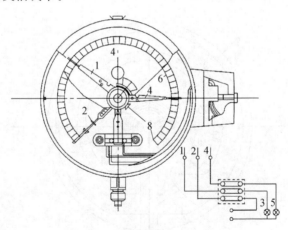

图 5.10　电接点信号压力表的结构
1、4:静触点;2:动触点;3、5:信号灯

2. 电气式压力表

电气式压力表是一种能将压力转换成电信号进行传输及显示的仪表。弹性式压力表应用十分广泛,但只能现场安装,就地显示。电气式压力表同样利用弹性元件作为敏感元件,但与弹性式压力表不同,电气式压力表在仪表中增加了辅助电源、指示器、记录

仪、控制器和测量电路,能将弹性元件的位移转换为电信号输出,其组成框图如图 5.11 所示。电气式压力表常称为压力传感器,如果输出的电信号为标准的电流或电压信号,则称为压力变送器。

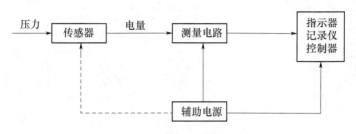

图 5.11　电气式压力表的组成框图

电气式压力表的测量范围较广,分别可测 $7 \times 10^{-5} \sim 5 \times 10^2$ MPa 的压力,允许误差可至 0.2%。由于可以远距离传送信号,电气式压力表在工业生产过程中可以实现压力自动控制和报警,并可与工业控制机联用。

(1)电阻应变式压力传感器

电阻应变式压力传感器由电阻应变片和测量电路组成。电阻应变片是将作用在检测件上的应变变化转换成电阻变化的敏感元件,其敏感元件的电阻随着机械形变(伸长或缩短)的大小而变化。它广泛应用于测量力和与力有关的一些非电参数(如压力、荷重、扭力、加速度等)。电阻应变传感器的特点是:精度高,测量范围广;结构简单,性能稳定可靠,使用寿命长;频率特性好,能在高温、高压、振动强烈、强磁场等恶劣环境条件下工作。

电阻应变片有金属应变片和半导体应变片两类,被测压力能够使应变片产生应变。当应变片产生压缩(拉伸)应变时,其阻值减小(增加),再通过桥式电路获得相应的毫伏计电动势输出,并用毫伏计或其他记录仪表显示出被测压力,从而组成应变式压力计。

图 5.12 所示为一种应变片压力传感器的工作原理图。应变筒 1 的上端与外壳 2 固定在一起,下端与不锈钢密封膜片 3 紧密接触,两片锰白铜(康铜)丝应变片 r_1 和 r_2 用特殊胶合剂贴紧在应变筒的外壁。r_1 沿应变筒轴向贴放,r_2 沿径向贴放。应变片与筒体之间不发生相对滑动,并且保持电气绝缘。当被测压力 p 作用于膜片而使应变筒作轴向受压变形时,沿轴向贴放的应变片 r_1 也将产生轴向压缩应变 ε_1,于是 r_1 的电阻值变小;而沿径向贴放的应变片 r_2,由于本身受到横向压缩将引起纵向拉伸应变 ε_2,于是 r_2 电阻值变大。但是 ε_2 比 ε_1 小,故 r_1 的减少量实际将比 r_2 的增大量更大。

应变片 r_1 和 r_2 与两个固定电阻 r_3 和 r_4 组成桥式电路,如图 5.12b 所示。由于 r_1 和 r_2 的阻值变化而使桥路失去平衡,从而获得不平衡电压 ΔU 作为传感器的输出信号。在桥路供给直流稳压电源最大为 10 V 时,可得到最大 ΔU 为 5 mV 的输出。传感器的

被测压力可达 25 MPa。由于传感器的固有频率在 25 kHz 以上,故有较好的动态性能,
适用于快速变化的压力测量。传感器的非线性及滞后误差小于额定压力的 1.0%。

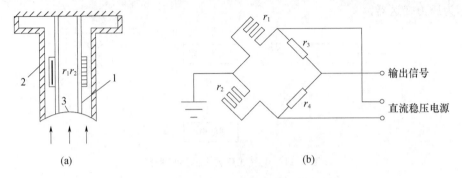

图 5.12　应变片压力传感器的工作原理

(a)传感筒;(b)测量桥路

1:应变筒;2:外壳;3:密封膜片;r_1、r_2:应变片;r_3、r_4:固定电阻

(2)压阻应变式压力传感器

电阻应变片虽然有许多优点,却存在灵敏度低的不足,压阻应变片则能弥补这一缺
点。压阻应变片是根据单晶硅的压阻效应原理工作的,对一块单晶硅的某一轴向施加
一定的载荷而产生应力时,其电阻率会发生变化。当压力变化时,单晶硅产生应变变
化,使直接扩散在其上面的应变电阻产生与被测压力成比例的变化,再由桥式电路获得
相应的电压输出信号,如图 5.13 所示。

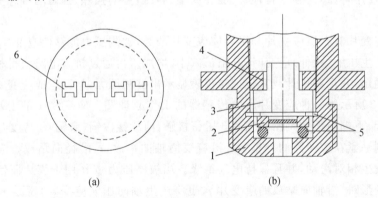

图 5.13　压阻应变式压力传感器

(a)单晶硅片;(b)结构

1:基座;2:单晶硅片;3:导环;4:螺母;5:密封垫圈;6:等效电阻

压阻应变片突出的优点有:灵敏度系数高,可测微小应变(一般 600 $\mu\varepsilon$ 以下);机械
滞后小;动态特性好;横向效应小;体积小。其主要缺点则在于:电阻温度系数大,一般

可达 1×10^{-3} Ω/℃;灵敏度系数 h 随温度变化的改变大;非线性严重;测量范围小。因此,其在使用时,需采用温度补偿和非线性补偿措施。以上缺点目前已得到很好的解决,所以压阻应变片应用广泛。

5.2.3　差压(压力)变送器

力矩平衡式差压变送器(或压力变送器,下同)是一种典型的自平衡检测仪表,它能够利用负反馈的工作原理改善元件材料、加工工艺等因素的不利影响,仪表具有测量精度较高(准确度等级一般为 0.5 级)、工作稳定可靠、线性好、不灵敏区小等一系列优点。

差压变送器根据输出信号的不同可分为气动差压变送器和电动差压变送器两种。气动差压变送器使用 140 kPa 的洁净空气作为气源,其输出为 20~100 kPa 的空气压力信号。电动差压变送器又有 DDZ-Ⅱ型和 DDZ-Ⅲ型两种,前者使用 220 V 交流电源,输出为 DC 0~10 mA 电流信号;后者使用 24 V 直流电源,输出为 DC 4~20 mA 电流信号。目前,使用最多的是 DDZ-Ⅲ型电动差压变送器。

图 5.14 所示为差压变送器的结构原理。DDZ-Ⅲ型差压变送器是采用二线制的安全火花仪表,它与输入安全栅配合使用,可构成安全火花防爆系统,适用于各种易燃易爆场所。

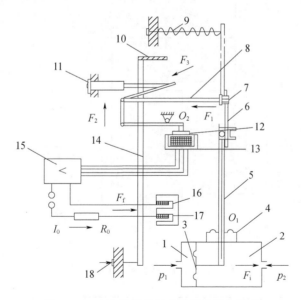

图 5.14　DDZ-Ⅲ型差压变送器的结构原理

1;高压室;2;低压室;3;膜片或膜盒;4;密封膜片;5;主杠杆;6;过载保护簧片;
7;静压调整螺钉;8;矢量机构;9;零点迁移弹簧;10;平衡锤;11;量程调整螺钉;12;检测片;
13;差动变压器;14;副杠杆;15;放大器;16;反馈线圈;17;永久磁钢;18;调零弹簧

DDZ-Ⅲ型差压变送器是根据力矩平衡原理工作的,它主要由机械杠杆系统和振荡放大电路两部分组成。被测压力通过高压室 1 和低压室 2 的比较转换成差压 $\Delta p = p_1 - p_2$,该差压作用于敏感元件膜片或膜盒 3 上,产生输入力 F_1。F_1 作用于主杠杆 5 下端,使主杠杆以密封膜片 O_1 为支点按逆时针方向偏转,于是形成力 F_1 推动矢量机构 8 沿水平方向移动。矢量机构将 F_1 分解成垂直向上的分力 F_2 和斜向分力 F_3。F_2 作用于副杠杆 14 上使其以支点 O_2 作顺时针方向偏转,以便固定在副杠杆上的位移检测片 12 靠近差动变压器 13,因此其气隙减小,差动变压器的输出电压增加,通过放大器 15 转换成 DC 4~20 mA,输出电流 I_0 也增大。输出电流 I_0 流过反馈线圈 16,在永久磁钢 17 作用下产生反馈力 F_f 作用在副杠杆上,使副杠杆按逆时针方向偏转。当反馈力 F_f 与作用力 F_2 在副杠杆上形成的力矩达到动态平衡时,杠杆系统保持稳定状态,放大器的输出电流 I_0 稳定在某一数值,I_0 的大小反映了被测差压 Δp 的大小。

根据以上分析,可画出杠杆、矢量机构的受力图如图 5.15 所示。差动变压器副杠杆的位移检测片的微小位移,能够利用低频位移检测放大器检测,并转换成 DC 4~20 mA 输出。低频位移检测放大器的组成框图如图 5.16 所示。

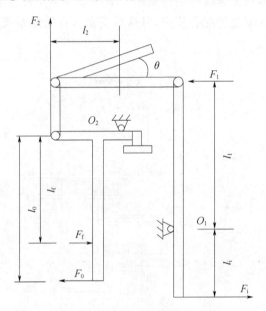

图 5.15　杠杆、矢量机构的受力图

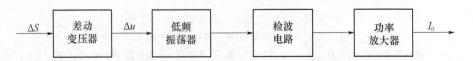

图 5.16　低频位移检测放大器的组成框图

　　位移检测片与差动变压器间距离 S 的微小变化量 ΔS，经差动变压器转变成其二次侧输出电压 Δu，差动变压器的有效电感与电容配接组成晶体管低频选频振荡器，并将输入电压 Δu 放大，经检波电路和滤波后成为直流电压，最后经功率放大并转换成 DC $4\sim20$ mA 输出。

　　DDZ-Ⅲ型差压变送器的输出电流 I_0 与输入差压成正比，因此可将差压变送器等效为一个内阻 R_0 可随输入差压 Δp 而变化的放大器。R_0 与 DC 24 V 电源和 250 Ω 负载电阻 R_L 组成二线制系统，如图 5.17 所示。

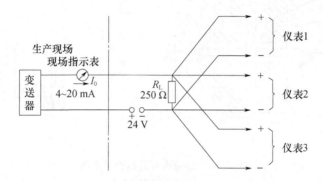

图 5.17　DDZ-Ⅲ型差压变送器二线制系统

　　安全火花防爆是 DDZ-Ⅲ型变送器的主要特点之一，其实现安全火花性能主要采取了如下措施：首先是采用低压 24 V 直流集中供电，限制了打火能量；其次是尽可能少用 L、C 储能元件，如确实需要采用储能元件，断电时给储能元件一个放电的通路，并限制储能元件两端的电压；最后是采取限压、限流措施，以限制打火能量，避免超过安全火花的能量。因此，DDZ-Ⅲ型差压变送器与安全栅配合，可用于任何易燃易爆场所，扩大了变送器的适用范围。

5.2.4　差动电容差压变送器

　　基于力矩平衡原理的差压变送器，由于有力矩传动机构，其体积和重量均较大，且零点和量程调整相互干扰。而基于差动电容式差压变送器，由于没有机械传动机构，仅由差动电容和电子放大电路两部分组成，因此其体积小、重量轻；其零点和量程调整互不干扰，性能较为优越、应用广泛。

　　差动电容差压变送器差动电容结构示意图如图 5.18 所示。压力 p_1 和 p_2 分别作用于膜片两侧，通过硅油传递到差动电容的动极板两侧。当 $p_1 = p_2$（即 $\Delta p = p_1 - p_2 = 0$）时，动极板处于中间位置（即 $d_1 = d_2 = d_3$），此时 $C_1 = C_2 = C_0$。

　　p_1 接于高压室，p_2 接于低压室（即 $p_1 > p_2$）时，电容动极板的位移 Δd 与差压 Δp 成线性关系，因此 C_1 减小，C_2 增加。

选取差动电容的电容之比 $\dfrac{C_2-C_1}{C_1+C_2}$ 作为输出信号,经调制解调器调制后有:

$$\frac{C_2-C_1}{C_1+C_2}=K_2\Delta d \tag{5-6}$$

式中:K_2 为常数,$K_2=1/d_0$。

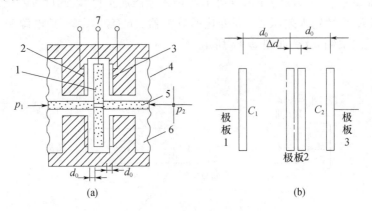

图 5.18　差动电容的结构示意图

(a)结构周;(b)等效电路

1:动极板;2、3:固定极板;4:眼片;5:连接轴;6:硅油;7:引线

差动电容差压变送器转换放大电路的作用是将式(5-6)的电容比提取出来,并转变成 DC 4～20 mA 输出。

1151 型电容式差压变送器是该类变送器的典型产品,其转换电路的原理框图如图 5.19 所示。式(5-6)的电容比调制是在差动电容检测头内完成的。图中,振荡器是变压器反馈的单管自激励 LC 振荡器,其作用是向检测头的调制器提供稳频、稳幅的交流调制信号,完成式(5-6)的电容比变换。同时振药器也向解调器提供解调开关信号。解调器实际上是相敏检波电路检波信号,经 RC 滤波后成为直流信号 I_s。解调器的输出电压作为振荡控制器的输入电压,控制其输出振荡器的输出电压幅值,从而达到稳频、稳幅的要求。变送器的输出电流 I_0 与被测差压 Δp 具有良好的线性关系。该类差压变送器也是二线制仪表,且具有安全火花性能,可用于易燃易爆的场合。

5.2.5　微型化压力变送器

微电子技术的出现,为变送器的微型化创造了条件,它可以取代传统的力矩杠杆系统,同时在测量元件的制作上也有了新的突破。目前已得到良好应用的有采用扩散硅或刻蚀技术制作的测量敏感元件,这些测量元件可直接将压力信号转换成电信号,不再使用任何杠杆力矩系统。因此,变送器的体积大幅缩小,功耗大幅降低。

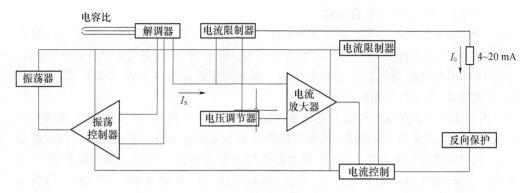

图 5.19　转换电路原理图

　　微型化变送器多数采用刻蚀工艺、扩散硅技术或机械微加工技术,在一片硅片上制作检测元件和信号调理电路而成。这里介绍三种已得到广泛应用的微型变送器。

1. 扩散硅差压变送器

　　扩散硅差压变送器检测元件的结构如图 5.20a 所示。整个检测元件由两片研磨后胶合成(即硅杯)的硅片组成。在硅杯上制作压阻元件,利用金属丝将压阻元件引接到印制电路板上再穿过玻璃密封引出。硅杯两面浸在硅油中,硅油与被测介质间有金属隔离膜片分开。被测差压 $\Delta p = p_1 - p_2$ 引入测量元件后,通过金属膜片和硅油传递到硅杯上,压阻元件的电阻值将发生变化。该差压变送器的测量电路如图 5.20b 所示,在被测差压 Δp 的作用下,R_A、R_D 增加,而 R_B、R_C 减小,桥路失去平衡,其输出的不平衡电压经运算放大器 A 和晶体管 V 线性地转换成 DC $4 \sim 20$ mA 输出电流 I_0。该差压变送器也是二线制安全火花防爆型仪表。

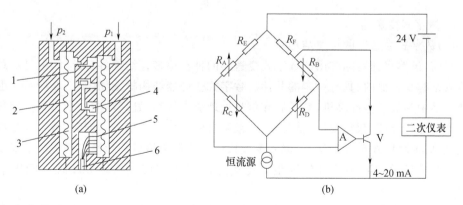

(a)　　　　　　　　　　　　　　(b)

图 5.20　扩散硅差压力变送器原理图

(a)差压检测元件的结构;(b)测量电路

1:过载保护装置;2:金属隔离膜;3:硅油;4:硅杯;5:金属丝;6:引出线

2. MPX7000 系列压力变送器

MPX7000 系列压力变送器为 Motorola 公司专利技术生产的 DC 4～20 mA 输出的二线制安全火花防爆型变送器,传输距离可达 50 m 以上,负载电阻为 150～400 Ω,可与 DDZ-Ⅲ型调节器组成自动控制系统。该系列变送器具有温度自动补偿、线性度好、灵敏度高、重复性好和精度高的特点。

图 5.21a 所示为该系列压力变送器的检测元件结构及接线。在硅膜片上利用离子注入工艺刻蚀出 X 形压敏电阻,因此也称为 X 形压敏检测元件。被测压力作用在硅膜片上,硅膜片产生弹性形变,压敏电阻的阻值随之发生变化。检测元件的输出端(2 引脚和 4 引脚)输出直流差分电压 ΔU。ΔU 经运算放大器 A 和晶体管 V 线性地转换成 DC 4～20 mA 输出,如图 5.21b 所示。

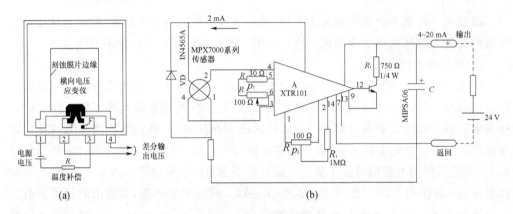

图 5.21　MPX700 系列压力(差压)变送器原理图
(a)检测元件结构及接线;(b)测量电路

3. 数字式变送器

(1)数字式变送器的一般结构

目前,虽然得到实际应用的数字式变送器的种类很多且结构各有差异,但是从总体来看其结构是相似的,具有一定的共性。数字式变送器结构框图如图 5.22 所示。由于在变送器中集成了微计算机,其控制和信号处理能力较强,处理功能一般可包括信号的检测和线性化处理、数据变换、量程调整、系统自检和数据通信等。同时,数字式变送器还控制 A-D 和 D-A 单元的运行,能实现模拟信号和数字信号的转换。这类数字式变送器除了数字显示和数字信号的远距离传送外,还兼有 DC 4～20 mA 统一标准信号输出。

数字式变送器由于采用了先进的加工和制造技术,其在结构上已做到检测和变换一体化,变换、放大和设定调制一体化;在使变送器微型化的同时,还大大提高了变送器的性能,使其达到可靠性高、稳定性好、精度高的水平,在现代控制系统中得到广泛应用。

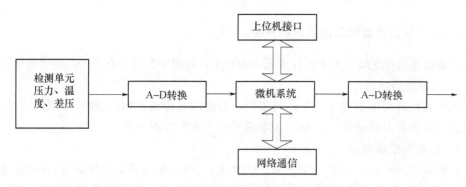

图 5.22　数字式变送器结构框图

(2)电容式数字输出压力变送器

电容式数字输出压力变送器是利用 CMOS 技术和机械微加工技术制作的,它由一个传感器芯片和一个数字电路集成芯片组成,将两个芯片经混合集成工艺封装在 28 个引脚的塑料外壳上,封装成双列直插式的芯片,其横截面结构如图 5.23a 所示。由图可见,在硅片上制作一个参考电容 C_0,其电容量不随被测压力而变化;制作一个传感电容 C_x,其电容量随被测压力的增加而增加;在 C_x 旁边制作数字集成电路。变送器内部组成原理框图如图 5.23b 所示。由图可见,传感器芯片由一个参考电容 C_0、一个传感器电容 C_x 和两个完全相同的电容/频率(C/f)转换器组成。

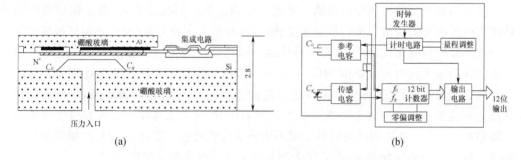

图 5.23　电容式数字输出压力变送器的结构及组成原理框图
(a)传感器芯片横截面结构;(b)变送器内部组成原理框图

数字集成电路主要由时钟电路、定时电路、12 位计数器、零位调整、量程调整和输出电路组成。变送器的灵敏度温漂和零点温漂可在传感器芯片中进行调整,传感电容和参考电容经各自独立的 C/f 转换器转换成 f_x 和 f_0 送入 12 位计数器进行计数,计数器计数结果经输出电路输出 12 位数字信号。为了防止相互干扰,两个 C/f 转换器在定时电路的控制下交替工作。由于零位调整和量程调整在各自独立的电路内进行,因此零位调整不会影响量程,量程调整也不会影响零位。

5.2.6　压力检测仪表的选用和安装

正确地选用和安装压力表是保证压力表在生产过程中发挥应有作用的重要环节[5]。

1. 压力表的选用

压力表的选用应根据工艺生产过程对压力检测的要求,结合其他各方面的情况,加以全面的考虑和具体分析。一般应该考虑下列几个方面的问题。

(1)仪表类型的确定

仪表类型的选择必须满足工艺生产的要求。例如,是否需要远传变送,自动记录或报警;是否进行多点测量;被测介质的物理化学性质是否对测量仪表提出特殊要求;现场环境条件对仪表类型是否有特殊要求等。总之,根据工艺要求选择仪表类型是保证仪表正常工作及安全生产的重要前提。

例如,测氨气压力时,应选用氨用表。普通压力表的弹簧管大多采用钢合金,高压时用碳钢,氨用表的弹簧管应采用碳钢材料,不能用铜合金,否则容易腐蚀而损坏。而测氧气压力时,所用仪表与普通压力表在结构和材质上完全相同,只是严禁沾有油脂,否则会引起爆炸。氧气压力表在校验时,不能像普通压力表那样采用变压器油作为工作介质,必须采用油水隔离装置,如发现校验设备或工具有油污,必须用四氯化碳清洗干净,待分析合格后再进行使用。

(2)仪表量程的确定

仪表的量程是根据操作中被测变量的大小确定的。测量压力时,为了保证弹性元件能在弹性形变的安全范围内可靠地工作,在选择压力表测量范围时,必须根据被测压力的大小和压力变化范围,留有充分的余地。因此,压力表的上限值应高于工艺生产中可能出现的最大压力值。根据 HG/G 20507—2000《自动化仪表选型设计规定》[6]:在测量稳定压力时,最大工作压力不应超过测量上限值的 2/3;测量脉动压力时,最大工作压力不应超过仪表测量上限值的 1/2;测量高压时,最大工作压力不应超过仪表测量上限值的 3/5。一般被测压力的最小值不应低于仪表测量上限值的 1/3,从而保证仪表输出与输入之间的线性关系,提高仪表测量结果的准确度和灵敏度。

选择量程的具体方法是,根据被测压力的最大值和最小值计算求出仪表的上、下限,但不能以此数值直接作为仪表的测量范围,必须在国家规定的生产标准系列中选取。国内目前生产的压力表测量范围规定系列有:$-0.1 \sim 0$ MPa、$-0.1 \sim 0.06$ MPa、$-0.1 \sim 0.15$ MPa;$0 \sim 1 \times 10^n$ kPa、$0 \sim 1.6 \times 10^n$ kPa、$0 \sim 2.5 \times 10^n$ kPa、$0 \sim 4 \times 10^n$ kPa、$0 \sim 6 \times 10^n$ kPa、$0 \sim 10 \times 10^n$ kPa(其中 n 为自然整数,可为正、负值)。一般所选测量上限应大于(最接近)或至少等于计算求出的上限值,并且同时满足最小值的规定要求。

(3)仪表准确度等级的确定

根据工艺生产上允许的最大绝对误差和选定的仪表盘程,计算仪表允许的最大引

用误差 q_{max}，在国家规定的准确度等级中确定仪表的等级。按国家统一划分的仪表准确度等级有：0.005、0.02、0.05、0.1、0.2、0.35、0.4、0.5、1.0、1.5、2.5、4.0 等。经常使用的压力表的准确度等级为 2.5 和 1.5，如果是 1.0 和 0.5 的属于高精度压力表，现在一些数字压力表已经达到 0.25 甚至更高的准确度等级。

一般所选准确度等级加上"％""±"后应小于或至少等于工艺要求的仪表允许最大引用误差 q_{max}，在满足测量要求的情况下尽可能选择精度较低、价廉耐用的仪表，以免造成不必要的投资浪费。

2. 压力表的安装

(1)取压位置的选择

取压位置要具有代表性，应该能真实地反映被测压力的变化。因为测取的是静压信号，取压位置应按下述四个原则选择。

1)要选在被测介质直线流动的管段部分，不要选在管路拐弯、分叉、死角或其他易形成漩涡的部分。

2)取压位置的上游，在压力表安装规程规定的距离内，不应有突出管路或设备的阻力件(如温度计套管、阀门、挡板等)，否则应保证一定的直管段要求。

3)取压口位置应使压力信号走向合理，避免发生气塞、水塞或流入污物。就具体情况而言，当被测介质为液体时，取压口应开在容器下方(但不是最底部)，以避免气体或污物进入导压管；当被测介质为气体时，取压口应开在容器上方，以避免气体凝结产生的液滴进入导压管。

4)测量差压时，两个取压口应在同一个水平面上，以避免产生固定的系统误差。

(2)导压管的安装

导压管的安装要注意以下六个方面。

1)一般在工业测量中，管路长度不得超过 60 m，测量高温介质时不得小于 3 m；导压管直径一般在 7～38 mm。表 5.2 列出了导压管长度、直径与被测流体的关系。

表 5.2　被测流体在不同导压管长度下的导压管直径(单位:mm)

被测流体	导压管长度		
	<16 m	16～45 m	45～90 m
水、蒸汽、干气体	7～9	10	13
湿气体	13	13	13
低中黏度的油品	13	19	25
脏液体、脏气体	25	25	38

2)导压管口最好与设备连接处的内壁保持平齐，若一定要插入对象内部时，管口平面应严格与流体流动方向平行。此外，导压管口端部要光滑，不应有凸出物或毛刺。

3)取压点与压力表之间在靠近取压口处应安装切断阀,以备检修压力仪表时使用。

4)对于水平安装的导压管,应保证有1∶10～1∶20的倾斜度,以防导压管中积液(测气体时)或积气(测液体时)。

5)测量液体时,在导压管系统的最高处应安装集气瓶;测量气体时,在导压管的最低处应安装水分离器;当被测介质有可能产生沉淀物析出时,应安装沉淀器;测量差压时,两根导压管要平行放置,并尽量靠近以使两导压管内的介质温度相等。

6)如果被测介质易冷凝或冻结,必须增加保温伴热措施。

(3)压力表的安装

压力仪表的安装要注意以下四个方面。

1)压力仪表应安装在易观察和易维修处,力求避免振动和高温影响。

2)测量蒸汽压力或差压时,应装冷凝管或冷凝器,如图 5.24a 所示,以防止高温蒸汽直接与测压元件接触;对有腐蚀介质的压力测量,应加装充有中性介质的隔离罐,如图 5.24b 所示。另外针对具体情况(高温、低温、结晶、沉淀、黏稠介质等)应采取相应的防护措施。

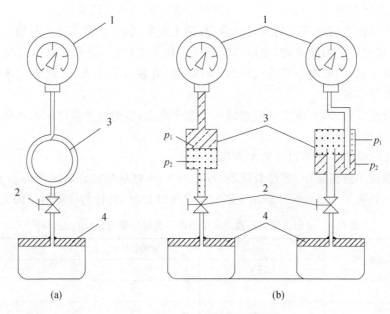

图 5.24　压力表安装示意图
(a)测量蒸汽时;(b)测量有腐蚀性介质时
1:压力计;2:切断阀门;3:凝液管;4:取压容器

3)压力仪表的连接处根据压力高低和介质性质,必须加装密封垫片,以防泄漏。一般低于 80 ℃及 2 MPa 时,用石棉板或铝垫片;温度和压力更高(50 MPa 以下)时,用退火纯铜或铅垫。另外,要考虑介质性质的影响,如测量氧气时,不能使用浸油或有机化合物垫片;测量乙炔、氨时,不能使用铜垫片。

4)当被测压力较小,而压力仪表与取压点不在同一高度时,由高度差引起的测量误差应进行修正。

5.3   温度检测仪表

温度是反映物体冷热状态的物理参数。温度是与人类生活息息相关的物理量。工业生产自动化流程,温度测量点要占全部测量点的一半左右。因此,人类离不开温度,当然也离不开温度检测仪表。温度检测仪表是实现温度检测和控制的重要器件。

在化工生产中,温度的测量与控制有着重要的作用。物体的许多物理现象和化学性质都与温度有关,许多生产过程,特别是化学反应过程,都是在一定的温度范围内进行的。任何一种化工生产过程都伴随着物质物理和化学性质的改变,都必然有能量的交换和转化,其中最普通的交换形式是热交换。

例如,在乳化物干燥过程中,浓缩乳液由高位槽流经过滤器滤去凝块和杂质后,经阀由干燥器上部的喷嘴以雾状喷洒而出。空气由鼓风机送至经蒸汽加热的换热器混合后送入干燥器,由下而上吹出,将雾状乳液干燥成奶粉。生产工艺对干燥后的奶粉质量要求很高,奶粉的水分含量是主要质量指标,干燥温度应严格控制在 $T\pm2$ ℃范围内,否则产品质量不合格。又如,N_2 和 H_2 合成 NH_3,在触媒存在的条件下反应的温度是 500 ℃,否则产品不合格,严重时还会发生事故。因此,温度的测量与控制是保证化学反应过程正常进行与安全运行的重要环节。

5.3.1   温度测量的方法

温度不能直接测量,只能借助于冷热不同的物体之间的热交换,以及物体的某些物理性质随冷热程度不同而变化的特性间接测量[7]。

任意两个冷热程度不同的物体相接触,必然要发生热交换现象,热量将由受热程度高的物体传到受热程度低的物体,直到两物体的冷热程度完全一致,即达到热平衡状态为止。利用这一原理,就可以选择某一物体同被测物体相接触,并进行热交换,当两者达到热平衡状态时,选择物体与被测物体温度相等。于是,通过测量选择物体的某一物理量(如液体的体积、导体的电量等),便可以定量地得出被测物体的温度数值。

温度检测仪表根据敏感元件与被测介质接触与否,可以分为接触式和非接触式两大类。接触式检测仪表主要包括基于物体受热体积膨胀或长度伸缩性质的膨胀式温度检测仪表(如玻璃管水银温度计、双金属温度计)、基于导体或半导体电阻值随温度变化的热电阻温度检测仪表和基于热电效应的热电偶温度检测仪表。非接触式检测仪表利用物体的热辐射特性与温度之间的对应关系,对物体的温度进行检测。各种温度检测仪表有各自的特点和测温范围,详见表 5.3。

表 5.3 主要温度检测方法及特点

测温方式		测温仪表	测量范围(℃)	主要特点
接触式	膨胀式	玻璃液体	−50~600	结构简单,使用方便,测量准确,价格低廉;测量上限和精度受玻璃质量的限制,易碎,不能远传
		双金属	−80~600	结构紧凑可靠;测量准确度低,量程和使用范围有限
	压力式	液体	−30~600	结构简单,耐震,防爆,能记录、报警,价格低廉;精度低,测温距离短,滞后大
		气体	−20~350	
		蒸汽	0~250	
	热电效应	热电偶	−200~2800	测温范围广,测量准确度高,便于远距离、多点、集中检测和自动控制,应用广泛;需自由端温度补偿,在低温段测量精度较低
	热阻效应	铂电阻	−200~600	测量准确度高,便于远距离、多点、集中检测和自动控制,应用广泛;不能测高温
		铜电阻	−50~150	
		热敏电阻	−50~150	灵敏度高,体积小,结构简单,使用方便;互换性较差,测量范围有一定限制
非接触式	辐射式	辐射式	400~2000	不破坏温度场,测温范围大,响应快,可测运动物体的温度;易受外界环境的影响,低温不准
		光学式	700~3200	
		比色式	900~1700	
	红外线	广电探测	0~3500	测温范围大,不破坏温度场,适用于测量温度分布,响应快;易受外界环境的影响,标定较困难
		热电探测	200~2000	

5.3.2 热电偶温度检测仪表

热电偶传感器简称热电偶。热电偶能满足温度测量的各种要求,其结构简单、精度高、范围宽(−269~2800 ℃)、响应较快、具有较好的稳定性和复现性,因此在测温领域中应用广泛。

1. 热电偶的测温原理

把两种不同的导体(或半导体)接成图 5.25 所示的闭合电路,把它们的两个接点分别置于温度为 t 及 $t_0 (t > t_0)$ 的热源中,在回路中将产生一个电动势,称为热电动势(或称塞贝克电动势)。这种现象称为热电效应(或称塞贝克效应)。

图 5.25 中的两种导体叫热电极;两个接点,一个称为工作端或热端,另一个称为自由端或冷端。由这两种导体组成并将温度转换成热电动势的传感器称为热电偶。热电动势由两种导体的接触电动势(或称珀尔帖电动势)和单一导体的温差电动势(或称汤

姆逊电动势)组成。热电动势的大小与两种导体的材料及接点的温度有关。

图 5.26 中的热电偶回路有四个热电动势,即两个接触电动势 $E_{AB}(t)$、$E_{AB}(t_0)$ 和两个温差电动势 $E_A(t,t_0)$、$E_B(t,t_0)$,热电动势的等效电路如图 5.26 所示,回路热电动势为:

$$E_{AB}(t,t_0)=E_{AB}(t)+E_B(t,t_0)-E_{AB}(t_0)-E_A(t,t_0)$$

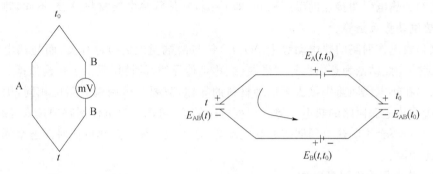

图 5.25　热电偶工作原理　　　　图 5.26　热电动势等效电路

由于温差电动势很小,而且 $E_B(t,t_0)$ 与 $E_A(t,t_0)$ 的极性相反,两者互相抵消,可忽略不计。因此,热电偶回路的热电动势为:

$$E_{AB}(t,t_0)=E_{AB}(t)-E_{AB}(t_0) \tag{5-7}$$

式中:A、B 表示热电偶的材料和极性,材料 A 为正极,材料 B 为负极。

因此,有:

$$E_{AB}(t,t_0)=-E_{BA}(t,t_0)$$
$$E_{AB}(t,t_0)=-E_{AB}(t_0,t)$$

由式(5-7)可知,当电极材料一定时,热电偶回路的热电动势 $E_{AB}(t,t_0)$ 为温度 t 和 t_0 的函数之差,即:

$$E_{AB}(t,t_0)=f(t)-f(t_0)$$

若保持冷端温度 t_0 恒定,$f(t_0)=c=$ 常数,则上式可写成:

$$E_{AB}(t,t_0)=f(t)-c=\varphi(t) \tag{5-8}$$

由式(5-8)可知,热电偶回路的热电动势 $E_{AB}(t,t_0)$ 与热端温度 t 具有单值函数关系。此即为热电偶测温的工作原理。

由于电极材料的电子密度与温度有关,温度变化,电子密度并非常数。因此,式(5-8)的单值函数关系很难用计算方法准确得到,需通过实验方法获得。规定在 $t_0=0$ ℃ ($T_0=273.15$ K)时,将测得的 $E_{AB}(t,t_0)$ 与 t 的对应关系制成表格,称为各种热电偶的分度表。

2. 有关热电偶回路的五点结论

(1)热电偶回路的热电动势仅与热电偶电极的热电性质及两端温度有关,而与热电极的几何尺寸（长短、粗细）无关。由于该结论的存在,使用中烧断的热电偶重新焊接并经校验合格后可继续使用。

（2）若组成热电偶的两电极材料相同,则无论两接点的温度如何,热电偶回路的热电动势总是等于 0。

（3）若热电偶两接点的温度相同,即 $t=t_0$,则尽管热电极材料 A、B 不同,热电偶回路的热电动势总是等于 0。

（4）热电偶回路的热电动势 $E_{AB}(t,t_0)$ 仅与两端温度 t 和 t_0 有关,而与热电偶中间温度无关。此结论为热电偶补偿导线（或称延伸导线）的使用提供了理论依据。

（5）在热电偶回路中接入第三种材料的导体,只要导体两端的温度相同,则其接入不会影响热电偶回路的热电动势。根据这一结论,可以在热电偶回路中接入导线、仪表等,不必担心会影响热电偶回路的热电动势;还可以采用开路热电偶对液态金属或金属壁进行测温。

3. 热电偶冷端温度补偿

（1）冷端温度修正法

如前所述,热电偶的冷端温度必须保持恒定,其热电动势才与被测温度具有单值函数关系。由于热电偶的分度表和显示仪表是在热电偶冷端温度 $t_0=0\ ℃$ 刻度的,利用热电偶测温时,若其冷端温度 $t_0\neq0\ ℃$,必须对仪表的示值进行修正,否则会引起较大误差。修正公式为:

$$E_{AB}(t,0)=E_{AB}(t,t_0)+E_{AB}(t_0,0) \tag{5-9}$$

式中:$E_{AB}(t,0)$ 为修正值,它是冷端 $t_0\neq0\ ℃$ 时,对 $0\ ℃$ 的热电动势。

（2）补偿导线法（延伸导线法）

热电偶的电极材料大多数是贵金属合金,为降低成本,最常用的长度是 350 mm。使用时,冷端接近被测温度场,其冷端温度是不稳定的。因此,需利用补偿导线法将热电偶的冷端延伸到温度恒定的场所,如图 5.27 所示。

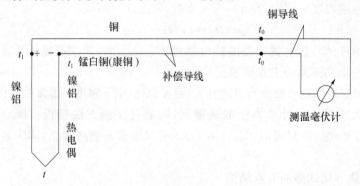

图 5.27　补偿导线的接线

补偿导线是指在一定温度范围内(0～100 ℃),其热电特性与其所连接的热电偶的热电特性相同或相近的一种廉价的导线。利用廉价、线径较粗的补偿导线作为贵金属热电偶的延伸线,以节约贵金属,并将热电偶的冷端延伸至远离被测温度场且温度较恒定的场所,便于冷端温度的修正和减少测量误差。使用补偿导线时必须注意以下三方面。

1)热电偶的补偿导线只能与相应型号的热电偶配合使用,且必须同极性连接,否则会引起较大误差,见表 5.4。

表 5.4　常用热电偶补偿导线的特性

配用热电偶 正—负	补偿导线 正—负	导线外皮颜色		补偿温度范围 （℃）	100 ℃热电动势 （mV）	150 ℃热电动势 （mV）
		正	负			
铂铑 10—铂	铜—铜镍	红	蓝	0～150	0.643 ± 0.023	1.025
镍铬—镍硅铝	铜—锰白铜 (铁—锰白铜)	红	蓝	$-20\sim100$ $(-20\sim150)$	4.100 ± 0.150	6.130 ± 0.200
镍铬—锰白铜	镍铬—锰白铜	红	蓝	—	6.950 ± 0.300	10.690 ± 0.380
铜—锰白铜	铜—锰白铜	红	蓝	—	4.100 ± 0.150	6.130 ± 0.200
钨铼 5—钨铼	铜—铜镍	红	蓝	0～100	1.337 ± 0.045	
铂铑 30—铂铑 6	铜—铜	—	—	0～150	±0.034	±0.092

2)热电偶与补偿导线连接处的温度不应超过 100 ℃,否则会因热电特性不同带来新的误差。

3)只有新延伸的冷端温度恒定或所配显示仪表内具有冷端温度自动补偿器时,使用补偿导线才有意义。

(3)冷端恒温法

利用补偿导线将热电偶的冷端延伸到温度恒定处,如图 5.28 所示。图中 A、B 为热电偶,C、D 为其补偿导线;E、F 为铜连接线;P 为显示仪表;K 为恒温槽或冰点槽,用以保持热电偶冷端温度稳定在 t_0。热电偶测量温度为 t,当测出热电动势 $E_{AB}(t,t_0)$ 数值后,可以根据 t_0 的大小加以修正。必须注意,测量时除保证接点 3、4(冷端)真正恒温外,还应保证 1、2 接点温度一致,且其温度 t_n 不得超过补偿导线规定的使用温度。

(4)补偿电桥法

由式(5-7)可知,热电偶的热电动势 $E_{AB}(t,t_0)$ 随着冷端温度 t_0 的增加而减小;相反,其会随着 t_0 的减小而增加。设温度增加 t_0,则 $E_{AB}(t,t_0)$ 的减小量 $\Delta E=k_r\Delta t_0$,k_r 为热电偶在 t_0 附近的灵敏度;若补偿电路产生一个补偿电动势 $U_{ab}=k_r\Delta t_0$,k_B 为补偿电路在 t_0 附近的灵敏度,并使 $\Delta E=U_{ab}$,即 $k_r=k_B$,将 U_{ab} 加到热电偶的热电动势 $E_{AB}(t,t_0)$ 中,则可达到完全补偿。此即为补偿电桥法的工作原理,其电路如图 5.29 所示。

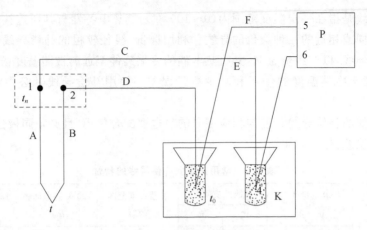

图 5.28 冷端恒温法原理电路

A、B:热电偶;C、D补偿导线;E、F铜连接线;P:显示仪表;K:恒温槽或冰点槽

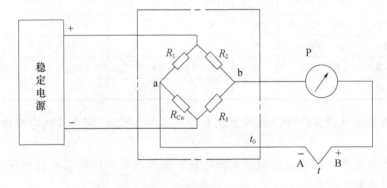

图 5.29 补偿电桥法原理电路

4. 常用热电偶及其特性

下面介绍四种常用的标准化热电偶。所谓标准化热电偶是国家标准规定了其电动势与温度的关系和允许误差,并有统一的标准分度表的热电偶。

(1)铂铑 10—铂热电偶(S 型)

S 型热电偶物理化学性能稳定,耐高温。故其测量的准确性高,可用于精密测量;可作为标准热电偶,校验或标定其他温度测量仪表;宜在氧化性及中性气氛中使用。其主要缺点是热电动势小,价格贵。

(2)镍铬—镍硅热电偶(K 型)

K 型热电偶化学性能稳定,复制性好,热电动势大,线性好,价格便宜,可在 1000 ℃以下长期使用,可在 1200 ℃短期测量,是工业生产中最常用的一种热电偶。如果把 K型热电偶用于还原性介质,则必须加保护套管,否则其很快会被腐蚀;在此种情况下,若不加保护套,只能用于测量 500 ℃以下的温度。

(3)镍铬—锰白铜热电偶(E 型)

E 型热电偶镍铬为正极,锰白铜为负极,适用于还原性和中性介质,长期使用温度不可超过 600 ℃,短期测量温度可达 800 ℃。其特点是热电特性的线性好,灵敏度高,价格便宜;缺点是锰白铜易受氧化而变质,测温范围低且窄。

(4)铂铑—铂铑热电偶(B 型)

B 型热电偶简称为双铂铑热电偶,是一种贵金属热电偶。其正、负极分别含有质量分数(下同)为 30％、6％的铑。B 型热电偶的特点是抗污染能力强,性能稳定,准确度高;缺点是热电动势小,价格昂贵。

5. 热电偶的结构形式

由于热电偶的用途和安装位置不同,其外形常不同。工业常用的热电偶外形结构形式分以下四种。

(1)普通型热电偶主要由热电极、绝缘管、保护套管、接线盒、接线端子组成。

(2)铠装热电偶又称缆式热电偶,是由热电极、绝缘材料和金属保护套管三者加工在一起的坚实缆状组合体。铠装热电偶与普通热电偶相比,有反应速度快、机械强度高、耐冲击、耐振动、可以任意弯曲、使用寿命长、易安装、可装入热电偶保护管内使用等优点。铠装热电偶已得到了越来越多的使用,是温度测量中应用最广泛的温度器件。

(3)表面型热电偶利用真空镀膜工艺将电极材料蒸镀在绝缘基板上,其尺寸小、热容量小、响应速度快,主要用于测量微小面积上的瞬时温度。

(4)快速热电偶用于测量钢水及高温熔融金属的温度,是一次性消耗式热电偶。它的工作原理是根据金属的热电效应,利用热电偶两端产生的温差电动势测量钢水及高熔融金属温度。快速热电偶主要由测温偶头与大纸管构成。偶头主要由正、负偶丝焊接在补偿导线上,补偿导线穿嵌在支架上,支架外套有小纸管。偶丝由石英支撑和保护,最外装有防渣帽,全部零组件集中装入泥头中并与耐火填充剂粘合成一整体,不可拆卸,故为一次性使用。

5.3.3　热电阻温度检测仪表

热电偶一般适用于中、高温的测量。在测量 300 ℃以下的温度时,热电偶产生的热电动势较小,对测量仪表的放大器和抗干扰能力要求很高,而且冷端温度变化的影响更加突出,这增大了补偿难度,使测量的灵敏度和准确度都受到一定的影响。通常,对500 ℃以下的中、低温区,都使用热电阻来进行测量。

工业上广泛应用的热电阻温度计,可测量－200～650 ℃范围内的液体、气体、蒸汽及固体表面的温度,其测量准确度高,性能稳定,不需要进行冷端温度补偿,便于多点测量和远距离传送、记录。

　　利用电阻随温度变化的特性制成的传感器称热电阻传感器。热电阻传感器按其制造材料可分为金属热电阻及半导体热电阻;按其结构可分为普通型热电阻、铠装热电阻及薄膜热电阻;按其用途可分为工业用热电阻、精密的热电阻和标准的热电阻。热电阻传感器主要用于对温度和与温度有关的参量(如压力、流速)进行测量。

　　1. 铂热电阻

　　铂热电阻是用高纯铂丝制成的,温度在$-200 \sim 0$ ℃时,其电阻数值和温度的关系为:

$$R_t = R_0 [1 + At + Bt^2 + Ct^3 (t - 100)] \tag{5-10}$$

式中:R_t和R_0分别为 t ℃和 0 ℃时铂电阻的阻值。

　　温度在$0 \sim 650$ ℃时,其温度特性为:

$$R_t = R_0 [1 + At + Bt^2] \tag{5-11}$$

式(5-10)和式(5-11)中:A、B、C为铂的电阻温度系数,其值分别为:

$$A = 3.9687 \times 10^{-3} \text{ ℃}^{-1}$$
$$B = -5.84 \times 10^{-7} \text{ ℃}^{-2}$$
$$C = -4.22 \times 10^{-12} \text{ ℃}^{-3}$$

　　国家统一规定用 100 ℃的阻值 R_{100} 和 0 ℃的阻值 R_0 之比 W_{100} 表示铂的纯度,W_{100}必须达到一定数值才能做热电阻。铂电阻已经标准化,已制成了统一的分度表。由于铂电阻具有精度高、稳定性好、性能可靠和复现性好等特点,国际温标规定,$-259.34 \sim 630.74$ ℃温域内以铂电阻温度计作为基准器制定其他温度标准。

　　目前,我国常用的工业铂电阻有:分度号 Pt46,$R_0 = 46.00$ Ω;分度号 Pt100,$R_0 = 100.00$ Ω;标准铂电阻或实验室用铂电阻的 R_0 为 10.00 Ω 或 30.00 Ω。

　　2. 铜热电阻

　　工业铜电阻的测温范围为$-50 \sim 150$ ℃,其电阻与温度的关系为:

$$R_t = R_0 [1 + At + Bt^2 + Ct^3] \tag{5-12}$$

式中:R_0、R_t的意义同上;A、B、C为电阻温度系数,其值分别为:

$$A = 4.28899 \times 10^{-3} \text{ ℃}^{-1}$$
$$B = -2.133 \times 10^{-7} \text{ ℃}^{-2}$$
$$C = 1.233 \times 10^{-9} \text{ ℃}^{-3}$$

　　铜电阻的优点在于电阻温度系数高,容易提纯,且价格便宜。其缺点是铜的电阻率小,与铂相比,制成相同阻值的铜电阻体积大;铜在高温下容易氧化,其测温上限一般不超过 150 ℃。

　　3. 测量电路

　　热电阻将温度的变化转换成电阻的变化量,常用平衡电桥或不平衡电桥作为其测量电路。为了减小热电阻的引线电阻和引线电阻随环境温度的变化而变化所引起的测量误差,工业测量用热电阻用三线制接入桥路,如图 5.30a 所示。图中,R_t 为热电阻;$R_{L1}=R_{L2}=R_{L3}$ 为三根引线的等效电阻;电位器 RP 是为适合不同分度号的热电阻而设置的(例如 $R_3=100\ \Omega$,若 R_t 为 Pt100,$R_0=100\ \Omega$,则 $R_{RP}=0\ \Omega$;若 R_t 为 Pt46,$R_0=46\ \Omega$,则 $R_{RP}=54\ \Omega$)。

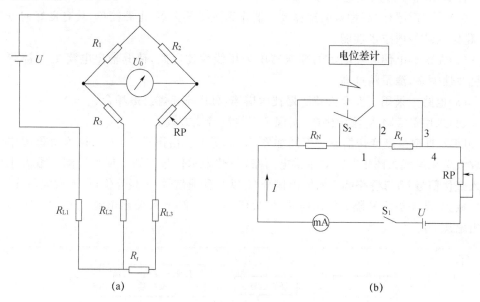

图 5.30　热电阻测量电路

(a)三线制接入桥路;(b)四线制测量电路

为了减小由于热电阻的引线电阻引起的,引线电阻随环境温度变化而变化引起的和接触电阻及接触电动势引起的测量误差,在实验室精密测量时热电阻应用四线制接入测量电路,如图 5.30b 所示。图中,R_t 为热电阻;R_N 为标准电阻;RP 的作用是调整工作电流 I 至适当值。测量时,切换开关 S_2 先后测量 R_t 和 R_N 上的压降 U_t 和 U_N,则:

$$R_t = \frac{U_t}{U_N} R_N \tag{5-13}$$

由于电位差计在平衡时读数不向被测电路吸取电流,且热电阻的引线 2 和 3 无电流,故可克服引线电阻和引线电阻随环境温度变化的影响。此外,U_t 和 U_N 中均含有接触电动势,由式(5-13)可见,接触电动势的影响是相互抵消的,因此可提高测量精度。

必须指出:热电阻用于测温时,流过热电阻的电流不应超过其额定值(工业测温额定值为 4~5 mA),否则由于热电阻自身发热会引起温度附加误差。

5.3.4　DDZ-Ⅲ型温度变送器

温度变送器将温度、温差以及与温度有关的工艺参数和直流毫伏信号变换成

DC 4～20 mA 或 DC 1～5 V 的统一标准信号。温度变送器的种类繁多,除了常用的
DDZ-Ⅲ型温度变送器外,随着微电子技术和微机技术的发展,已经出现了许多微型化
和智能化温度变送器。

1.DDZ-Ⅲ型温度变送器的特点

(1)采用低漂移、高增益的运算放大器作为主要放大器,电路简单,具有良好的可靠
性、稳定性及各项技术性能。

(2)在配热电偶和热电阻的变送器中采用线性比电路,使其输出电流 I_0 与被测温
度呈线性关系,测量精度高。

(3)电路中采用了安全火花防爆技术措施,可用于易燃易爆场合。

(4)采用 DC 24 V 集中供电,实现了二线制接线方式。

DDZ-Ⅲ型温度变送器原理框图如图 5.31 所示。由图可见,该变送器由量程单元
和放大单元组成。图中"⇨"表示供电回路,"→"表示信号回路。反映被测参数大小的
输入毫伏信号 U_i 与桥路部分的输出信号 U_z 以及反馈信号 U_f 相等价,送入放大单元,经
电压放大、功率放大和隔离输出电路,转换成 DC 4～20 mA 输出电流 I_0 和 DC 1～5 V
输出电压 U_0。

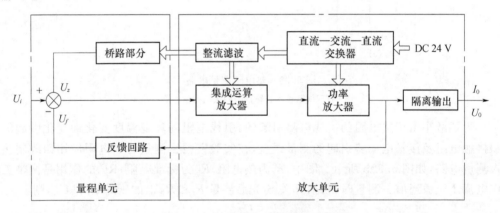

图 5.31　DDZ-Ⅲ型温度变送器原理框图

2.DDZ-Ⅲ型温度变送器的品种

DDZ-Ⅲ型温度变送器有三个品种:直流毫伏变送器、热电偶温度变送器和热电阻
温度变送器。三种变送器在电路结构上均由量程单元和放大单元两部分组成,其中放
大单元是通用的,而量程单元则随品种、测量范围的不同而异。

直流毫伏变送器的输入信号是直流毫伏信号。凡是能将工艺参数变换成直流毫伏
信号的传感器或检测元件均可与该变送器配合使用,将被测工艺参数转换成 DC 4～
20 mA 统一标准信号,从而扩大了变送器的应用范围。

5.3.5　微型化温度变送器

由于大规模和超大规模集成电路的发展,将组成变送器的多个组成单元,例如检测元件、信号调理电路、线性化处理电路、信号转换电路、功率放大电路、通信控制电路和输入输出电路等集成在一片芯片上,DC 24 V 电源供电,属二线制变送器。其具有安全火花性能,与安全栅配合使用可构成本质安全防爆系统,可用于易燃易爆场合,极大地缩小了变送器的体积并提高了其稳定性、可靠性和准确度,目前已得到广泛的应用。微型变送器是 21 世纪最具发展前景和影响力的一项高科技产品。微型变送器的厂商云集、产品繁多、型号各异,由于篇幅所限下面仅介绍四种微型温度变送器的原理及其特性。

1. AD590 构成的温度变送器

该变送器由 AD590 系列温度检测元件和 AD707A 运算放大器组成。AD590 系列温度检测元件是一个系列产品,包括 AD590I、AD590J、AD590K、AD590L 和 AD590M。其中以 AD590M 的性能最佳,其最大非线性误差为 ± 0.3 ℃,重复性误差范围为 ± 0.05 ℃,标定误差为 ± 0.5 ℃,响应时间仅为 20 μs。其测量范围为 $-55 \sim 150$ ℃,输出为 DC $4 \sim 20$ mA。该变送器的缺点是测量范围较窄。

2. TMP17 构成温度变送器

TMP17 系列温度检测元件有 TMPI7F 和 TMP17C 两种产品,其中 TMP17F 的准确度较高,若经精心校准,其准确度可达 ± 1 ℃,非线性误差仅为 ± 0.5 ℃。其抗干扰能力强,稳定性好,价格低廉。其测温范围为 $-40 \sim 105$ ℃,输出为 DC $4 \sim 20$ mA 的统一标准信号。

TMP17 是采用激光修正的模拟集成温度检测元件,其工作原理与 AD590 相近。TMPI7 采用双列直插式小型化封装。

3. TMP35 构成微型温度变送器

TMP35 系列温度检测元件是共有 15 个品种的系列产品,其中以 TMP37 的灵敏度最高,达 20 mV/℃。其工作原理是以晶体管的基—射结电压 U_{be} 随温度变化而变化的原理工作的。TMP35 系列温度检测元件的测量范围为 $-50 \sim 125$ ℃,其输出为 DC $4 \sim 20$ mA,最高可达 150 ℃,测量准确度为 ± 1 ℃,非线性误差为 ± 0.5 ℃,静态工作电流仅为 50 μA。其内部集成有恒流源,因此稳定性好。

4. TMP01 构成温度变送器

TMP01 系列温度检测元件有 TMP01E、TMP01F、TMP01G 三个品种,其中以 TMP01E 的准确度最高,高达 $\pm 1\%$,电压灵敏度达 60 mV/℃,内含 2.500 V 的基准电压源、缓冲器、窗口比较器、滞后电压发生器及集电极开路晶体管等,输出信号是具有滞后特性的控制电压,输出电流达 20 mA。

　　TMP01 系列温度检测元件不仅适用于温度检测,而且适用开关式温度控制的场合,其测量范围为 $-55\sim125$ ℃,输出为 DC 4~20 mA,功耗仅为 2 mW。

5.4　流量检测仪表

5.4.1　流量的基本概念

　　在现代生产过程自动化中,流量是重要参数之一。为了有效地进行生产操作、监视和自动控制,需对生产过程中各种介质的流量进行检测及变送,以便为生产操作和控制提供依据。生产过程中物料总量的计量还是经济核算和能源管理的重要依据。因此,流量的检测及变送是发展生产、节约能源、改进产品质量、提高经济效益和管理水平的重要工具,流量检测相关仪表是工业自动化仪表与装置中的重要组成部分之一。

　　流体的流量是指在单位时间内流过管道某一截面积的流体的数量,其常用单位有以下两种。

　　(1)体积流量 Q。在单位时间内流过管道某一截面积的流体体积,用 m³/h 或 L/h 等单位表示。

　　(2)质量流量 M。在单位时间内流过管道某一截面积的流体质量,用 kg/h 表示。

　　上述两种流量的关系为:

$$M=\rho Q \tag{5-14}$$

式中:ρ 为流体密度。

　　上述两种是流体的瞬时流量。在工程上为了便于经济核算,也常用流体总量来表示。

　　(3)流体总量。在某一段时间内流过管道截面积的流体的总量或累计流量,称为流体总量,它是瞬时流量在某一段时间内的积分,即:

$$Q_t = \int_0^t Q\mathrm{d}t = Qt \tag{5-15}$$

$$M_t = \int_0^t M\mathrm{d}t = Mt \tag{5-16}$$

式中:Q_t 和 M_t 分别为体积总量和质量总量;t 为累加时间。

　　(4)流量测量仪表。流量测量仪表也称为流量计,它通常由一次仪表和二次仪表组成。一次仪表也称为传感器,二次仪表称为显示装置或变送器。

　　流量测量仪表的种类繁多,各适用于不同场合,其分类见表 5.5。由于篇幅所限,仅介绍一些常用的流量测量仪表的工作原理及其外在特性。

表 5.5　流量测量仪表的分类

类别		仪表名称
体积流量计	容积式流量计	椭圆齿轮流量计、腰轮流量计、皮肤式流量计等
	差压式流量计	节流式流量计、均速管流量计、弯管流量计、靶式流量计、转子流量计等
	速度式流量计	涡轮流量计、涡街流量计、电磁流量计、超声波流量计等
质量流量计	推导式质量流量计	体积流量经密度补偿或温度、压力补偿求得质量流量等
	直接式质量流量计	科里奥利流量计、热式流量计、冲量式流量计等

5.4.2　差压式流量计

差压式流量计是基于在流通管道上设置流动阻力件的流量计。流体通过阻力件时将产生差压,此差压与流体流量之间有确定的数值关系。通过测量差压值便可求得流体流量,并转换成电信号输出,例如 DC 4～20 mA 统一标准信号。差压式流量计由产生差压的装置和差压计两部分组成,其结构简单,使用可靠。产生差压的装置有多种形式,包括节流装置(如孔板、喷嘴、文丘里管等)、动压管、均速管、弯管等。其中,节流式流量计中产生差压的装置称为节流装置或节流元件。

节流式流量计可用于测量液体、气体或蒸汽的流量,在流量的检测和变送中有重要的地位,其组成如图 5.32 所示。节流装置分为标准节流装置和非标准节流装置,图 5.33 给出了三种最常用的标准节流装置的形状。标准节流装置的研究最充分,实验数据最完善,其形式已标准化和通用化,这样的节流式流量计无需进行单独标定和校验,只需根据有关标准进行设计计算,严格遵照加工要求和安装要求,便可以使用。而非标准节流装置用以解决脏污和高黏度流体的流量测量问题,尚缺乏足够的实验数据,没有标准化。

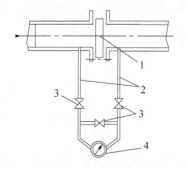

图 5.32　节流式流量计的组成
1:节流元件;2:引压管路;3:三强组;4:差压计

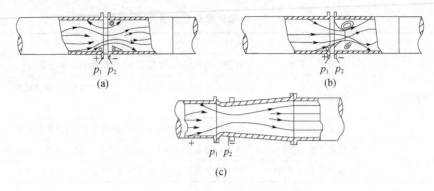

图 5.33　标准节流装置的形状

(a)孔板；(b)喷嘴；(c)文丘里管

1. 节流式流量计测量原理

节流式流量计的测量是以能量守恒定律和流体流动的连续性定律为依据的。图 5.34 是标准孔板前后流体的静压力和流动速度的分布情况。充满管道且稳定连续流动的流体流经孔板时，流束在截面 1 处开始收缩，位于边缘处的流体向中心加速，流束中央的压力开始下降。在截面 2 处流束达到最小收缩截面，此处流速最快，静压力最低。在截面 2 后流束开始扩张，流动速度逐渐减慢，静压力逐渐恢复。但是，由于流体流经节沉装置时有压力损失，所以静压力不能恢复到收缩前的最大压力值。

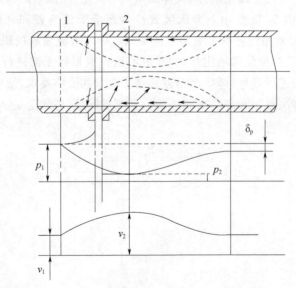

图 5.34　流体流经孔板时静压力与流动速度的分布情况

设流体是不可压缩的流体，在管道中连续而稳定流动，在截面 1 处的静压力为 p_1，

流动速度为 v_1，密度为 ρ_1；在截面 2 处的静压力为 p_2，流动速度为 v_2，密度为 ρ_2。根据能量守恒定律，可写出伯努利方程和连续性方程为：

$$\frac{p_1}{\rho_1}+\frac{v_1^2}{2}=\frac{p_2}{\rho_2}+\frac{v_2^2}{2} \tag{5-17}$$

$$A\rho_1 v_1=A_0\rho_2 v_2 \tag{5-18}$$

式中：A 为管道截面积；A_0 为最小收缩截面积。

由于节流装置很短，可认为 $\rho_1=\rho_2=\rho_0$，用节流件的开孔面积 A_1 代替 A_0，即 $A_1=A_0=\Pi d^2/4$，d 为节流元件的开孔直径；并且令 $\beta=d/D$，D 为管道直径。由式(5-17)和式(5-18)可求得 v_2 为：

$$v_2=\frac{1}{\sqrt{1-\beta^4}}\sqrt{\frac{2}{\rho}(p_1-p_2)} \tag{5-19}$$

令 $\Delta p=p_1-p_2$ 为节流装置前后差压，可得流体的体积流量为：

$$Q=A_0 v_2=\frac{A_0}{\sqrt{1-\beta^4}}\sqrt{\frac{2}{\rho}(\Delta p)} \tag{5-20}$$

在实际计算过程中，由于用节流元件的开孔面积代替流束最小截面积，差压 Δp 有不同的取压方法，必然会造成测量误差，为此引入流量系数 a，则式(5-20)变为：

$$Q=aA_0\sqrt{\frac{2}{\rho}(\Delta p)}=a\,\frac{\pi}{4}d^2\sqrt{\frac{2}{\rho}(\Delta p)} \tag{5-21}$$

式中：流量系数 $a=CE$，E 为渐进速度系数，$E=1/\sqrt{1-\beta^4}$，C 为流出系数。

式(5-21)中的 a 和 C 必须由实验确定。应当指出，流量系数 a 是一个影响因素复杂的实验系数。实验证明，在管道直径、节流元件形式、开孔尺寸和取压位置确定的情况下，a 仅与流体的雷诺数(Re)有关。当 Re 大于某一数值（称为界限雷诺数，$Re_{\min}$）时，可认为 a 是常数。因此，使用节流式流量计时，必须保证流体的 Re 大于 $Re_{\min}$。a 与 Re、β 的关系可查有关图表得到。

对于可压缩流体，必须引入流束的膨胀系数 ε 进行修正，其流量方程为：

$$Q=a\varepsilon\,\frac{\pi}{4}d^2\sqrt{\frac{2}{\rho}(\Delta p)} \tag{5-22}$$

对于可压缩流体 $\varepsilon<1$，ε 与 β、$\Delta p/p_1$、气体熵指数及节流件的形式有关，可查有关图表得到。对不可压缩流体，$\varepsilon=1$。

流量方程式(5-22)采用的是国际单位制(SI)。目前，在工程上还习惯使用另一些常用单位，把这些单位代入式(5-22)并进行换算，可得到工程上实际使用的流量 $Q(\text{m}^3/\text{h})$ 的方程：

$$Q=0.01251\varepsilon a\beta^2 D^2\sqrt{\frac{\Delta p}{\rho}} \tag{5-23}$$

式中:ρ 的单位为 kg/m³;Δp 的单位为 Pa;D 的单位为 mm。

由式(5-23)可知,当 a、ε、ρ 和 β 均为常数时,流量与差压 Δp 的二次方根成比例。这表明,节流式流量计的输出信号与被测量流量是非线性的。

流量方程式(5-22)和式(5-23)表示的是体积流量,如需测量质量流量 M,应根据式(5-14)换算。节流式流量计中的差压计常用 DDZ-Ⅲ 型差压变送器将被测量转换成 DC 4～20 mA 统一标准信号。

2. 标准节流装置的设计计算

标准节流装置的设计计算通常有以下两种命题。制造厂商多数已有设计计算的计算机软件,用户只需提供足够的原始数据即可。

(1)已知管道内径、节流元件的形式和开孔尺寸、取压方式、被测流体的参数等必要条件以及要求,根据所测得的差压值计算被测介质的流量。即已经有了标准节流装置,要求计算出差压值所对应的流量。

(2)已知管道内径、被测流体的参数和其他必要条件以及预计的流量范围,要求选择适当的差压上限 $\Delta p_{\max}$,并确定节流元件的形式、开孔尺寸、取压方式以及确定差压变送器。

该命题属于设计新的节流式流量计,这一类设计计算所需提供的数据有:

1)被测流体的名称、组分;

2)被测流体的最大流量 $Q_{\max}$、最小流量 $Q_{\min}$ 和常用流量 Q;

3)被测流体的工作状态,如工作压力 p_1、工作温度 t_1 及其变化范围;

4)被测介质的密度 ρ;

5)安装地的平均大气压力 p,允许压力损失 δ_p;

6)管道材质,20 ℃ 的管道内径 D_{20},管道内表面情况,管道设置情况和局部阻力形式;

7)其他方面的要求,例如测量气体时的相对湿度等。

3. 节流式流量计使用注意事项

为保证测量精度,对管道的选择、流量计的安装和使用条件均有严格的规定。节流式流量计的使用应注意以下七项。

(1)管道内壁表面应无可见坑凹、毛刺和沉积物等。

(2)适用的管道直径 $D_{\min} \geqslant 50$ mm。节流元件前后必须有足够长度的直线管道 L_1 和 L_2,通常 $L_1 > 10D$,$L_2 > 5D$。

(3)节流装置安装时要注意节流元件开孔必须与管道同轴,节流元件方向不能装反。

(4)取压导管内径不得小于 6 mm,长度应在 16 m 以内。

(5)取压导管与差压变送器的连接应安装截止阀和平衡阀。此外还应有冷凝器、集气器、沉降器、隔高器、吹气系统等,如图 5.35 所示。图 5.35a 为测量液体流量的情况,图 5.35b 为测量气体流量情况,图 5.35c 为测量蒸汽流量情况。

(6)当利用节流式流量计测量可压缩流体时,若使用的工作压力 p 和热力学温度 T 与设计时的标准压力 p_0 和热力学温度 T_0 不符,则会引起较大误差。因此,必须进行修正,其修正公式为:

$$Q = Q_0 = \sqrt{\frac{pT_0}{p_0 T}} \tag{5-24}$$

式中:Q_0 和 Q 分别为设计时和使用时的流量。

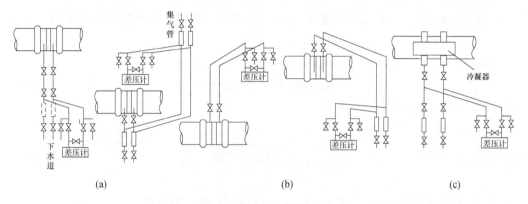

图 5.35　差压变送器的安装

(a)测量液体流量的情况;(b)测量气体流量的情况;(c)测量蒸汽流量的情况

(7)由于差压变送器的输出信号 I_0 与被测流量 Q 是非线性的,I_0 与 Δp 成正比,而 $Q = K\sqrt{\Delta p}$,因此,必须利用开方器进行线性化处理。

5.4.3　转子流量计

转子流量计也是根据节流原理测量流体流量的,但它是通过改变流体的流通面积保持转子上下差压 $\Delta p = p_1 - p_2$ 恒定的,故又称为变流通面积恒差压流量计,也称为浮子流量计。

1. 转子流量计的测量原理及结构

转子流量计的测量主体由一根自下而上扩大的垂直锥形管和一只可以沿锥管轴线上下自由移动的转子组成,如图 5.36 所示。流体由锥管的下端进入,经过转子与锥管间的环形流通面从上端流出。当流体通过环形流通面时,由于节流作用在转子上下端面形成差压 Δp,Δp 作用于转子而形成转子的上升力。当此上升力与转子在流体中的重力相等时,转子就稳定在一个平衡位置上,平衡位置的高度 h 与所通过的流量有对应关系。因此,可用转子的平衡高度代表流量值。

根据转子在锥形管中的受力平衡条件,可写出平衡公式:

$$\Delta p A_f = V_f (\rho_f - \rho) g \tag{5-25}$$

式中:A_f 和 V_f 分别为转子的截面积和体积;ρ_f 为转子密度;ρ 为被测流体的密度;g 为重力加速度。

将式(5-25)的恒差压 Δp 代入节流式流量计的流量方程式(5-22)得:

$$Q = a A_0 \sqrt{\frac{2g(\rho_f - \rho)V_f}{\rho A_f}} \tag{5-26}$$

式中:a 为流量系数;A_0 为转子高度为 h 时的环形流通面积。

设转子高度为 h 时,锥管的半径为 R,转子的最大半径为 r,则环形流通面积 A_0 为:

$$A_0 = \pi(R^2 - r^2) \tag{5-27}$$

由图 5.36 可见,$R = r + h\tan\varphi$,代入式(5-27)并整理得到:

$$A_0 = \pi h (R + r)\tan\varphi = Ch \tag{5-28}$$

式中:$C = \pi(R + r)\tan\varphi$,为常数。

将上式代入式(5-26),得:

$$Q = aCh \sqrt{\frac{2g V_f (\rho_f - \rho)}{\rho A_f}} = Kh \tag{5-29}$$

式中:K 为比例系数,$K = a\pi(R + r)\tan\varphi \sqrt{\dfrac{2g V_f (\rho_f - \rho)}{\rho A_f}}$,为常数。

由此可见,转子流量计具有线性的流量特性。

转子流量计有玻璃管式直读式和金属管式电远传式两个大类。前者将流量标尺直接刻在锥管上,由转子高度直接读取流量值;后者利用差动变压器将转子的位移转换成 DC 4~20 mA 统一标准信号,供显示或调节器对被控参数进行控制,其结构原理如图 5.37 所示。

2. 转子流量计的使用

(1)转子流量计的刻度换算。转子流量计是一种非标准性仪表,出厂时需单个标定刻度。测量液体的转子流量计用常温的水标定;测量其他介质流量的转子流量计用标准状态下(20 ℃,9.8×10^4 Pa)的净化空气标定。实际测量时,若被测介质不是水或空气,则流量计的指示值与实际流量间存在较大差别,因此必须进行刻度换算。

对于一般液体介质,当被测介质的密度 ρ' 与标定介质密度 ρ_0 不一致时,必须进行校正,其校正公式为:

$$Q = Q_0 \sqrt{\frac{(\rho_f - \rho')\rho_0}{(\rho_f - \rho_0)\rho'}} \tag{5-30}$$

对于气体介质,由于 $\rho_f \gg \rho'$,$\rho_f \gg \rho_0$,式(5-30)可简化为:

$$Q = Q_0 \sqrt{\frac{\rho_0}{\rho'}} \tag{5-31}$$

当已知被测介质的密度和流量测量范围后,可根据式(5-30)或式(5-31)选择合适量程的转子流量计。

(2)转子流量计的改量程。量程的改变可以通过采用不同材料的同形转子实现;增加转子的密度可以扩大量程,减小转子的密度可以缩小量程。改量程后的流量刻度与原来的流量刻度可用下式计算:

$$Q = Q_0 \sqrt{\frac{\rho'_f - \rho}{\rho_f - \rho}} \tag{5-32}$$

式中:Q 和 ρ'_f 分别为改量程后的流量和转子密度;Q_0 和 ρ_f 分别为改量程前的流量和转子密度;ρ 为被测介质密度。

(3)温度和压力的修正。由于液体介质是不可压缩流体,温度和压力的变化对液体的黏度、密度改变极小,故不用修正。但是,由于气体是可压缩流体,温度和压力变化会引起较大误差,必须修正,其修正公式见式(5-24)。

(4)转子流量计必须垂直安装在管道上,流体必须自下而上流过转子流量计,不应有明显的倾斜。配管直径一般小于 50 mm。测量时,流体的 Re 应大于 Re_{min}。流量计的最佳测量范围应为量程上限的 1/3～2/3 刻度。

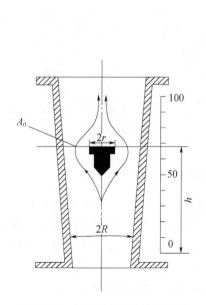

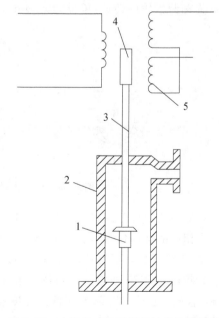

图 5.36　转子流量计的测量原理　　　　图 5.37　电远传式转子流量计的结构原理

　　　　　　　　　　　　　　　　　　　1:转子;2:锥管;3:连动杆;4:铁心;5:差动线圈

5.4.4 容积式流量计

容积式流量计是直接根据排出流体的体积进行流量累计的仪表。它由测量室、运动部件、传动和显示部件组成。设测量的固定标准容积为 V_0，在某一时间间隔内经过流量计排出流体的固定标准容积数为 N，则被测流体的体积总量 Q 为：

$$Q = nV_0 \tag{5-33}$$

利用计数器通过传动机构测出运动部件的转速 n，便可显示出被测流体的流量 Q。

容积式流量计的运动部件有往复运动式和旋转运动式两种。往复运动式包括家用煤气表、活塞式油量表等。旋转运动式有旋转活塞式流量计、椭圆齿轮流量计、腰轮流量计等。各种容积式流量计适用于不同场合和条件，下面仅介绍椭圆齿轮流量计的原理。

椭圆齿轮流量计的测量体由一对相互啮合的椭圆齿轮和仪表壳体组成，如图 5.38 所示。两个椭圆齿轮 A、B 在进出口流体差压作用下，交替地相互驱动。在图 5.38a 位置，齿轮 B 的差压为 0，齿轮 A 的差压不等于 0，齿轮 A 为主动轮作顺时针方向转动，带动齿轮 B 作逆时针方向转动。当旋转达到图 5.38c 位置时，将固定标准容积 V_0 的流体排出表外，然后齿轮 B 为主动轮，带动齿轮 A 转动。如此交替地相互驱动，当椭圆齿轮流量计转动 1 周时，将 4 个半月形标准容积 V_0 的流体排出。因此，体积流量方程为：

$$Q = 4nV_0 \tag{5-34}$$

式中：n 为椭圆齿轮的转速，单位为 r/min。

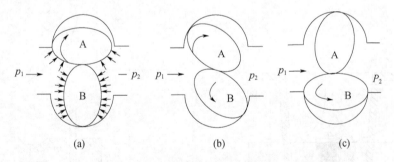

图 5.38 椭圆齿轮流量计的工作原理

齿轮的转速通过变速机构直接驱动机械计数器显示总流量，也可通过电磁转换装置转换成相应的脉冲信号，用频率计对脉冲信号计数便能显示出流量的大小。脉冲的频率经 f/U 转换成电压信号，再经 U/I 转换成 DC 4～20 mA 统一标准信号供调节器对被控参数进行调节，或指示记录仪记录被测流量。

椭圆齿轮流量计结构简单，可测高黏度液体的流量，其准确度可达 $\pm0.2\% \sim \pm0.5\%$，量程比可达 10∶1，压力损失小。

腰轮流量计的工作原理与椭圆齿轮流量计的工作原理完全相同，仅将椭圆齿轮换成腰轮,两个腰轮的驱动是由套在壳体外的与腰轮同轴上的啮合齿轮完成的。

5.4.5　涡轮流量计

　　涡轮流量计是一种速度式流量仪表,其工作原理是基于安装在管道中可以自由转动的叶轮感受流体的流速变化,从而测定管道中流体流量的。涡轮流量计的结构如图5.39 所示。

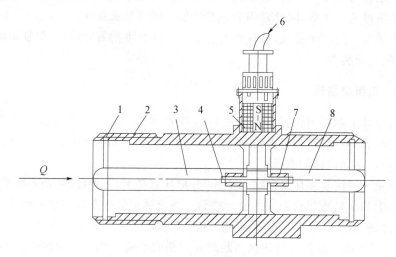

图 5.39　涡轮流量计的结构

1:紧固环;2:壳体;3:前导流件;4:止推片;5:涡轮;6:电磁转换器;7:轴承;8:后导流件

　　由图 5.39 可知,流量计主要由壳体、导流器、轴承、涡轮和电磁转换器组成。涡轮是测量元件,它由磁导率较高的不锈钢材料制成,轴心上装有数片螺旋形或直形叶片,流体作用于叶片使涡轮转动。壳体和前、后导流器由非导磁的不锈钢材料制成,导流器起导直流体作用。在导流器上装有滚动轴承或滑动轴承,以支撑转动的涡轮。

　　将涡轮转速转换成电信号的方法中,以磁电式转换方法的应用最为广泛。磁电信号检测器包括磁电转换器和前置放大器。磁电转换器由线圈和永久磁钢组成,用于产生与叶片转速成比例的电信号。前置放大器能放大微弱的电信号,使之便于远传。

　　流体流过涡轮流量计时,推动涡轮转动,涡轮叶片周期性地扫过磁钢,使磁路的磁阻发生周期性变化,感应线圈便产生交流信号,其频率与涡轮的转速成正比,即与流体的流动速度 v 成正比。因此,涡轮流量计的流量方程为:

$$Q = \frac{f}{\xi} \tag{5-35}$$

式中:Q 为体积流量;f 为脉冲信号的频率;ξ 为仪表常数。

　　仪表常数 ξ 与流量计的涡轮结构等因素有关。在流量较小时,ξ 值随流量的增加而增大；当流量达到一定数值后，ξ 近似为常数。在流量计的使用范围内，ξ 值保持为常数，其单位为升每秒（L/s）。因此，必须保证流体的 Re 大于 Re_{min}。

频率为 f 的交流电信号经过前置放大器放大，然后整形成方波脉冲信号，便可用电子计数器计数，并以单位为 m^3/h 的数值显示。同时频率为 f 的方脉冲可经 f/U 和 U/I 电路转换成 DC 4～20 mA 统一标准信号输出。

涡轮流量计可测量气体和液体流量，其准确度等级较高，一般为 0.5 级，小量程范围准确度等级可达 0.1 级，因此常作为标准仪器校验其他流量计。

涡轮流量计一般水平安装，并保证其前后有一定长度的直管段；为保证被测介质洁净，表前应装过滤装置。

5.4.6　涡街流量计

涡街流量计是利用流体振荡原理进行流量测量的。当流体流过非流线型阻挡体时，会产生稳定的漩涡，产生漩涡的频率与流体流速具有确定的对应关系，测量漩涡频率的变化，便能得知流体的流量[8]。

涡街流量计的测量主体是漩涡发生体，其形状有柱形、三角柱形、矩形柱形、T 形柱形以及由以上简单柱形组合而成的复合柱形。当流体流经置于管道中心的漩涡发生体时，在发生体的两侧会交替地产生漩涡，并在其下游形成两列不对称的漩涡列，如图 5.40 所示。当每两个漩涡之间的纵向距离 h 与横向距离 L 满足一定的关系，即 $h/L=0.281$ 时，这两个漩涡列是稳定的，称之为"卡门涡街"。

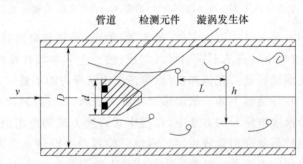

图 5.40　涡街流量计原理示意图

大量实验证明，在一定的 Re 范围内，稳定的漩涡产生的频率 f 与漩涡发生处的流速 v 有如下确定的关系：

$$f=Sr\frac{v}{d} \tag{5-36}$$

式中：d 为漩涡发生体的特征尺寸；Sr 称为斯特劳哈尔数。

Sr 与漩涡发生体的形状及流体 Re 有关。在一定的 Re 范围内，Sr 的值基本不变，

例如四柱体 $Sr=0.21$，三角柱体 $Sr=0.16$。其中三角柱体漩涡强度较大，稳定性好，压力损失适中，应用较多。

在漩涡发生体的形状和尺寸确定后，通过测量漩涡产生的频率 f，便能确定流体的体积流量 Q：

$$Q=\frac{f}{K} \tag{5-37}$$

式中：K 为仪表系数，一般通过实验确定。

漩涡频率 f 的检测方式有一体式和分体式两种。一体式将检测元件放在漩涡发生体内，例如热丝式、膜片式和热敏电阻式等。分体式将检测元件安装于漩涡发生体的下游，如压电式和超声式等。图 5.40 中所示即为三角柱一体式涡街检测器原理示意图。在三角柱的逆流面对称地嵌入两只热敏电阻，通入恒定电流加热热敏电阻，使其温度稍高于流体温度。在交替产生的漩涡作用下，两只热敏电阻被周期性地冷却，其阻值作周期性变化。由上述可知，流体的体积流量 Q 越大，漩涡的频率 f 越高，热敏电阻阻值变化的频率也越高。将热敏电阻与两只固定的锰铜电阻接成测量桥路，便可测得漩涡的频率，从而测得流体的体积流量。

涡街流量变送器的输出信号有两种：一种是与体积流量成正比的频率信号；另一种是 DC 4～20 mA 统一标准信号。涡街流量变送器可用于测量气体、液体和蒸汽的流量。其测量几乎不受流体的温度、压力、密度、黏度等参数的影响。但是，必须保证流体的 Re 大于 Re_{min}，上下游有足够长度的直线管道且没有阻力件。通常上游直管长度应大于 $15D\sim40D$，下游应大于 $5D$，其中 D 为管道直径。

涡街流量变送器测量准确度等级较高，可达 0.5 级以上，量程比可达 30：1，是一种得到广泛应用的流量变送器。

5.4.7　电磁流量计

电磁流量计是根据电磁感应定律工作的，因此它只能测量导电液体的流量，例如水，酸、碱、盐溶液，水泥浆，纸浆，矿浆以及合成纤维等，而不能测量气体、蒸汽以及石油等的流量。

电磁流量计的测量原理如图 5.41 所示。当充满管道且连续流动的导电液体在磁场中垂直于磁感线方向流过时，由于导电液体切割磁感线，则在管道两侧的电极上将产生感应电动势 E，E 的大小与液体流动速度 v 有关，即：

$$E=BDv\times10^{-8} \tag{5-38}$$

式中：B 为磁感应强度；D 为管道直径，单位为 cm。

流体的体积流量 $Q(\text{cm}^3/\text{s})$ 与流速 $v(\text{cm/s})$ 的关系为：

$$Q=\frac{\pi}{4}D^2v \tag{5-39}$$

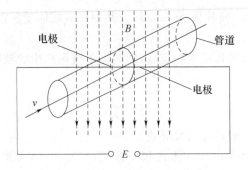

图 5.41　电磁流量计的测量原理

将式(5-39)代入式(5-38)得：

$$E = 4 \times 10^{-8} \frac{B}{\pi D} Q = kQ \tag{5-40}$$

式中：k 为仪表常数，$k = 4 \times 10^{-8} \frac{B}{\pi D}$，当 B 和 D 一定时，k 为常数。

由式(5-39)可知，电磁流量计的感应电动势与流量具有良好的线性特性。电磁流量变送器的转换部分将感应电动势进行电压放大、相敏检波、功率放大和 U/I 转换，最后转换成 DC 4～20 mA 统一标准信号 I_0 输出，可见 I_0 与被测流量具有线性关系。

电磁流量变送器的测量管道中无阻力元件，其压力损失小；流速范围大，可达 0.5～10 m/s；量程比达 10∶1；其准确度等级可优于 0.5 级。电磁流量变送器对被测液体的电导率有一定的要求，一般要求电导率 $\gamma > 1 \times 10^{-4}$ S/cm。同时，流量计前后要有一定的直管道长度，通常大于 $5D$～$10D$，其中 D 为管道直径。电磁流量变送器一般为水平安装，液体应充满管道，连续流动；也可以垂直安装，但要求液体自下向上流过变送器。

参考文献

[1] 陈忧先. 化工测量及仪表(第三版)[M]. 北京：化学工业出版社，2010.

[2] 欧内斯特 O · 德贝林. 测量系统应用与设计(上册)[M]. 王伯雄，译. 北京：电子工业出版社，2007.

[3] 万频，林德杰. 电气测试技术(第 2 版)[M]. 北京：机械工业出版社，2008.

[4] Putten A F. 电子测量系统：理论与实践(第二版)[M]. 张伦，译. 北京：中国计量出版社，2000.

[5] Tumanski S. 电气测量原理与应用[M]. 周卫平，夏立，郑帮涛，等译. 北京：机械工业出版社，2009.

[6] 中国石油和化学工业联合会. 自动化仪表选型设计规定：HG/T 20507—2014[S]. 北京：中国计划出版社，2014.

[7] Northrop R B. 测量仪表与测量技术[M]. 曹学军，刘艳涛，张伟，等译. 北京：机械工业出版社，2009.

[8] 王永红. 化工检测与控制技术(第二版)[M]. 南京：南京大学出版社，2007.

第 6 章   智能传感器

6.1   概述

6.1.1   传感器与传感技术

1. 传感器

传感器是能感受被测量,并按照一定的规律转换成可用输出信号的器件或装置,通常由敏感元件和转换元件组成。敏感元件是传感器中能直接感受或响应被测量的部分。转换元件是传感器中能将敏感元件感受或响应的被测量转换成适合传输或测量的电信号的部分。当输出为规定的标准信号时,传感器则称为变送器。最简单的传感器是由一个敏感元件(兼转换元件)组成的,在感受被测量时直接输出电量,如热电阻、热电偶等。

2. 传感技术

传感技术是研究传感器的材料、设计、工艺、性能和应用的综合技术。传感技术是一门涉及边缘学科的高新技术。它涉及物理学、数学、化学、材料学、工艺学、统计学和各种现代前沿的学科技术。

6.1.2   智能传感器的概念

智能传感器的概念于 20 世纪 80 年代由美国宇航局首次提出,目前尚无智能传感器标准的科学定义。智能传感器是在传统的传感器基础上发展起来的,它与传统传感器有着密不可分的关系,但绝不是传统概念中的传感器[1]。

在智能传感器的发展过程中,由于对其"智能"定义的不断变化,各个时期给智能传感器的定义也随着时间的推移而变化。

"把传统的传感器与微处理器集成在一块芯片上的传感器称为智能传感器",这种说法是强调在"工艺"上将传感器与微处理器二者紧密结合。

"智能传感器就是一种带有微处理器,兼有信息检测和处理功能的传感器",这种说法突破了传感器与微处理器的结合必须在工艺上集成于一块芯片上的制约,而着重强调智能传感器的"信息处理"功能。这时的智能传感器兼有"仪表"功能。

　　"智能传感器必须具备学习、推理、感知、通信及管理等功能",这种说法强调了智能传感器的"系统"功能。

　　目前,在传感器业界通常把智能传感器定义为具有与外部系统双向通信手段,用于发送测量状态信息,接受和处理外部命令的传感器。对于智能传感器,国外有不同的叫法,可称为"Intelligent Sensor",或"Smart Sensor"。但是大家普遍认为,智能传感器是带有微处理器并兼有信息检测和信息处理功能的传感器,它能充分利用微处理器进行数据分析和处理,并能对内部工作过程进行调节和控制,使采集的数据达到最佳。具体来说,智能传感器通常封装在同一个结构体内,其组成既有传感元件,又有微处理器和信号处理电路,输出方式常采用 RS-232 或 RS-422 等串行输出,或采用 IEEE 标准总线并行输出。

　　智能传感器继承了传感器、智能仪表的全部功能及部分控制功能,实际上是把传感技术、计算技术、现代通信技术相互融合成为一个系统。图 6.1 是智能传感器的基本结构图。

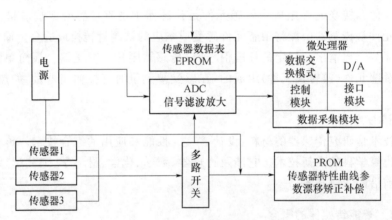

图 6.1　智能传感器的基本结构图

　　微处理器是智能传感器的核心,它包括数据采集模块、数据交换模块、控制模块、D/A 转换、接口模块。它不但能对传感器测量数据进行计算、存储、处理,还可通过反馈回路对传感器进行调节,可以实现对传感器性能的多方面补偿(如零点补偿、增益补偿、温度漂移补偿等)。微处理器充分发挥各种软件功能,可以完成硬件难以完成的任务,从而大大降低传感器制造的难度,提高传感器的性能,降低成本。

　　在智能传感器的构成中,不仅有硬件作为实现测量的基础,还有强大的软件支持来保证测量结果的正确性和高精度。它主要通过 A/D 转换器、PROM 可编程存储器、E^2PROM 电可擦除可编程存储器等模块来实现。

　　智能传感器的测量控制系统由网络、传感器节点、控制节点和中央控制单元共同构成。传感器节点用来实现参数测量并将数据传送给网络中的其他节点；控制节点根据需要从网络中获取所需要的数据，并根据这些数据制定相应的控制方法和执行控制输出。在整个系统中，每个传感器节点和控制节点都是相互独立且能够自治。传感器节点和控制节点的数目可多可少，其网络的选择可以是现场总线、因特网、物联网，也可以是企业内部的以太网。

　　智能传感器的出现是对传统传感器的一次"革命"，是传统传感器发展的必然结果和趋势，也是对传统意义上"仪表"概念的升华。智能传感器的出现改变了传统型传感器的设计理念、生产方式和应用模式，特别是在全球兴起的物联网应用中，国内提出的"互联网＋"有着广泛的应用前景和巨大的经济效益，应引起业界的充分重视。

　　智能传感器的设计改变了传统传感器的设计理念。传统传感器自身存在一些问题，如：输入输出是非线性的，且易随时间漂移；参数易受外界环境变化影响；信噪比低，易受电磁场等干扰；灵敏度、分析率不高；性价比难以提高。设计传统传感器时，对上述这些问题往往只进行单个参数的考虑和调试，设计技术已经达到了极限，很难再提高，因此达不到理想结果。而设计智能传感器时，可利用 MEMS 技术、IC 技术、计算机技术、通信技术，可充分利用 A/D 转换器、信号处理器、存储器、接口电路、CPU 等硬件技术进行综合考虑和分析，特别是在硬件的基础上，可通过软件开发实现智能传感器的功能和特点。

　　智能传感器的生产方式改变了传统传感器的生产方式。传统传感器在组织生产时往往是手工作坊式的，传感器被誉为一件"工艺品"，性能很难一致，成批产量难以扩大；传统传感器生产的后道工序基本是手工操作，人工成本很高。智能传感器由于具有数字存储、记忆与信息处理功能、双向通信、标准化数字输出，可用于以上位计算机通信的方式组织批量生产，传感器的补偿可以因个体而异。理论上讲，只要敏感元件具有重复性，不管其他指标如何，按照智能传感器的设计方法，都能批量制造出高性能传感器。

　　智能传感器中智能芯片的制备对 IC 工艺和 MEMS 工艺的相融性提出了挑战和机遇，也给非硅基材料的智能传感器的制备工艺提出新课题。

　　智能传感器的应用改变了传统传感器的应用模式。在工业现场，单个传感器独立使用的场合越来越少，更多的是传感器与传感器之间、传感器与执行器之间、传感器与控制系统之间要实现更多的数据交换与共享。传统传感器无法对某些产品的质量指标（如黏度、硬度、表面光洁度、成分、颜色、味道）进行快速直接测量并在线控制。智能传感器由于自身所具有的特点和功能，其在工业现场应用就显得游刃有余。智能传感器往往具有仪表的功能和属性，而价格又比仪表低廉，未来有代替仪表的趋势和可能。智能传感器在物联网应用、"互联网＋"应用中有巨大商机。

　　智能传感技术改变了传统传感技术的发展模式，使其向着虚拟化、网络化和信息融合技术三个方向发展。虚拟化是利用通用的硬件平台,可充分利用软件实现智能传感器的特定硬件功能。智能传感器的虚拟化可缩短产品开发周期,降低成本,提高可靠性。网络化是利用各种总线的多个传感器组成系统并配备带有网络接口的微处理器,通过系统和网络处理器,可实现传感器之间、传感器与执行器之间、传感器与系统之间的数据交换与共享。信息融合是指传感器的信息经元素级、特征级和决策级组合,形成更为精确的被测对象的特性和参数[2]。

6.1.3 智能传感器的功能与特点

1. 智能传感器的功能

(1)信息存储和传输。随着全智能集散控制系统的飞速发展,逐渐要求智能单元具备通信功能,能用通信网络以数字的形式进行双向通信,这也是智能传感器的关键标志之一。智能传感器通过测试数据传输或接收指令来实现各项功能,如增益的设置、补偿参数的设置、内检参数的设置、测试数据输出等。

(2)自补偿和计算功能。对传统传感器的温度漂移和输出非线性所做的大量补偿工作,都不能从根本上解决问题。而智能传感器的自补偿和计算功能为传感器的温度漂移和非线性补偿开辟了新的道路。这样放宽传感器加工精密度要求,只要能保证传感器的重复性好,利用微处理器对测试的信号通过软件计算,采用多次拟合和差值计算方法对漂移和非线性进行补偿,就能获得较精确的测量结果。

(3)自检自校、自诊断功能。普通传感器需要定期检验和标定,以保征它在正常使用时足够准确。这些工作一般要求将传感器从使用现场拆卸到实验室或检验部门进行,对于在线测量传感器出现的异常,则不能做到及时诊断。采用智能传感器,情况则大有改观。首先是自诊断功能支持智能传感器在电源接通时进行自检,诊断测试以确定组件有无故障。其次是使用时可以在线进行校正,处理器能利用存在 E^2PROM 内的计量特性数据进行对比校对。

(4)复合敏感功能。观察周围的自然现象,常见的信号有力、声、光、电、温度和化学等。敏感元件测量这些信号一般通过直接测量和间接测量两种方式。而智能传感器具有复合功能,能够同时测量多种物理量和化学量,给出能够全面反映物质运动规律的信息。如美国加利福尼亚大学研制的复合液体传感器,可同时测量介质的流速、压力和密度;美国 EG 8 GIC Sensors 公司研制的复合力学传感器,可同时测量物体某一点的三维振动加速度、速度、位移等。

(5)组态功能。智能传感器的另一个主要特性是具有组态功能。智能传感器用户可随意选择需要的组态,例如检测范围、可编程通/断延时、选组计数器、常开/常闭、8/12 位分辨率选择等,以上举例仅为当今智能传感器无数组态中的几种。灵活的组态功能大大减少了用户需要研制和更换的不同必备传感器类型和数目。利用智能传感器的组态功能可使同一类型的传感器工作在最佳状态,并且能在不同场合从事不同的工作。

　　(6)数字通信功能。由于智能传感器能产生大量信息和数据,所以用普通传感器的单一连线无法对装置的数据提供必要的输入输出。但也不能对每个信息各用一根引线,这样会使系统非常的庞大。因此它需要一种灵活的串行通信系统。在过程工业中,通常看到的是点与点的串接以及串联网络。由于智能传感器本身带有微控制器,因此自然能配置与外部连接的数字串行通信。串行网络抗环境影响(如电磁干扰)的能力比普通模拟信号强得多,因此把串行通信接到装置上,可以有效地管理信息的传输,使数据只在需要时才输出。

　　2. 智能传感器的特点

　　(1)高精度。智能传感器有多项功能保证其高精度,如通过自校零去除零点误差;与标准参考基准实时对比,以自动进行整体系统标定;自动进行整体非线性系统误差校正;通过对采集的大量数据统计处理,以消除偶然误差的影响。

　　(2)高可靠性。智能传感器能自动补偿因工作条件与环境参数发生变化后引起的系统特性漂移,如温度变化时产生的零点和灵敏度漂移;当被测参数变化后,能自动改换量程;能实时自动进行系统的自我检验,分析、判断所采集数据的合理性,并给出异常情况下的应急处理(报警或故障提示)。

　　(3)高信噪比。由于智能传感器具有数据存储、记忆与信息处理功能,通过软件进行数字滤波、相关分析等处理,可以去除输入数据中的噪声,将有用的信号提取出来。通过数据融合和神经网络技术,可以消除多参数状态下交叉灵敏度的影响,从而保证在多参数状态下对特定参数测量的分辨能力,故智能传感器具有高信噪比与高分辨率。

　　(4)高自适应性。由于智能传感器具有判断、分析和处理功能,它能根据系统工作情况决策各部分的供电情况与高/上位计算机的数据传输速率,使系统工作处在最优低功耗状态并优化传输速率。

　　(5)高性价比。智能传感器不像传统传感器那样追求传感器本身的完善,而是对传感器的各个环节进行精心设计与调试。它通过微处理器与计算机相结合,采用能大规模生产的集成电路工艺与 MEMS 工艺,以及强大的软件功能实现其高性价比。

6.1.4　智能传感器的发展趋势

　　1. 发展趋势

　　(1)向高精度发展。随着自动化生产程度的提高,对传感器的要求也在不断提高,必须研制出具有灵敏度高、精确度高、响应速度快、互换性好的新型传感器,以确保生产自动化的可靠性。

　　(2)向高可靠性、宽温度范围发展。传感器的可靠性直接影响电子设备的抗干扰等性能,研制高可靠性、宽温度范围的传感器将是永久性的方向。发展新兴材料(如陶瓷)

传感器将很有前途。

(3)向微型化发展。各种控制仪器设备的功能越来越强,要求各个部件体积越小越好。因此传感器本身体积也是越小越好,这就要求发展新的材料及加工技术。目前利用硅材料制作的传感器体积已经较小,如传统的加速度传感器是由重力块和弹簧等制成的,体积较大,稳定性差,寿命也短;而利用激光等各种微细加工技术制成的加速度传感器体积非常小,互换性、可靠性都较好。

(4)向微功耗及无源化发展。传感器一般都是非电量向电量的转化,工作时离不开电源,在野外现场或远离电网处,往往用电池供电或用太阳能等供电。开发微功耗的传感器及无源传感器是必然的发展方向,这样既可以节省能源,又可以提高系统寿命。目前,低功耗损的芯片发展很快,如 T12702 运算放大器静态功耗只有 1.5 A,工作电压只需 2~5 V。

(5)向智能化、数字化发展。随着现代化的发展,传感器已突破传统的功能,其输出不再是单一的模拟信号(如 0~10 mV),而是经过微型计算机处理后的数字信号,部分甚至带有控制功能,这就是数字传感器。

(6)向网络化发展。网络化是传感器发展的一个重要方向,网络的作用和优势正逐步显现出来。网络传感器必将促进电子科技的发展。

2. 发展重点

(1)应用机器智能进行故障探测和预报。任何系统在出现错误并导致严重后果之前,必须对其可能出现的问题做出探测或预报。目前,非正常状态还没有准确定义的模型,非正常探测技术还存在许多不足,急需将传感信息与知识结合起来,以改进机器的智能。

(2)正常状态下能高精度、高敏感性地感知目标的物理参数,而在非常态和误动作的探测方面却进展甚微。因此对故障的探测和预测具有迫切需求,应大力开发与应用。

(3)目前传感技术能在单点上准确地传感物理或化学量,然而对多维状态的传感却比较困难,如环境测量,其特征参数广泛分布且具有时空方面的相关性,也是迫切需要解决的一类难题。因此,要加强多维状态传感的研究与开发。

(4)目标成分分析的远程传感。化学成分分析大多基于样本物质,有时目标材料的采样又很困难,如测量同温层中臭氧含量,远程传感不可缺少,光谱测定与雷达或激光探测技术的结合是一种可能的途径。没有样本成分的分析很容易受到传感系统和目标组分之间的各种噪声或介质干扰,而传感系统的机器智能有望解决该问题。

(5)用于资源有效循环的传感器智能。现代制造系统已经实现了从原材料到产品的高效自动化生产过程,当产品不再使用或被遗弃时,循环过程既非有效,也非自动化。如果再生资源的循环能够有效且自动进行,可有效地防止环境污染和能源紧缺,实现生命循环资源的管理。对一个自动化的高效循环过程,利用机器智能分辨目标成分或某些确定的组分,是智能传感系统一个非常重要的任务。

3. 研究热点

(1)物理转换机理的研究。数字化输出是智能传感器的典型特征之一,它不仅仅是模拟—数字转换实现简单的数字化,也从机理上实现数字化输出。其中,谐振式传感器具有直接数字输出,具备高稳定性、高重复性,抗干扰能力强,分辨力和测量精度高等优点。传统传感器的频率信号检测需要较复杂的设计,这限制了其广泛的应用和在工业领域内的发展。而现在只需在同一硅片上集成智能检测电路,即可迅速提取频率信号,使谐振式微机械传感器成为国际上传感器的研究热点。

(2)多数据融合的研究。数据融合是一种数据综合和处理技术,是许多传统学科和新技术的集成和应用,如通信、模式识别、决策论、不确定性理论、信号处理、估计理论、最优化处理、计算机科学、人工智能和神经网络等。目前,数据融合已成为集成智能传感器理论的重要领域和研究热点,即对多个传感器或多源信息进行综合处理、评估,从而得到更为准确可靠的结论。因此,对于多个传感器组成的阵列,数据融合技术能够充分发挥各个传感器的特点,利用其互补性、冗余性,提高测量信息的精度和可靠性,并延长系统的使用寿命。近年来,数据融合引入了遗传算法、小波分析技术和虚拟技术。

智能传感器代表着传感器发展总趋势,它已经受到了全世界的瞩目和公认。因此,可以说智能传感器是一种发展前景很好的新传感器。随着硅微细加工技术的发展,新一代智能传感器的功能将扩展更多,它将利用人工神经网、人工智能、信息处理技术等,使传感器具有更高级的智能功能。

6.2 　 智能传感器的实现途径

目前,智能传感器的发展沿着传感器技术发展的三条途径进行:一是利用计算机合成,即智能合成;二是利用特殊功能材料,即智能材料;三是利用功能化几何结构,即智能结构。智能合成表现为传感器装置与微处理器的结合,这是目前的主要途径[3]。

6.2.1 　 利用计算机合成

按传感器与计算机的合成方式,目前的传感技术沿用以下三种具体方式,以实现智能传感器。

1. 非集成化实现

非集成化智能传感器是将传统的基本传感器、信号调理电路、带数字总线接口的微处理器组合为一个整体构成的智能传感器系统。这种非集成化智能传感器是在现场总线控制系统发展形势的推动下迅速发展起来的。图 6.2 是非集成化智能传感器框图,图中的信号调理电路是用来调理传感器输出信号的,即将传感器输出信号进行放大并转换为数字信号后送入微处理器,再由微处理器通过数字总线接口接在现场数字总线上。

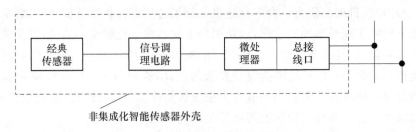

图 6.2　非集成化智能传感器框图

　　这是一种实现智能传感器系统的最快途径与方式。例如美国罗斯蒙特公司生产的电容式智能压力(差)变送器系列产品,就是在原有传统式非集成电容式变送器的基础上,附加一块带数字总线接口的微处理器插板后组装而成的,并配备可进行通信、控制、自动校正、自动补偿、自动诊断等功能的智能化软件,以实现其智能化。

　　此外,近些年迅速发展起来的模糊传感器也是一种非集成化的新型智能传感器。模糊传感器的"智能"之处在于它可以模拟人类感知的全过程。模糊传感器不仅具有智能传感器的一般优点和功能,而且具有学习推理的能力和适应测量环境变化的能力,并且能够根据测量任务的要求进行学习推理。此外,模糊传感器还具有与上级系统交换信息、自我管理和调节的能力。

　　图 6.3 是模糊传感器结构和功能的简单示意图。其中,传统数值测量单元不仅提取传感信号,而且对其进行数值处理,如滤波、恢复信号等。符号产生和处理单元是模糊传感器的核心部分,它利用已有的知识或经验,对已恢复的传感信号进一步处理,得到符合客观对象的拟人语言符号的描述信息。该信息的实现方法是利用数值模糊化,得到符号测量结果。符号处理单元则是采用模糊信息处理技术,模糊化后得到的符号形式的传感信号,结合知识库内的知识(主要有模糊判断规则、传感信号特征、传感器特性及测量任务要求等信息),经过模糊推理和运算,得到被测量的符号描述结果及相关知识。当然,模糊传感器可以经过学习新的变化情况来修正和更新知识库内的信息。

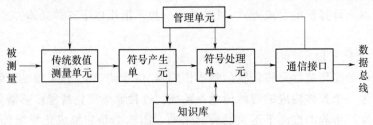

图 6.3　模糊传感器结构和功能的简单示意图

2. 集成化实现

集成化智能传感器是采用微机械加工技术和大规模集成电路工艺,将利用硅作为基本材料制作的敏感元件、信号调理电路、微处理器单元等,集成在一块芯片上而构成的,其外形如图 6.4 所示。

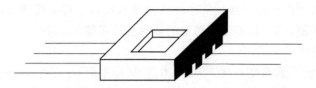

图 6.4　集成化智能传感器示意图

随着微电子技术的快速发展和微米/纳米技术的问世,大规模集成电路工艺技术日趋完善,集成度越来越高,由此制作的智能传感器具备以下特点。

(1)微型化。微型压力传感器已经小到可以放在注射针头内送进血管测量血液流动情况,也可以装在飞机或发动机叶片表面用以测量气体的流速和压力。美国研究成功的微型加速计可以使火箭或飞船的制导系统的质量从几千克下降至几克。

(2)结构一体化。采用微机械加工和集成化工艺可以使智能传感器一次整体成形,可在非受力区制作调理电路、微处理器单元和微执行器,以实现不同程度或整个系统的一体化。

(3)精度高。传感器结构一体化后,改善了迟滞、重复性指标,减小了时间漂移,提高了精度,大大减小了引线长度对寄生参量的影响。

(4)多功能。微米级敏感元件结构的实现,特别有利于在同一硅片上制作不同功能的多个传感器,如在一块硅片上制作了能感受压力、温度两个参量,具有三种功能(可测压力、压差、温度)的敏感元件结构的传感器,从而实现了多功能化。

(5)阵列式。采用微米技术已经可以在面积为 1 cm² 的硅芯片上,制作含有几千个压力传感器的阵列。如日本丰田中央研究所半导体研究室用微机械加工技术制作的集成化应变计式面阵触觉传感器,在 8 mm×8 mm 的硅片上制作了 1024 个(32×32)敏感触点(桥),基片四周制作了信号处理电路,其元件总数约为 16,000 个。敏感元件组成阵列后,配合相应的图像处理软件,可以实现图形成像且构成多维图像传感器。敏感元件组成阵列后,通过计算机/微处理器进行解耦运算、模式识别及神经网络技术的应用,有利于消除传感器时变误差和交叉灵敏度的不利影响,可提高传感器的可靠性、稳定性与分辨能力,如可实现气体种类判别、混合体成分分析与浓度的测量等。

(6)全数字化。通过微机械加工技术可以制作各种形式的微结构,其固有谐振频率可以设计成某种物理参量(如温度或压力)的单值函数,可以通过检测其谐振频率来检测被测物理量。这是一种谐振式传感器,可直接输出数字量(频率),它的性能极为稳定,精度高,无需 A/D 转换器便能与微处理器方便地接口,去掉 A/D 转换器对于节省芯片面积及简化集成化工艺十分有利。

(7)使用方便、操作简单。智能传感器没有外部连接元件,外接连线数量极少,包括电源线、通信线在内,可以少至仅有四条,其接线极其简便。智能传感器还可以自动进行整体自校,无须用户长时间地反复多环节调节与校验。智能传感器的智能化程度越高,操作使用越简便,用户只需编制简单的使用主程序即可。

3. 混合实现

集成实现智能传感器技术难度大、成本高、成品率低,在有些场合应用并非必须,也非必要。因此,一种更为可行的混合实现智能传感器的方式得到迅速发展。

所谓混合实现智能传感器,是将智能传感器的各个子系统,如敏感单元、信号调理电路、微处理器单元、数字总线接口,以不同的组合方式集成在两块或三块芯片上,并封装在同一壳体内,以实现智能传感器的混合集成,如图 6.5 所示。

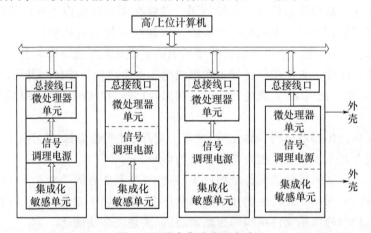

图 6.5　混合集成实现方式

这种方法的优点是技术上容易实现、组合灵活、成品率较高;缺点是子系统之间的匹配不当会引起性能的下降,体积较大、封装结构较复杂。集成化敏感单元包括各种敏感元件,如力敏元件、热敏元件、气敏元件、湿敏元件等,有时还包括变换器。信号调理电路包括多路开关、仪表放大器、基准、A/D 转换器等。微处理器单元包括数字存储器(EPROM、ROM、RAM)、I/O 接口、微处理器、D/A 转换器等。

6.2.2　利用智能材料

利用特殊材料实现的智能传感器一般称为特殊材料型智能传感器,其特有的目标材料与传感器材料的结合有利于实现几乎是理想的信号选择性。例如,在生物传感器中酶和微生物对特殊物质具有高选择性,有时甚至能辨别出一个特殊分子,现已广泛使用的血糖传感器(血糖仪)就是酶传感器的一个典型例子,如图 6.6 所示。

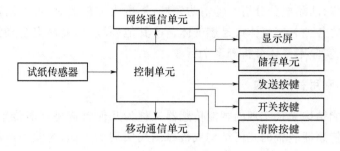

图 6.6　智能血糖仪示意图

　　另一种化学智能传感器是用具有不同特性和非完全选择性的多重传感器组成的[4]。例如"电子鼻"嗅觉系统,由不同的传感材料制成厚膜气体传感器,对各种待测气体有不同的敏感性。这些气体传感器被安装在一个普通的基片上,用于各种气体的传感器的敏感模式辨识。目前还有几种已经发现的对有机和无机气体具有不同敏感性或传导性的材料,都已获得应用。典型的模式被记忆下来,并由专用微处理器辨别,该微处理器采用类似模式识别的分析方法辨别被测气体的类别,然后计算其浓度,再由传感器以不同的幅值显示输出。

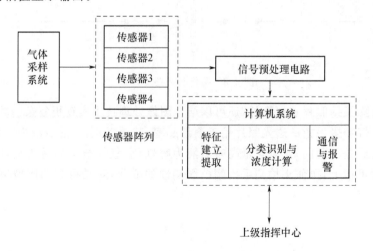

图 6.7　"电子鼻"组成原理图

　　图 6.7 是"电子鼻"组成原理图。这种智能气体分析系统可在不同领域中应用。
①环境监测领域:现场污染源排放监测、突发事故现场的应急检测、作业场所安全监测和分析、污染气监测和分析。②安全防护领域:毒气检测,公共场所、口岸安全检测,楼

宇安全检测,反恐及刑事侦测。③石油化工领域:泄漏检测、应急事故快速检测、管道输送及运输检测、油品成分分析。④消防领域:发生火灾事故时,可以用该仪器快速检测出现场存在的各种有害气体或易燃气体。⑤其他领域:如食品安全、制药行业、疾病预防控制中心、实验室气体分析等多个行业。

6.2.3　利用智能结构

利用智能结构途径实现的智能传感器又称为几何结构型智能传感器,其信号处理功能是通过传感器装置的几何结构或机械结构实现的。如,光波和声波的传播可通过不同媒体间边缘的特殊形状控制;波的折射和反射可通过反射器的表面形状控制,望远镜或凹透镜就是最简单的应用范例。

摄像头是智能手机中最常见的智能光电转换传感器,拍摄景物时,通过镜头将生成的光学图像投射到感光元件上,然后光学图像被转换成电信号,电信号再经过模数转换变为数字信号,数字信号经过 DSP 加工处理,再被送到手机处理器中进行处理,最终转换成手机屏幕上能够看到的图像。摄像头的成像原理与凸透镜的成像原理相似,当物体在 2 倍焦距以外时可在 1~2 倍焦距成倒立缩小的实像,所以感光板距离镜头 1~2倍焦距。图 6.8 为摄像头光路原理图。

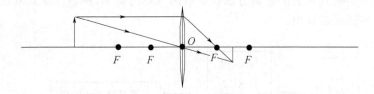

图 6.8　摄像头光路原理图

摄像头除了拍照片和视频外,还可以结合图像处理技术实现更复杂的功能。例如,可使用闪光灯拍摄手指的透光照片用于测量心率,其原理是:人的血液中的血氧含量在每次心跳前后是不同的,血氧含量高时血液为鲜红色,氧气被消耗后为暗红色;手机的强光灯照到手指上,摄像头拍到手指颜色周期性的变化,对拍摄到的图像进行处理,最终可算出心率。

参考文献

[1] 李邓华,陈雯柏,彭书华.智能传感技术[M].北京:清华大学出版社,2011.

[2] 杰拉德·梅杰,米切尔·珀提斯,科菲·马金瓦.智能传感器系统:新兴技术及应用[M].靖向萌,明安杰,刘丰满,等译.北京:机械工业出版社,2018.

[3] 刘君华.智能传感器系统(第 2 版)[M].西安:西安电子科技大学出版社,2010.

[4] 梁威.智能传感器与信息系统[M].北京:北京航空航天大学出版社,2004.

第 7 章　智能仪器与安全监测

7.1　概述

随着微电子技术和计算机技术的不断发展,传感器和计算机系统结合构成智能化仪器仪表,为智能检测及监测技术的应用和发展提供了广阔的发展前景,是检测技术的重要发展方向之一。智能技术的应用已深入国民经济的各个领域,尤以安全检测领域最为深入。近年来,随着智能技术的蓬勃发展,智能检测及监测技术被逐步引入安全检测中,通过建立智能监测系统,可充分融合系统设备的监测数据,对设备运行状态进行分析与预测,为现场设备的智能化分析、预测提供保障。此外,通过智能化的监测系统,可以整理出各种故障数据、设备运行状态信息,为制定应急协同指挥方案提供可靠依据[1]。

7.1.1　从传统仪器到智能仪器

仪器仪表是监测系统信息获取的源头,是重要的测量工具。仪器仪表通过测量获取数据,定量准确地描述被测对象的特性,并实现对测量数据的存储、显示、处理和传输。仪器仪表是人类认识世界的重要工具,假如没有仪器仪表,就不能定性地认识工业生产过程、环境和产品,也不可能进行检验、控制或处理。

智能仪器是一类新型的电子仪器,它由传统电子仪器发展而来,但又同传统的电子仪器有很大区别,特别是微处理器的应用,使电子仪器发生了重大的变革。

回顾电子仪器的发展过程,从使用的元、器件来看,它经历了真空管时代、晶体管时代、集成电路时代三个阶段。从工作原理和检测精度来看,电子仪器的发展过程经历了三代,如图 7.1 所示。

第一代是模拟式电子仪器。模拟式电子仪器基于电磁测量原理,其基本结构是电磁式的,是利用指针显示最终测量结果的。传统指针式的电压表、电流表、功率表等,均是典型的模拟式仪器。这一代仪器功能单一、精度低、响应速度慢。

第二代是数字式电子仪器。数字式电子仪器的基本原理是利用 A/D 转换器,将待测的模拟信号转换为数字信号,测量结果以数学形式输出显示。它的精度高,速度快,读数清晰、直观,测量结果可打印输出,也容易与计算机技术相结合。因为数字信号便于远距离传输,所以数字式电子仪器可用于遥测和遥控。

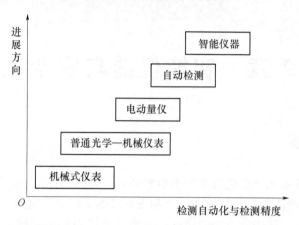

图 7.1　电子仪器的发展过程

　　第三代是智能仪器。智能仪器是计算机技术与电测技术相结合的产物,它是在数字化的基础上利用微处理器进行测量过程管理和数据处理的,使仪器具有运算、逻辑判断和数据存储能力,并能根据被测参数的变化自选量程,自动校正、自动补偿、自寻故障等,具备了一定的初级智能,因此被称为智能仪器。一些智能仪器还能辅助专家进行推理、分析或决策。在性能和功能方面,智能仪器全面优于第二代的数字式仪器。

7.1.2　安全监测与仪器

　　由于基础科学的发展和科学技术的进步,在石油、化工制药、冶金、煤炭等工业生产中,陆续出现了利用光学原理、热岛效应、热催化原理、热电效应、弹性形变、半导体器件、气敏原件等多种工作原理和不同性能的各类检测仪器,对影响生产安全的各种因素实现了不同程度的监测,并逐渐形成了不同种类的检测仪器仪表。20 世纪 50 年代之后,由于电子通信和自动化技术的发展,出现了能够把工业生产过程中不同部位的测量信息远距离传输并集中监视、集中控制和报警的生产控制装置,初步实现了由"间断""就地"检测到"连续""远地"检测的飞跃,由单体检测仪表发展到监测系统。早期的监测系统,其监测功能少、精度低、可靠性差、信息传递速度慢。20 世纪 80 年代以来,电子技术和微电子技术的发展,特别是计算机技术的应用,实现了化工生产过程控制最优化和管理调度自动化相结合的分级计算机控制、检测仪器仪表和监测系统,其功能、可靠性和实用性都有重大的飞跃,使安全监测技术与现代化的生产过程控制紧密地联系在一起。目前,大型化工企业中的安全监测系统已可使监测的模拟量和开关量达上千个,其巡检周期短,能同时完成信号的自动处理、记录、报警、联锁动作、打印、计算等;监测参数除可燃气体成分、浓度,可燃粉尘浓度,可燃液体泄漏量之外,还有温度、压力、压差、风速、火灾特征等环境参数和生产过程参数。同时,由于能及时掌握生产设备和机械的工作状态,它可以分析设备的配置情况和利用率,发现生产薄弱环节,改善管理,提高生产效率[2]。

改革开放以来,我国的工业生产发展很快,国家十分重视安全,在安全检测仪表的研究和生产制造方面投入了很大的力量,使安全仪表生产具备了相当大的规模,形成了以北京、抚顺、重庆、西安、常州、上海等为中心的生产基地,可以生产 8 种型号的环境参数、工业过程参数及安全参数监测、遥测仪器。但必须指出,我国安全监制传感器目前种类还较少,质量尚不稳定,监测数据处理和计算机应用与一些发达国家有一定差距,这些都需要在今后重点解决。

7.1.3　智能安全监测

20 世纪 70 年代,过程系统的在线故障监测与安全诊断技术发展迅速。这是动态系统的故障监测与诊断问题,是应用现代控制理论、数理统计等方法分析处理非正常工况下系统特性的结果[3]。所谓故障监测、诊断和预报系统,通常有两种含义:一种是指某些专用的仪器,如对于汽轮发电机组等旋转机械设备,有转速测量仪、旋转机械振动检测仪和频谱分析仪等,可以检测出这类机械设备的运转是否正常;另一种是指计算机数据采集分析系统,它可以采集生产过程的有关数据,完成工况分析,对设备运行是否正常、引起故障的原因是什么、故障的程度有多大、工况的趋势是否安全等问题进行分析判断并得出结论。近年来,在线故障监测与安全诊断技术的研究十分活跃,现代安全诊断技术和方法取得了长足发展,如红外诊断技术、声发射监测技术、智能安全监测系统等,其工程应用也日益广泛。

发达国家在智能监测技术领域起步较早,研究投入较多,智能监测技术这一领域的理论、方法、技术和装备等已遍及诸多行业,如航天、航空、核工业、石油、化工、林业等各种社会支柱产业中。我国的智能监测技术也在国家经济建设中发挥着越来越大的作用,也取得了十分明显的社会经济效益。

7.2　智能仪器的结构、特点及典型功能

7.2.1　智能仪器的基本结构

1. 硬件

硬件主要包括主机电路、模拟量输入输出通道、人机接口和标准通信接口电路等,如图 7.2 所示。

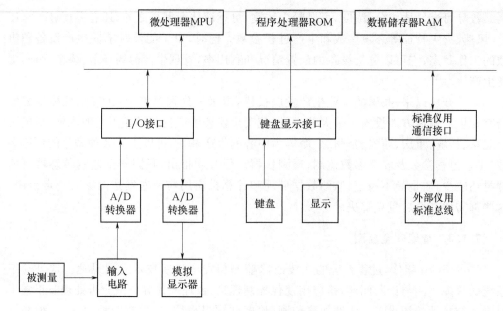

图 7.2　智能仪器的硬件结构

　　由于智能仪器采用了嵌入式微处理器，人们可以依靠软件解决以前采用硬件逻辑很难解决的问题。同时，由于具有数据处理、存储等能力，智能仪器可以进一步提高仪器的性能指标。另外，由于整个测量过程都可以用微处理器控制操作（如键盘扫描，量程选择，数据采集、传输、处理，以及显示打印等），实现了测量过程的全部自动化。智能仪器还可通过显示屏将仪器的运行情况、工作状态以及对测量数据的处理结果及时告诉操作人员，使仪器的操作更加方便、直观。智能仪器由于配有标准的对外接口总线，如仪器专用接口总线 CPIB(IEEE-488 标准接口)、RS-232 接口等，这使得仪器不仅可以实现本地输入输出，而且还具有可程控能力，实现远程输入/输出。

　　2. 软件

　　软件即程序，主要包括监控程序、接口管理程序和数据处理程序三大部分。

　　监控程序面向仪器面板和显示器，负责完成如下工作：通过键盘操作，输入并存储所设置的功能、操作方式与工作参数；通过控制 I/O 接口电路进行数据采集，对仪器进行预定的设置；对数据存储器所记录的数据和状态进行各种处理；以数字、字符、图形等形式显示各种状态信息以及测量数据的处理结果。

　　接口管理程序主要面向通信接口，负责接收并分析来自通信接口总线的各种有关功能、操作方式与工作参数的程控操作码，并根据通信接口输出仪器的现行工作状态及测量数据的处理结果响应计算机远程控制命令。

　　数据处理程序主要完成数据的滤波、运算和分析等任务。

7.2.2　智能仪器的特点

1. 测量过程软件化

整个测量过程在软件控制下进行,这实现了自动化。系统在 CPU 的指挥下,按照软件程序不断取值、寻址,进行各种转换、逻辑判断,驱动某一执行元件完成某一动作,使系统工作按一定的顺序进行下去。如键盘扫描,量程选择,开关启动闭合,数据的采集、传输与处理以及显示打印等,都是用单片机或微控制器控制操作的。软件控制可以简化系统的硬件结构、缩小体积、降低功耗、提高测试系统的可靠性和自动化程度。

2. 数据处理功能强

能够对测量数据进行存储和处理是智能测试系统的主要优点之一。相比于传统测试系统事后进行数据分析和处理,智能测试系统采用软件对测量结果进行实时处理和修正,这不仅将人们从繁重的人工数据处理工作中解脱出来,大大提高了测量精度,而且还可以对采集的信号进行数字滤波、时域和频域分析,从而获取更为丰富的信息。另外,由于智能仪器采用了单片机或微控制器,这使得许多原本用硬件逻辑难以解决或根本无法解决的问题,可以用软件非常灵活地加以解决。例如,传统的数字万用表只能测量电阻、交直流电压和电流等,而智能型的数字万用表不仅能进行上述测量,而且还具有对测量结果进行诸如零点平移、取平均值、求极值、统计分析等复杂的数据处理功能,有效地提高了仪器的测量精度。

3. 测量速度快、精度高

测量速度是指系统从测量开始,经过信号放大、整流、滤波、非线性补偿、A/D 转换、数据处理和结果输出的全过程所需的时间。高速测量一直是测试系统追求的目标之一,目前 32 位 PC 机的时钟频率可达 1 GHz 以上,高速 A/D 转换的采样速度也可达 200 MHz 以上。另外,高速显示、高速打印以及高速绘图设备日益完善,所有这些都为智能仪器的快速检测提供了条件。

此外,微处理器具有强大的数据运算、数据处理和逻辑判断功能,这使得智能仪器能够有效地消除由于漂移、增益变化和干扰等因素引起的误差,从而提高仪器的测量精度,进一步简化电路结构。

4. 多功能化

智能仪器具有测量过程软件控制和数据处理功能,这使得一机多用成为可能。例如在电力系统使用的智能电力需求分析仪,不仅可以测量电源的各种功率、电能、各相电压、电流、功率因数和频率,还可以统计电能的利用峰值、峰时、谷值、谷时以及名项超界时间、预置电量需求计划,并兼有自动测量、打印、报警等多项功能。

5. 直板控制简单灵活,人机界面友好

智能仪器使用键盘代替传统仪器中旋转式或琴键式切换开关来实施对仪器的控

制。只需键入命令,就可实现各种测量功能。这既有利于提高仪器的技术指标,又使得仪器便于操作。与此同时,智能仪器还可通过显示屏将系统的运行情况、工作状态以及对测量数据的处理结果及时告诉人们,使其更形象、直观。

6. 具有可程控操作能力

一般的智能仪器都有 GPIB 或 RS232C、USB 等标准通信接口,可以很方便地与计算机联系,接收计算机的命令,使其具有可程控操作的功能,也可以与其他系统一起组成多功能的自动测试系统,从而完成更复杂的测试任务。这不仅简化了组建过程,降低了成本,还提高了效率。

7.2.3　智能仪器的典型功能

智能仪器是以微处理器为核心进行工作的,它具有强大的数据处理和控制功能,与传统测量仪器相比具有许多典型的处理功能,例如自检、自动测量等[4]。

1. 硬件故障的自检功能

自检功能是指利用事先编制好的检测程序对仪器主要部件进行自动检测,并对故障进行定位。自检方式有三种类型,分别为开机自检、周期性自检和键盘自检。

开机自检是指在智能仪器接通电源或复位后,正式运行前所进行的全面检查。如果在自检过程中没有发现问题,则进入测量程序;如果发现问题,则报警,以避免仪器带故障工作。周期性自检是指在仪器的运行过程中间断进行的自检操作,目的在于保证仪器在使用过程中一直处于正常状态。周期性自检过程中如果发现问题,会报警提示用户,但不会影响仪器的正常工作。键盘自检是当用户对仪器的可信度产生怀疑时,通过具有键盘自检功能的仪器面板上的"自检"按键来启动的一次自检过程。自检过程中如果检测到仪器故障,则会报警,或是以文字或数字的形式显示"出错代码"。

2. 自动测量功能

智能仪器通常具有非线性校正、自动零点调整、自动量程变换以及自动触发电平调节等自动调节功能。

(1)非线性校正。大部分传感器和电路元件都存在非线性问题,智能仪器采用软件的方法比较容易解决非线性校正的问题,常用的方法有查表法和插值法。当系统的输入输出特性函数表达式确定时,可用查表法;对于非线性程度严重或测量范围较宽的情况,可采用分段插值的方法;当要求校正精度较高时,可采用曲线拟合的方法。

(2)自动零点调整。智能仪器同常规测量仪器一样,传感器和电子线路中的各种器件会受到其他不稳定因素的影响,不可避免地存在温漂和时漂,这会给仪器引入零位误差。而仪器零漂的大小及零点稳定度是影响测量误差的主要因素之一。智能仪器的自动零点调整功能使其能够在处理器的控制下,自动产生一个与零点偏移量相等的校正量,与零点偏移量进行抵消,从而有效地消除零点偏移等对测量结果的影响。

（3）自动量程变换。自动量程变换是通用智能仪器的基本功能。自动量程变换电路使仪器可以在很短的时间内根据被测量信号的大小，自动选定最合理量程，保证足够的分辨率和精度。这不仅可以简化操作，还可以使仪器获得高精度的测量结果。

（4）自动触发电平调节。智能仪器自动触发电平调节原理如图 7.3 所示。输入信号经过可程控衰减器传送到比较器，D/A 转换器设定比较器的比较电平（即触发电平）。当衰减器输出信号的幅值达到比较电平时，比较器即翻转，触发探测器检测比较器的输出状态，并将其送到处理器控制系统，由此测出触发电平[5]。

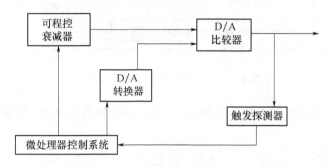

图 7.3　自动触发电平调节原理示意图

除了上述的几种典型功能外，智能仪器还具有误差自动处理功能和降噪功能。它可以利用微处理器对测量过程中产生的系统误差、随机误差和疏失误差进行自动处理，以减小测量误差。另外，智能仪器还可以在不增加任何硬件设备的情况下，利用微处理器并采用数字滤波的方法减弱杂波干扰和噪声对测量信号的影响，可提高测量的精确度和可靠性。

7.3　智能检测系统

7.3.1　智能检测技术

智能检测技术是指能自动获取信息，并利用相关知识和策略，采用实时动态建模、在线识别、人工智能、专家系统等技术，对被测对象（过程）实现检测、监控、自诊断和自修复的技术。智能检测技术能有效地提高被测对象（过程）的安全性并获得最佳性能，使系统具有高可靠性和可维护性，高抗干扰能力和对环境的适应能力，以及优良的通用性和可扩展性。传感技术、微电子技术、自动控制技术、计算机技术、信号分析与处理技术、数据通信技术、模式识别技术、可靠性技术、抗干扰技术、人工智能等的综合和应用，构成了智能检测技术[6]。

图 7.4 给出了智能检测系统典型结构框图。传感信号处理系统以传感信号调理为

主,主要通过硬件和少量软件实现。敏感元件感受被测参数,经信号调理电路可实现量程切换、自校正、自补偿功能。

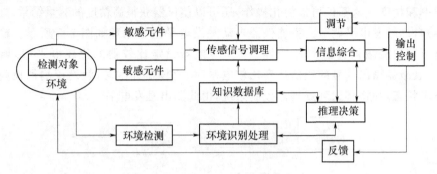

图 7.4　智能检测系统典型结构框图

　　在检测领域可将智能化检测分为三个层次,即初级智能化、中级智能化和高级智能化。

　　1. 初级智能化

　　初级智能化只是把微处理器或微型计算机与传统的检测方法结合起来,它的主要特征包括以下三点。

　　(1)实现数据的自动采集、存储与记录。

　　(2)利用计算机的数据处理功能进行简单的测量数据的处理。例如,进行被测量的单位换算和传感器非线性补偿;利用多次测量和平均化处理消除随机干扰,提高测量精度。

　　(3)采用按键式面板,通过按键输入各种常数及控制信息。

　　2. 中级智能化

　　中级智能化检测系统或仪器具有部分自治功能,它除了具有初级智能化的功能外,还具有自动校正、自补偿、自动量程转换、自诊断、自学习功能,具有自动进行指标判断及进行逻辑操作、极限控制及程序控制的功能。目前大部分智能仪器或智能检测系统属于这一类。

　　3. 高级智能化

　　高级智能化是检测技术与人工智能原理的结合,利用人工智能的原理和方法改善传统的检测方法,其主要特征包括以下五点。

　　(1)有知识处理功能。利用领域知识和经验知识,通过人工神经网络和专家系统解决检测中的问题,具有特征提取、自动识别、冲突消解和决策能力。

　　(2)有多维检测和数据融合功能,可实现检测系统的高度集成,并通过环境因素补偿,提高检测精度。

(3)具有"变尺度窗门"。通过动态过程多次预测,可自动实时调整增益与偏置量,实现自适应检测。

(4)具有网络通信和远程控制功能,可实现分布式测量与控制。

(5)具有视觉、听觉等高级检测功能。

7.3.2 智能检测系统应用方式

1. 数据采集与处理

利用计算机可把生产过程中有关参数的变化经过测量交换元件测出,然后集中保存或记录,或及时显示出来,或进行某种处理。例如使用计算机的巡回检测系统,可以把数据成批储存或复制,也可以通过传输线路送到中心计算机。计算机信号处理系统可以把一些仪器测出的曲线进行计算处理,得出一些特征数据[7]。

图 7.5 所示分别为离线和在线数据采集与处理系统框图。相较于离线系统,在线系统的主要优点在于:采用在线采集与处理,能将信号直接送入计算机进行处理,识别并给出检测结果。

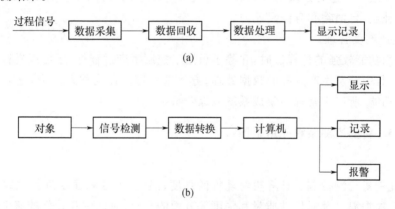

图 7.5 数据采集与处理系统框图

(a)离线系统;(b)在线系统

(1)在过程参数的测量和记录中,可以用计算机代替大量的常规显示和记录仪表,并对整个生产过程进行在线监视。

(2)由于计算机具有运算、推理、逻辑判断能力,可以对大量的输入数据进行必要的集中加工和处理,并能以有利于指导生产过程控制的方式表示出来,故对生产过程控制有一定的指导作用。

(3)计算机有存储信息的能力,可预先存入各种工艺参数的极限值,处理过程中能进行越限报警,以确保生产过程的安全。在许多产品的研制与生产过程中,经常要进行破坏性试验。例如,在研制汽车时,就要进行破坏性试验(有时也称为安全性能试验),

当真正破坏的那一瞬间(大约 1 s 内),就可产生 50 万个测量数据。要收集这些数据,并能迅速地提供计算结果,使其能用于下一次试验,这就需要采用计算机的在线处理方式。

2. 生产控制

(1)操作指导系统。系统每隔一定时间,把测得的生产过程中的某些参数值送入计算机,计算机按生产要求计算出应该采用的控制动作,并显示或打印出来,供操作人员参考,操作人员根据这些数据,结合自己的实践经验,采取相应的动作。在这种系统中,计算机不直接干预生产,只是提供参考数据。

(2)计算机监控系统。这种系统不直接驱动执行机构,而是根据生产情况计算出某些参数应该保持的值,然后改变常规控制系统的给定值(设定值),由常规控制系统直接控制生产过程。因此,该系统多用于程序控制、比值控制、串级控制、最优控制,或用于越限报警、事故处理等。

(3)智能自修复控制系统。由于引入了知识库和推理决策模块,使系统的智能能力得到了根本改善。这种系统对设备在运行过程中出现的故障,不仅能进行检测、诊断,还具有自补偿、自消除和自修复能力。

3. 生产调度管理

当采用功能较强的计算机时,它除了可用于控制生产过程外,还可以进行生产的计划和调度,其中涉及生产过程的数据处理、方案选择等。在这种系统中,它兼有控制与管理两种功能,所以也常称为集成系统或综合系统。

7.3.3 智能检测系统应用范围

1. 工业生产

(1)轧钢机检测控制。计算机对轧件的强度、温度、尺寸和速度进行测定并监视其变化情况,根据温度及对轧件质量和强度等方面的要求,对轧件及轧件的速度进行最优控制。

(2)高炉炼铁自动化。除了对重要参数进行收集、存储、迅速计算出结果和测量值监视外,为提高高炉生产能力,还要对其工艺过程进行动态分析,然后求出工艺过程控制的最优方案并实现。

(3)化工工艺过程自动化。由于许多化工工艺过程的反应速度十分缓慢,而被调节对象又相当复杂,所以往往采用直接数字控制的方式。

(4)质量检查与控制。例如,一台正常运转的柴油机将产生一定的噪声频谱,一旦出现噪声频谱异常,就预示着机器将在短期内出现故障。一台装在柴油机上的计算机能够及时发现这些潜在故障并进行相应的预防性维修,使潜在故障能够得到及时排除。这种原理还可用于纺织图案的监视,或者薄膜和薄板外表面的监视等。

(5)检验设备自动化。检验设备要用于产品的中间检查和最后检查,目前也越来越多地采用计算机进行。检验设备通常装有检查程序,合格的产品可顺利地通过生产线;对于有缺陷的产品,程序则能够自动找出其原因。

(6)性能检测和故障诊断。性能检测主要包括产品出厂前的性能检验,设备维修过程中的定期检测,系统使用过程中的连续监测。故障诊断主要包括故障检测和分析、故障识别与预测、故障维修与管理等。它既可用于电系统,也可用于非电系统;既可军用,也可民用。

　2. 交通运输

智能检测也可用于公路交通管理。计算机对十字路口交通信号灯的控制规则是:车辆和行人的平均等待时间为最短。比较先进的系统还可以对实际车流和人流进行监测,从而达到运行最佳化,也就是使红绿灯的交替时间间隔根据实际情况改变。

智能检测同样可以用于飞机的监视以及铁路动力中的信号管制,在这两个领域中对计算机的安全性和可靠性要求会更严格。

智能检测还可用于交通工具本身的检测与控制。例如,利用计算机智能控制时速以及燃料的燃烧。这不仅可以节约能源,而且有利于环境保护。此外,汽车上的自主导航系统可避开道路堵塞,提示绕道并给出最优路径;若发生意外事故,还可自动报警求救。

　3. 军事领域

电子哨兵是智能检测在军事领域最典型的应用。电子哨兵由数个电子传感器组成,它能精确地侦察周围运动、振动、磁场和声音的情况,并能及时将所侦察的信息传送给便携式计算机。此外,电子哨兵还配有在黑暗中监视物体运动的远红外摄像机,执勤时可提供 24 h 图像监控。电子哨兵的出现,大大减少了高科技战争中人员的伤亡,同时又能准确圆满地完成警戒任务,为未来战争解决了站岗放哨这一难题。

7.4　智能安全监测

7.4.1　智能安全检测及监测的基本概念

工业危险源通常指人—机—环境有限空间的全部或一部分,属于人造系统,其绝大多数具有观测性和可控性。表征工业危险源状态的可观测的参数称为危险源的状态信息。安全状态信息出现异常,说明危险源正在从相对安全的状态向即将发生事故的临界状态转化,提示人们必须及时采取措施,以避免事故发生或将事故的伤害和损失降至最小程度。

广义上,将安全监测理解为借助仪器、传感器、探测设备迅速而准确地了解生产系统与作业环境中危险因素与有毒因素的类型、危害程度、范围及动态变化的一种手段。安全监测方法因检测项目不同而异,其种类繁多。根据检测的原理机制不同,大致可分为化学检测和物理检测两大类。化学检测是利用检测对象的化学性质指标,通过特定的仪器与方法,对检测对象进行定性或定量分析的一种检测方法,它主要用于有毒有害物质的检测。物理检测利用检测对象的物理量进行分析,如噪声、电磁波、放射性、水质物理参数的测定均属物理检测。

随着现代智能技术的发展,智能传感器或检测器及智能信号处理、显示单元构成了智能安全检测仪器。目前,对于智能安全监测没有明确的定义,依据安全监测的概念,本书把智能安全监测理解为:采用智能传感器、智能仪器及探测设备,借助智能化平台实现对系统设备及生产环境安全状态信息进行远距离的监测,一般称为智能安全监测系统。若将智能监测系统与智能控制系统结合起来,把监测数据转变成控制信号,则称为智能监控系统。

7.4.2　智能安全监测的任务

智能安全监测的任务是为安全管理决策和安全技术有效实施提供丰富可靠的安全因素信息。狭义的安全监测重于测量,是对生产过程中某些不安全、不卫生因素有关的量连续或断续地监视测量,有时还要取得反馈信息用以对生产过程进行检查、监督、保护、调整、预测或者积累数据、寻求规律。广义的安全监测,是把安全检测与安全监控统称为安全监测,认为安全监测是指借助于仪器、传感器、探测设备迅速而准确地了解生产系统与作业环境中危险因素与有毒因素的类型、危害程度、范围及动态变化的一种手段。

为了获取工业危险源的状态信息,需要将这些信息通过物理或化学的方法转化为可观测的物理量(模拟的或数字的信号),这就是通常所提到的安全检测。它是作业环境安全与卫生条件、特种设备安全状态、生产过程危险参数、操作人员不规范动作等各种不安全因素监测的总称。总的来说,可以将智能安全监测的任务总结如下。

1. 运行状态检测

设备运行状态检测的任务是了解和掌握设备的运行状态,包括采用各种检测、测量、监视、分析和判断方法,结合系统的历史和现状,考虑环境因素,对设备运行状态进行综合评估,判断其处于正常或非正常状态,并对状态进行显示和记录,对异常状态做出报警,以便运行人员及时加以处理,并为设备的隐患分析、性能评估、合理使用和安全评估提供信息和基础数据。通常设备的状态可分为正常状态、异常状态和故障状态三种情况。

(1)正常状态指设备的整体或局部没有缺陷,或虽有缺陷但性能仍在允许的限度以内。

(2)异常状态指设备的缺陷已有一定程度的扩展,使设备状态信号发生一定程度的变化。设备性能已劣化,但仍能维持工作。此时应注意设备性能的发展趋势。

(3)故障状态则是指设备性能指标已有大的下降,设备已不能维持正常工作。设备的故障状态有严重程度之分,包括:已有故障萌生并有进一步发展趋势的早期故障;程度尚不严重,设备尚可勉强"带病"运行的一般功能性故障;已发展到设备不能运行,必须停机的严重故障;已导致灾难性事故的破坏性故障;由于某种原因瞬间发生的突发紧急故障等。

2. 安全预测和诊断

安全预测和诊断的任务是根据设备运行状态监测所获得的信息,结合已知的结构特性、参数以及环境条件,并结合该设备的运行历史,对设备可能发生的或已经发生的故障进行预报、分析和判断,确定故障的性质、类别、程度、原因和部位,指出故障发生和发展的趋势及其后果,提出控制故障继续发展和消除故障的调整、维修和治理的对策措施,并加以实施,最终使设备复原到正常状态。

3. 设备的管理和维修

设备的管理和维修方式的发展经历了三个阶段,即从早期的事后维修,发展到定期预防维修,现在正向视情维修发展。定期预防维修制度可以预防事故的发生,但可能出现过剩维修和不足维修的弊病。视情维修是一种更科学、更合理的维修方式,但要做到视情维修,必须依赖于完善的状态监测和安全诊断技术的发展和实施。

7.4.3　智能安全监测系统的分类

根据智能安全监测系统实现的功能不同,可将其分为三大类:智能故障诊断系统、智能操作指导系统和智能控制系统。

1. 智能故障诊断系统

故障诊断是指根据一定的测量数据或现象,推断系统是否正常运行,查明导致系统不正常运行或某种功能失调的原因及性质,判断不正常状态发生的部位及性质,预测不正常状态发展的趋势以及潜在的故障。智能故障诊断模仿人类专家在进行故障诊断时的思维逻辑过程:观察症状—利用知识和经验—推断故障—分析原因—提出对策。

2. 智能操作指导系统

将计算机在记忆与计算、演绎与匹配搜索上的时空优势和人的直觉顿悟等创造性思维的智能优势结合起来,将计算机的速度与精确性和人的敏锐与灵巧结合起来,共同达到所需要的目的。智能操作指导系统就是实现这种人机结合的实用系统,它实时地向操作人员报告系统的运行和控制情况,提醒操作人员在当前情况下应该进行的操作或对生产过程进行监督、干预,指导操作人员进行生产。

3. 智能控制系统

智能控制系统以智能自控的方式对被控对象实现及时的自动控制,使其处于要求的状态下。一般情况下,智能控制系统具有模式反馈结构。从系统设计方面来看,智能监测控制的主要特点表现在信息处理、控制策略及控制算法上,往往要涉及人工智能的有关内容,如专家系统、模糊逻辑、神经网络、信息融合、模式识别及聚类分析等。

参考文献

[1] 高立娥,刘卫东.智能仪器原理与设计[M].西安:西北工业大学出版社,2011.

[2] 刘光辉.智能建筑概论[M].北京:机械工业出版社,2006.

[3] 王仲生.智能检测与控制技术[M].西安:西北工业大学出版社,2002.

[4] 滕召胜,罗隆福,童调生.智能检测系统与数据融合[M].北京:机械工业出版社,2000.

[5] 朱名铨.机电工程智能检测技术与系统[M].北京:高等教育出版社,2002.

[6] 李树刚,魏引尚.安全监测与监控[M].徐州:中国矿业大学出版社,2011.

[7] 董文庚.安全检测与监控[M].北京:中国劳动社会保障出版社,2011.

第 3 篇　雷电安全

第 8 章　雷电灾害风险评估技术

8.1　区域雷电灾害风险评估

8.1.1　评估指标

1. 评估指标的确定

区域雷电灾害风险评估应考虑雷电风险、地域风险及承灾体风险三个一级指标。

根据层次分析法的条理化、层次化原则,区域雷电灾害风险评估的递阶层次结构模型如图 8.1 所示,根据图 8.1 可得到更高层级的指标(致灾因子)[1]。

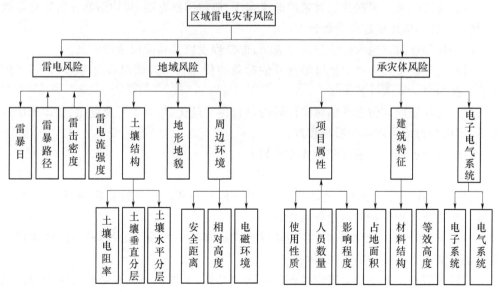

图 8.1　区域雷电灾害风险评估的层次结构模型

2. 评估指标

(1)雷暴日。雷暴日应取近 30 a 的地面站人工观测数据进行整理分析。当项目所处位置距离某观测站不超过 10 km 时,可直接使用该观测站数据作为年雷暴日的基础数据进一步分析。当项目所处位置距离观测站超过 10 km 时,应将项目周边至少三个站点进行差值处理,从而获取到更为精确的雷暴日数。

(2)雷暴路径。通过对历史人工雷暴观测数据进行统计分析,判断雷暴主导方向与次主导方向。

(3)雷击密度。雷电资料的基础数据选取应以经过标定的全国雷电定位监测网探测到的数据为准。可根据评估需要,取项目中心位置为原点 5~10 km 半径内的闪电资料。

(4)雷电流强度。雷电流强度的数据选取应参考雷击密度的选取规则。

(5)土壤电阻率。土壤电阻率应以拟建场地实测为准,该数据的取值还应考虑温度、湿度和季节等因素。

(6)土壤垂直分层。项目场地不同深度的土壤电阻率差值。

(7)土壤水平分层。项目场地不同电阻率的土壤交界地段的土壤电阻率最大差值。

(8)地形地貌。经现场勘测、调查,了解地形地貌的特征。

(9)安全距离。通过实地勘查和工程规划图,确定评估对象区域外是否存在危化、危爆场所及二者间距离。

(10)相对高度。通过实地勘查确定勘查范围内是否存在其他可能接闪点,并如实记录该可能接闪点名称、与评估对象的相对高度、距离等信息。

(11)电磁环境。根据评估对象的电流强度、典型网格宽度、结构钢筋规格等具体数据,结合项目周围环境进行分析计算。

(12)使用性质。包含评估对象的规模、重要程度以及功能用途等信息。

(13)人员数量。人员数量可根据评估对象的使用性质等情况综合考虑,普通民用建筑可按每户 3.5 人计算。

(14)影响程度。包含评估对象区域内是否存在危化、危爆场所及危化、危爆场所的性质、规模和对周边环境的影响程度。

(15)占地面积。占地面积计算方法如下:

$$S = S_1 + S_2 \tag{8-1}$$

式中:S 是区域内项目的总占地面积;S_1 是区域内项目所有建筑物基底面积之和;S_2 是区域内项目所有构筑物的占地轮廓之和。

(16)材料结构。包含评估对象的建(构)筑材料类型及项目的外墙设计、楼顶设计等可能被雷电直接击中的结构属性。

(17)等效高度。等效高度为建筑物的物理高度,外加顶部具有影响接闪的设施高度,其计算方法如下:

$$H_e = H_1 + H_2 \tag{8-2}$$

式中：H_e是建筑物等效高度；H_1是建筑物物理高度；H_2是顶部设施高度。有管帽时H_2参照表 8.1 确定，无管帽时$H_2 = 5$ m。

表 8.1 H_2值

装置内外气压差（kPa）	排放物对比空气	H_2（m）
<5	重于空气	1.0
5～25	重于空气	2.5
≤25	轻于空气	2.5
>25	重于或轻于空气	5.0

(18)电子系统。包含评估对象工程项目内电子系统规模、重要性及发生雷击事故后产生的影响。

(19)电气系统。包含评估对象电力系统的电力负荷等级、室外低压配电线路敷设方式。

8.1.2 评估指标的危险等级

1. 危险等级

每个评估指标的综合评价可以用 g 判断，本书将区域雷电灾害风险分为五个危险等级。g 值越小代表区域内雷电灾害风险越低，g 值越大代表区域内雷电灾害风险越高。依据 g 值将评估指标划分为Ⅰ、Ⅱ、Ⅲ、Ⅳ、Ⅴ五个等级，其描述如表 8.2 所示。

表 8.2 评估指标的危险等级

危险等级	g	说明
Ⅰ级	[0,2)	低风险
Ⅱ级	[2,4)	较低风险
Ⅲ级	[4,6)	中等风险
Ⅳ级	[6,8)	较高风险
Ⅴ级	[8,10]	高风险

g 值与对应风险（用色标表示）的关系如下：

综合评价(g值)及对应风险

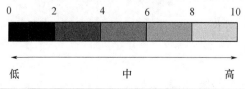

2. 雷电风险的分级标准

(1)雷暴日

雷暴日分为五个等级,见表 8.3。

表 8.3　雷暴日分级

危险等级	Ⅰ级	Ⅱ级	Ⅲ级	Ⅳ级	Ⅴ级
雷暴日(d/a)	[0,20)	[20,40)	[40,60)	[60,90)	[90,365)

(2)雷暴路径

雷暴路径越集中、锐度越大,则危险等级越高。雷暴路径分为五个等级,Ⅴ级的雷暴路径仅为一个方向,Ⅳ级的雷暴路径可以分为一个或两个值,Ⅲ级、Ⅱ级、Ⅰ级的雷暴路径可依次从两个方向过渡到三个方向。因此,雷暴路径五个等级如下。

——Ⅰ级(雷暴最大 3 个移动方向百分比之和小于 40%);

——Ⅱ级(雷暴最大 3 个移动方向百分比之和大于 40%,小于 50%);

——Ⅲ级(雷暴最大 2 个移动方向百分比之和大于 40%,小于 45%;或者最大 3 个移动方向百分比之和大于 50%);

——Ⅳ级(雷暴路径主方向的百分比之和大于 30%,小于 35%;或者最大 2 个移动方向百分比之和大于 45%);

——Ⅴ级(雷暴路径主方向的百分比之和大于 35%)。

(3)雷击密度

雷击密度分为五个等级,见表 8.4。

表 8.4　雷击密度分级

危险等级	Ⅰ级	Ⅱ级	Ⅲ级	Ⅳ级	Ⅴ级
雷击密度 (次/(km² · a))	[0,1)	[1,2)	[2,3)	[3,4)	[4,∞)

(4)雷电流强度

雷电流强度分为五个等级,见表 8.5。

表 8.5　雷电流强度分级

危险等级	Ⅰ级	Ⅱ级	Ⅲ级	Ⅳ级	Ⅴ级
雷电流强度(kA)	[0,10)	[10,20)	[20,40)	[40,60)	[60,∞)

3. 地域风险的分级标准

(1)土壤结构

1)土壤电阻率

土壤电阻率分为五个等级,见表 8.6。

表 8.6　土壤电阻率分级

危险等级	Ⅰ级	Ⅱ级	Ⅲ级	Ⅳ级	Ⅴ级
土壤电阻率(Ω·m)	[3000,∞)	[1000,3000)	[300,1000)	[100,300)	[0,100)

2)土壤垂直分层

土壤垂直分层分为五个等级,见表 8.7。

表 8.7　土壤垂直分层分级

危险等级	Ⅰ级	Ⅱ级	Ⅲ级	Ⅳ级	Ⅴ级
土壤垂直分层(Ω·m)	[300,∞)	[100,300)	[30,100)	[10,30)	[0,10)

3)土壤水平分层

土壤水平分层分为五个等级,见表 8.8。

表 8.8　土壤水平分层分级

危险等级	Ⅰ级	Ⅱ级	Ⅲ级	Ⅳ级	Ⅴ级
土壤水平分层(Ω·m)	[300,∞)	[100,300)	[30,100)	[10,30)	[0,10)

(2)地形地貌

地形地貌危险分为五个等级,依次为:

——Ⅰ级(平原);

——Ⅱ级(丘陵);

——Ⅲ级(山地);

——Ⅳ级(河流、湖泊以及低洼潮湿地区、山间风口等);

——Ⅴ级(旷野孤立或突出区域)。

(3)周边环境

1)安全距离

安全距离分为五个等级,划分原则为:

——Ⅰ级(不符合Ⅱ级、Ⅲ级、Ⅳ级、Ⅴ级的情况者);

——其他等级的划分见表 8.9。

2)相对高度

相对高度分为五个等级,依次为:

——Ⅰ级(评估区域被比区域内项目高的外部建(构)筑物或其他雷击可接闪物所环绕);

——Ⅱ级(评估区域外局部方向有高于评估区域内项目的建(构)筑物或其他雷击可接闪物);

——Ⅲ级(评估区域外建(构)筑物或其他雷击可接闪物与评估区域内项目高度基本持平);

——Ⅳ级(评估区域外建(构)筑物或其他雷击可接闪物低于区域内项目高度);

——Ⅴ级(评估区域外无建(构)筑物或其他雷击可接闪物)。

表 8.9　安全距离分级(Ⅱ~Ⅴ级)

危险等级	安全距离(m)				
	0/20 区	1/21 区	储存火(炸)药及其制品的场所	2/22 区	具有爆炸危险的露天钢质封闭气罐
Ⅱ级	[0,1000)	[0,1000)	[0,500)	[0,500)	[0,500)
Ⅲ级	[0,500)	[0,500)	[0,300)	[0,300)	[0,300)
Ⅳ级	[0,300)	[0,300)	[0,100)	[0,100)	[0,100)
Ⅴ级	[0,100)	[0,100)	[0,100)(易引起爆炸且后果严重)	—	—

3)电磁环境

电磁环境分为五个等级,见表 8.10。

表 8.10　电磁环境分级

危险等级	Ⅰ级	Ⅱ级	Ⅲ级	Ⅳ级	Ⅴ级
电磁环境(Gs)	[0.00,0.07)	[0.07,0.75)	[0.75,2.40)	[2.40,10.00)	[10.00,∞)

4. 承灾体风险的分级标准

(1)项目属性

1)使用性质

使用性质分为五个等级,见表 8.11。

表 8.11　使用性质分级

Ⅰ级	Ⅱ级	Ⅲ级	Ⅳ级	Ⅴ级
低层、多层、中高层住宅,高度不大于 24 m 的公共建筑及综合性建筑	高层住宅,高度大于 24 m 的公共建筑及综合性建筑	建筑高度大于 100 m 的民用超高层建筑,智能建筑,其他人员密集的商场、公共场所等	—	—
乡/镇政府、事业单位办公建(构)筑物	县级政府、事业单位办公建(构)筑物	地/市级政府、事业单位办公建(构)筑物	省/部级政府、事业单位办公建(构)筑物	国家级政府、事业单位办公建(构)筑物

续表

Ⅰ级	Ⅱ级	Ⅲ级	Ⅳ级	Ⅴ级
小型企业生产区、仓储区	中型企业生产区、仓储区	大型企业生产区、仓储区	特大型企业生产区、仓储区	—
—	配送中心	物流中心	物流基地	—
—	小学	中学	大学、科研院所	—
—	一级医院	二级医院	三级医院	—
—	地/市级及以下级别重点文物保护的建(构)筑物,地/市级及以下级别档案馆,丙级体育馆,小型展览和博览建筑物	省级重点文物保护的建(构)筑物,省级档案馆,乙级体育馆,中型展览和博览建筑物	国家级重点文物保护的建(构)筑物,国家级档案馆,特级、甲级体育馆,大型展览和博览建筑物	—
—	县级信息(计算)中心	地/市级信息(计算)中心	省级信息(计算)中心	国家级信息(计算)中心
—	—	小型通信枢纽(中心),移动通信基站	中型通信枢纽(中心)	国家级通信枢纽(中心)
—	—	民用微波站	民用雷达站	—
—	县级电视台、广播台、网站、报社等的办公及业务建(构)筑物	地/市级电视台、广播台、网站、报社等的办公及业务建(构)筑物	省级电视台、广播台、网站、报社等的办公及业务建(构)筑物	国家级电视台、广播台、网站、报社等的办公及业务建(构)筑物
城区人口 20 万以下城/镇给水水厂	城区人口 20 万～50 万城市给水水厂	城区人口 50 万～100 万城市给水水厂	城区人口 100 万～200 万城市给水水厂	城区人口 200 万以上城市给水水厂
—	县级及以下电力公司,35 kV 及以下等级变(配)电站(所),总装机容量 100 MW 以下的电厂	地/市级电力公司,110 kV(60 kV)变电站,总装机容量 100～250 MW 的电厂	大区/省级电力公司,220 kV(330 kV)变电站,总装机容量 250～1000 MW 的电厂	国家级电力公司,500 kV 及以上电压等级变电站、换流站、核电,站总装机容量 1000 MW 以上的电厂
四级/五级汽车站,四等/五等火车站	三级汽车站,三等火车站,小型港口	二级汽车站,二等火车站,中型港口,支线机场	一级汽车站,一等火车站,大型港口,区域干线机场	特等火车站,特大型港口,枢纽国际机场

续表

Ⅰ级	Ⅱ级	Ⅲ级	Ⅳ级	Ⅴ级
三级/四级公路桥梁	二级公路桥梁	一级公路桥梁,Ⅲ级铁路桥梁	高速公路桥梁,Ⅱ级铁路桥梁,城市轨道交通	Ⅰ级铁路桥梁
—	—	银行支行	银行分行,证券交易公司	银行总行,国家级证券交易所
—	—	二级/三级加油加气站	一级加油加气站,四级/五级石油库,四级/五级石油天然气站场,小型/中型石油化工企业、危险化学品企业、烟花爆竹企业的生产区、仓储区	一级/二级/三级石油库,一级/二级/三级石油天然气站场,大型/特大型石油化工企业、危险化学品企业、烟花爆竹企业的生产区、仓储区
—	—	从事军需、供给等与军事有关行业的科研机构和军工企业	从事火炮、装甲、通信、防化等与军事有关行业的科研机构和军工企业	从事航天、飞机、舰船、导弹、雷达、指挥自动化等与军事有关行业的科研机构和军工企业,军用机场,军港

2)人员数量

人员数量分为五个等级,见表 8.12。

表 8.12　人员数量分级

危险等级	Ⅰ级	Ⅱ级	Ⅲ级	Ⅳ级	Ⅴ级
人员数量(人)	$[0,100)$	$[100,300)$	$[300,1000)$	$[1000,3000)$	$[3000,\infty)$

3)影响程度

爆炸、火灾危险场所的影响程度(以下简称影响程度)分为五个等级,见表 8.13。

表 8.13　影响程度分级

危险等级	区域内项目危险特征
Ⅰ级	区域内项目遭受雷击后一般不会产生危及区域外的爆炸或火灾危险
Ⅱ级	区域内项目有三级加油加气站,以及类似爆炸或火灾危险场所

续表

危险等级	区域内项目危险特征
Ⅲ级	区域内项目有二级加油加气站,以及类似爆炸或火灾危险场所
Ⅳ级	区域内项目有一级加油加气站,四级/五级石油库,四级/五级石油天然气站场,小型/中型石油化工企业,小型民用爆炸物品储存库,小型烟花爆竹生产企业,危险品计算药量总量小于或等于5000 kg的烟花爆竹仓库,小型/中型危险化学品企业及其仓库,以及类似爆炸或火灾危险场所
Ⅴ级	区域内项目有一级/二级/三级石油库,一级/二级/三级石油天然气站场,大型/特大型石油化工企业,中型/大型民用爆炸物品储存库,中型/大型烟花爆竹生产企业,危险品计算药量总量大于5000 kg的烟花爆竹仓库,大型/特大型危险化学品企业及其仓库,以及类似爆炸或火灾危险场所

(2)建筑特征

1)占地面积

占地面积分为五个等级,见表8.14。

表8.14 占地面积分级

危险等级	Ⅰ级	Ⅱ级	Ⅲ级	Ⅳ级	Ⅴ级
占地面积(m²)	[0,2500)	[2500,5000)	[5000,7500)	[7500,10000)	[10000, ∞)

2)材料结构

材料结构分为五个等级,依次为:

——Ⅰ级(建(构)筑物为木结构);

——Ⅱ级(建(构)筑物为砖木结构);

——Ⅲ级(建(构)筑物为砖混结构);

——Ⅳ级(建(构)筑物屋顶和主体结构为钢筋混凝土结构);

——Ⅴ级(建(构)筑物屋顶和主体结构为钢结构)。

3)等效高度

等效高度分为五个等级,见表8.15。

表8.15 等效高度分级

危险等级	Ⅰ级	Ⅱ级	Ⅲ级	Ⅳ级	Ⅴ级
等效高度(m)	[0,30)	[30,45)	[45,60)	[60,100)	[100, ∞)

(3)电子电气系统

1)电子系统

电子系统分为五个等级,见表8.16。

表 8.16　电子系统分级

Ⅰ级	Ⅱ级	Ⅲ级	Ⅳ级	Ⅴ级
乡/镇政府机关、事业单位办公电子信息系统	县级政府机关、事业单位办公电子信息系统	地/市级政府机关、事业单位办公电子信息系统	省级政府机关、事业单位办公电子信息系统	国家级政府机关、事业单位办公电子信息系统
普通住宅区保安电子信息系统	电梯公寓、智能建筑的电子信息系统	—	—	—
小型企业的工控、监控、信息等电子系统	中型企业的工控、监控、信息等电子系统	大型企业的工控、监控、信息等电子系统	特大型企业的工控、监控、信息等电子系统	—
	中、小学电子信息系统	大学、科研院所电子信息系统		
一级医院的电子信息系统	二级医院的电子信息系统	—	三级医院的电子信息系统	
	小型博物馆、展览馆的电子信息系统	中型博物馆、展览馆的电子信息系统	大型博物馆、展览馆的电子信息系统	
—	地/市级及以下级别重点文物保护、地市级及以下级别档案馆的电子系统	省级重点文物保护、省级档案馆的电子系统	国家级重点文物保护、国家级档案馆的电子系统	—
城区人口 20 万以下城/镇给水水厂的电子系统	城区人口 20 万～50 万城市给水水厂的电子系统	城区人口 50 万～100 万城市给水水厂的电子系统	城区人口 100 万～200 万城市给水水厂的电子系统	城区人口 200 万以上城市给水水厂的电子系统
—	地/市级粮食储备库电子系统	省级粮食储备库电子系统	国家级粮食储备库电子系统	—
	县级交通电子信息系统	地/市级交通电子信息系统	省级交通电子信息系统	国家级交通电子信息系统
—	县级电力调度、通信、信息、监控等的电子系统	地/市级电力调度、通信、信息、监控等的电子系统	大区级、省级电力调度、通信、信息、监控等的电子系统	国家级电力调度、通信、信息、监控等的电子系统
—	—	—	省级证券交易监管部门的电子信息系统，证券公司的证券交易电子信息系统	国家级证券交易所(中心)、监管部门的电子信息系统

续表

Ⅰ级	Ⅱ级	Ⅲ级	Ⅳ级	Ⅴ级
—	银行分理处、营业网点的电子信息系统	银行支行的电子信息系统	银行分行的电子信息系统	银行总行的电子信息系统
—	县级信息(计算)中心	地/市级信息(计算)中心	省级信息(计算)中心	国家级信息(计算)中心
—	—	小型通信枢纽(中心)	中型通信枢纽(中心)	国家级通信枢纽(中心)
—	—	移动通信基站、民用微波站	民用雷达站	
—	县级电视台、广播台、网站、报社等的电子系统	地/市级电视台、广播台、网站、报社等的电子系统	省级电视台、广播台、网站、报社等的电子系统	国家级电视台、广播台、网站、报社等的电子系统
—	—	从事军需、供给等与军事有关行业的科研机构和军工企业的电子系统	从事火炮、装甲、通信、防化等与军事有关行业的科研机构和军工企业的电子系统	从事航天、飞机、舰船、导弹、雷达、指挥自动化等与军事有关行业的科研机构、企业的电子系统

2)电气系统

电气系统分为五个等级。

——Ⅰ级(电力负荷中仅有三级负荷,室外低压配电线路全线采用电缆埋地敷设)。

——Ⅱ级(电力负荷中仅有三级负荷,符合下列情况之一者):

室外低压配电线全线采用架空电缆,或部分线路采用电缆埋地敷设;

室外低压配电线全线采用绝缘导线穿金属管埋地敷设,或部分线路采用绝缘导线穿金属管埋地敷设。

——Ⅲ级(符合下列情况之一者):

电力负荷中有一级负荷、二级负荷,室外低压配电线路全线采用电缆埋地敷设;

电力负荷中仅有三级负荷,室外低压配电线路全线采用架空裸导线或架空绝缘导线。

——Ⅳ级(电力负荷中有一级负荷、二级负荷,符合下列情况之一者):

室外低压配电线路全线采用架空电缆,或部分线路采用电缆埋地敷设;

室外低压配电线路全线采用绝缘导线穿金属管埋地敷设,或部分线路采用绝缘导线穿金属管埋地敷设。

——Ⅴ级(电力负荷中有一级负荷、二级负荷,外低压配电线路全线采用架空裸导线或架空绝缘导线)。

8.1.3　区域雷电灾害综合评价分析

1. 指标参量的隶属度分析

(1)一般规定

对评估指标体系中所有最底层指标参数进行预处理,即对获取的参数进行计算得出该指标的隶属度。

(2)定量指标参量的隶属度计算

定量指标参量即可量化指标参量,有雷暴日、雷击密度、雷电流强度、土壤电阻率、土壤垂直分层、土壤水平分层、电磁环境、人员数量、占地面积、等效高度。以雷暴日为例,若评估对象的雷暴日参数为 46.6,结合雷暴日的五个等级划分(表 8.3),根据隶属函数和表 8.3,令 v_1、v_2、v_3、v_4、v_5 分别为 10、30、50、75、100(v 是指雷暴日等级划分中间值)。根据极小型隶属函数处理方法,按照式(8-3)和式(8-4)计算雷暴日的隶属度。

$$r_2 = \frac{50-46.6}{50-30} = 0.17 \tag{8-3}$$

$$r_3 = \frac{46.6-30}{50-30} = 0.83 \tag{8-4}$$

可以得出雷暴日的隶属度,如表 8.17 所示。

表 8.17　雷暴日隶属度

危险等级	Ⅰ级	Ⅱ级	Ⅲ级	Ⅳ级	Ⅴ级
隶属度	0.00	0.17	0.83	0.00	0.00

(3)定性指标参量的隶属度计算

定性指标参量包括:雷暴路径、地形地貌、安全距离、相对高度、使用性质、影响程度、材料结构、电子系统、电气系统。

定性指标的隶属度确定方法与定量指标的隶属度确定方法有所不同,定性指标不需要通过公式计算,只需要把收集到的数据与分级标准对比,符合某一个危险等级的描述,则完全隶属于该风险等级,且隶属度等于 1。

例如,根据被评估对象历史资料及现场勘测,地形地貌为丘陵,根据地形地貌的危险等级划分,则地形地貌完全隶属于Ⅱ级,见表 8.18。

表 8.18　地形地貌隶属度

危险等级	Ⅰ级	Ⅱ级	Ⅲ级	Ⅳ级	Ⅴ级
地形地貌隶属度	0	1	0	0	0

2. 指标参量的权重分析

(1)一般规定

权重是一个相对的概念,是针对某一个指标而言的。某一个指标的权重是指该指标在整体评价中的相对重要程度,是对各评价指标在总体评价中的作用进行区别对待。本书中所涉及的评估指标权重均引用层次分析法分析和计算。

(2)构造判断矩阵

根据层次分析法原理,确定各指标参量权重的第一步需要专家客观的对同一层次各指标参量进行比较判断,构造该层次各指标的判断矩阵。

根据拟建场地现场土壤电阻率实测值,计算土壤结构下属指标参量的隶属度,隶属度矩阵见表 8.19。

表 8.19　土壤结构下属指标参量的隶属度

土壤结构	Ⅰ级	Ⅱ级	Ⅲ级	Ⅳ级	Ⅴ级
土壤电阻率	0	0	0	0	1
土壤垂直分层	1	0	0	0	0
土壤水平分层	1	0	0	0	0

这三个同一级指标参量的风险次序为:土壤电阻率>土壤垂直分层=土壤水平分层,且差别较大。土壤结构下属三个指标参量之间的比较判断矩阵见表 8.20。

表 8.20　土壤结构的判断矩阵

土壤结构	土壤电阻率	土壤垂直分层	土壤水平分层
土壤电阻率	1.0	5.0	5.0
土壤垂直分层	0.2	1.0	0.0
土壤水平分层	0.2	1.0	1.0

(3)计算最大特征值和特征向量

根据矩阵计算方法,计算出最大特征值 $\lambda_{max}=3.00$,其对应的归一化特征向量 $\omega=(0.7143,0.1429,0.1429)$。

(4)一致性检验

根据矩阵计算方法,矩阵的一致性指标 $C.I.$ 的计算方法为:

$$C.I.=\frac{\lambda_{max}-n}{n-1}=\frac{3-3}{2}=0 \qquad (8-5)$$

一致性比例 $C.R.$ 的计算方法如下:

$$C.R.=\frac{C.I.}{C.R.}=0 \qquad (8-6)$$

$C.R.<0.1$，认为土壤结构判断矩阵的一致性是可以接受的，即 $\omega=(0.7143$, $0.1429,0.1429)$ 为土壤结构下属指标参量（土壤电阻率、土壤垂直分层和土壤水平分层）的权向量。土壤结构的下属指标参量的权重计算结果见表 8.21。

表 8.21　土壤结构下属指标参量的权重计算结果

土壤结构	土壤电阻率	土壤垂直分层	土壤水平分层	权重
土壤电阻率	1.0	5.0	5.0	0.7143
土壤垂直分层	0.2	1.0	0.0	0.1429
土壤水平分层	0.2	1.0	1.0	0.1429
$\lambda_{max}=3.00$	$C.I.=0.0$		$C.R.=0<0.1$ 通过一致性验证	

3. 区域雷电灾害风险等级

根据上述的区域雷电灾害风险隶属度，计算得到Ⅰ级、Ⅱ级、Ⅲ级、Ⅳ级、Ⅴ级的隶属度 r_1、r_2、r_3、r_4、r_5。结合公式 $g=r_1+3r_2+5r_3+7r_4+9r_5$，求出区域雷电灾害风险 g。根据区域雷电风险评估分级标准（表 8.2）确定项目的雷电灾害风险等级。

8.2　雷击损害与损失

8.2.1　损害成因

雷电流是造成损害的主要原因。按雷击点的位置（表 8.22），雷电损害分为以下四种成因。

——S1：雷击建筑物。

——S2：雷击建筑物附近。

——S3：雷击入户线路。

——S4：雷击入户线路附近。

8.2.2　损害类型

雷击可能造成的损害取决于需防护建筑物的特性，其中最重要的特性包括：建筑物的结构类型、内部存放物品、用途、服务设施类型以及所采取的防护措施。

在实际的风险评估中，将雷击引起的基本损害类型划分为以下三种（表 8.22）。

——D1：人和动物伤害。

——D2：物理损害。

——D3：电气和电子系统失效。

雷击对建筑物的损害可能局限于建筑物的某一部分，也可能扩展到整座建筑物，还可能殃及四周的建筑物或环境(例如化学物质泄漏或放射性辐射)。

8.2.3　损失类型

每类损害,无论单独出现或与其他损害共同作用,都会在被保护建筑物中产生不同的损失。可能出现的损失类型取决于建筑物本身的特性及其内存物,应考虑以下四种类型的损失(表8.22)。

——L1:人身伤亡损失。
——L2:公众服务损失。
——L3:文化遗产损失。
——L4:经济价值损失。

表 8.22　雷击点、损害成因、损害类型以及损失类型对照一览表

雷击点	损害成因	建筑物	
		损害类型	损失类型
	S1	D1 D2 D3	L1,L4ᵃ L1,L2,L3,L4 L1ᵇ,L2,L4
	S2	D3	L1ᵇ,L2,L4
	S3	D1 D2 D3	L1,L4ᵃ L1,L2,L3,L4 L1ᵇ,L2,L4
	S4	D3	L1ᵇ,L2,L4

注:a 表示仅适用于可能出现动物损失的建筑物
　　b 表示仅适用于具有爆炸危险的建筑物或因内部系统失效马上会危及人命的医院或者其他建筑物

8.3　雷击风险和风险分量

8.3.1　风险

风险 R 是指因雷电造成的年平均可能损失的相对值。对建筑物中可能出现的各类损失,应计算其对应的风险。

建筑物中需估算的风险有以下四种[2]。

——$R1$:建筑物中人身伤亡损失的风险。

——$R2$:建筑物中公众服务损失的风险。

——$R3$:建筑物中文化遗产损失的风险。

——$R4$:建筑物中经济价值损失的风险。

计算风险 R 时,相关风险分量应明确并进行计算(部分风险取决于损害成因和类型)。

每个风险 R 都是各个风险分量的和。计算风险时,可按损害成因和损害类型对各个风险分量进行归类。

8.3.2　雷击建筑物引起的建筑物风险分量

雷击建筑物引起的建筑物风险分量包括以下三种。

——R_A:雷击建筑物造成人和动物伤害的风险分量,可能产生 L1 类的损失,对饲养动物的建筑物还可能产生 L4 类的损失。

——R_B:雷击建筑物造成建筑物物理损害的风险分量,可能产生所有类型(L1、L2、L3、L4)的损失。

——R_C:雷击建筑物造成内部系统失效的风险分量,可能产生 L2 和 L4 类的损失,在具有爆炸危险的建筑物以及因内部系统失效危及人命的医院或其他建筑物中还可能产生 L1 类的损失。

8.3.3　雷击建筑物附近引起的建筑物风险分量

因雷击电磁脉冲(LEMP)引起内部系统失效的风险分量 R_M,可能产生 L2 和 L4 类的损失,在具有爆炸危险的建筑物以及内部系统失效会危及人命的医院或其他建筑物中还可能产生 L1 类的损失。

8.3.4　雷击入户线路引起的建筑物风险分量

雷击入户线路引起的建筑物风险分量包括以下三种。

——R_U：雷击入户线路造成人和动物伤害的风险分量，可能产生 L1 类的损失，当有动物时，还可能产生 L4 类的损失。

——R_V：雷击入户线路造成建筑物物理损害的风险分量，可能产生所有类型（L1、L2、L3、L4）的损失。

——R_W：雷击入户线路造成内部系统失效的风险分量，可能产生 L2 和 L4 类的损失，在具有爆炸危险的建筑物以及因内部系统失效会危及人命的医院或其他建筑物中还可能产生 L1 类的损失。

如果建筑物的管道已经连接等电位连接排，不把雷击管道或其附近作为损害源。如果没有作等电位连接，应考虑雷击入户线路引起的建筑物风险分量。

8.3.5　雷击入户线路附近引起的建筑物风险分量

雷击入户线路附近造成内部系统失效的风险分量 R_Z，可能产生 L2 和 L4 类的损失，在具有爆炸危险的建筑物以及因内部系统失效会危及人命的医院或其他建筑物中还可能产生 L1 类的损失。

如果建筑物的管道已经连接等电位连接排，不把雷击管道或其附近作为损害源。如果没有做等电位连接，应考虑这种风险分量。

8.3.6　各种风险的组成

建筑物各类损失风险需考虑的风险分量如表 8.23 所示。

表 8.23　建筑物各类损失风险需考虑的风险分量

损失风险	风险分量							
	雷击建筑物（损害成因 S1）			雷击建筑物附近（损害成因 S2）	雷击入户线路（损害成因 S3）			雷击入户线路附近（损害成因 S4）
R_1	R_A	R_B	R_C^a	R_M^a	R_U	R_V	R_W^a	R_Z^a
R_2	—	R_B	R_C	R_M	—	R_V	R_W	R_Z
R_3	—	R_B	—	—	—	R_V	—	R_Z
R_4	R_A^b	R_B	R_C	R_M	R_U^b	R_V	R_W	R_Z

每类损失风险等于对应（表中同一行）的风险分量之和，比如：$R_1 = R_A + R_B + R_C^a + R_M^a + R_U + R_V + R_W^a + R_Z^a$

注：a 表示仅对具有爆炸危险的建筑物以及因内部系统失效会危及人命的医院或其他建筑物
　　b 表示仅对可能出现动物损失的建筑物

建筑物特性及影响建筑物风险分量的可能防护措施如表 8.24 所示。

表 8.24　影响建筑物风险分量的因素

建筑物、内部系统以及防护措施的特性	R_A	R_B	R_C	R_M	R_U	R_V	R_W	R_Z
截收面积	X	X	X	X	X	X	X	X
土地土壤电阻率	X	—	—	—	X	—	—	—
楼内地板电阻率	X	—	—	—	—	—	—	—
围栏等限制措施,绝缘措施,警示牌,大地电位均衡措施	X	—	—	—	X	—	—	—
雷电防护装置	X	X	X	X^a	X^b	X^b	—	—
减少触电和火花放电危险的电涌保护器	X	X	—	—	X	X	—	—
隔离界面	—	—	X^c	X^c	X	X	X	X
协调配合的电涌保护器系统	—	—	—	X	X	—	—	—
空间屏蔽	—	—	—	X	X	—	—	—
外部线路屏蔽措施	—	—	—	—	X	X	X	X
内部线路屏蔽措施	—	—	X	X	—	—	—	—
合理布线	—	—	X	X	—	—	—	—
等电位连接网络	—	—	—	X	—	—	—	—
防火措施	—	X	—	—	—	X	—	—
火灾危险性	—	X	—	—	—	X	—	—
特殊危险	—	X	—	—	—	X	—	—
耐冲击电压	—	—	X	X	X	X	X	X

X 表示与该风险相关因素,— 表示与该风险无关因素

注:a 表示只有栅格型外部雷电防护装置才有影响
　　b 表示由等电位连接引起
　　c 表示只有当隔离界面属于设备的组成部分才有影响

8.4　风险管理

8.4.1　基本步骤

风险管理的基本步骤如下。

——确定需防护建筑物及其特性。

——确定建筑物中可能出现的各类损失以及相应的风险 $R1 \sim R4$。

——计算风险 R 的各种损失风险 $R1 \sim R4$。

————将建筑物风险 $R1$、$R2$ 和 $R3$ 与风险容许值 R_T 作比较以确定是否需要防雷。

————通过比较采用或不采用防护措施时造成的损失代价以及防护措施年均花费，评估采用防护措施的成本效益。

8.4.2　风险评估时需要考虑的建筑物方面的问题

风险评估需考虑的建筑物方面的问题包括：

————建筑物本身；

————建筑物内的装置；

————建筑物的内装置；

————建筑物内或建筑物外 3 m 范围内的人员；

————建筑物受损对环境的影响。

考虑对建筑物的防护时不包括与建筑物相连的户外线路的防护。所考虑的建筑物可能会划分为几个区。

8.4.3　风险容许值 R_T

由相关职能部门确定风险容许值 R_T。

表 8.25 给出了涉及雷电的人身伤亡损失、社会价值损失以及文化价值损失的典型 R_T 值。

表 8.25　风险容许值 R_T 的典型值

损失类型		$R_T(a^{-1})$
L1	人身伤亡损失	5×10^{-6}
L2	公众服务损失	1×10^{-3}
L3	文化遗产损失	1×10^{-4}

注：人身伤亡损失容许值表示每年每平方千米上可能出现的人员雷击伤亡期望值，我国国情同欧洲差异较大，根据国际电工委员会(IEC)给出的参考值换算下来近似为 5×10^{-6}。实际操作中，相关职能部门或者业主可根据自身情况确定风险容许值

原则上，经济价值损失（L4）的风险容许值由式(8-7)～式(8-12)进行估算，如果无相关数据，则可取典型值 $R_T = 1 \times 10^{-3}$。

某个分区中的损失成本 C_{LZ} 可由下式估算：

$$C_{LZ} = R_{4Z} \times c_t \tag{8-7}$$

式中：R_{4Z} 是无防护措施时该分区中的经济价值损失风险；c_t 是用货币表示的建筑物的总价值。

无防护措施时，建筑物中成本的总损失 C_L 可由下式估算：

$$C_{L} = \sum C_{LZ} = R_4 \times c_t \tag{8-8}$$

式中：R_4 是建筑物中经济价值损失的风险，$R_4 = \sum C_{4Z}$。

有防护措施时，采取防护措施后的分区年平均损失 C_{RLZ} 可由下式估算：

$$C_{RLZ} = R'_{4Z} \times c_t \tag{8-9}$$

式中：R'_{4Z} 是有防护措施时该分区中的经济价值损失风险。

采取防护措施后，年平均损失值 C_{RL} 可由下式估算：

$$C_{RL} = \sum C_{RLZ} = R'_4 \times c_t \tag{8-10}$$

式中：R'_4 是有防护措施时建筑物的经济价值损失风险，$R'_4 = \sum R'_{4Z}$。

防护措施的年成本 C_{PM} 可由下式估算：

$$C_{PM} = C_P \times (i + a + m) \tag{8-11}$$

式中：C_P 是防护措施的成本；i 是利率；a 是防护措施的折旧率；m 是维护费率。

每年因此而减少的费用支出 S_M 可由下式估算：

$$S_M = C_L - (C_{PM} + C_{RL}) \tag{8-12}$$

如果 $S_M > 0$，则采取的防护措施合理。

8.4.4　评估是否需要防雷的具体步骤

按照 GB/T 21714.1—2015《雷电防护 第 1 部分：总则》[3] 要求，评估一个对象是否需要防雷时，应考虑风险 R_1、R_2 和 R_3。

对于上述每一种风险，应当采取以下步骤：

——识别构成该风险的各分量 R_X；

——计算各风险分量 R_X；

——计算总风险 R；

——确定风险容许值 R_T；

——风险 R 与风险容许值 R_T 作比较。

如果 $R \leqslant R_T$，则不需要防雷。

如果 $R > R_T$，应采取防护措施，减小建筑物的所有风险，使 $R \leqslant R_T$。

计算是否需要防雷的步骤见图 8.2。

风险无法降至容许水平时，应当通知业主并采取最高等级的防护措施。

具有爆炸危险的场所应至少采用 Ⅱ 类雷电防护装置(LPS)。当技术上合理且经相关职能部门批准后，不采用 Ⅱ 类防雷等级是可以允许的。例如在所有情况下采用 Ⅰ 类防雷等级是允许的，特别是建筑物的环境或内存物对雷电效应特别敏感的场所。另外，对于雷电低发区或者建筑物的内存物对雷电具有不同敏感度的场所，相关职能部门可能选择允许用 Ⅲ 类防雷等级。

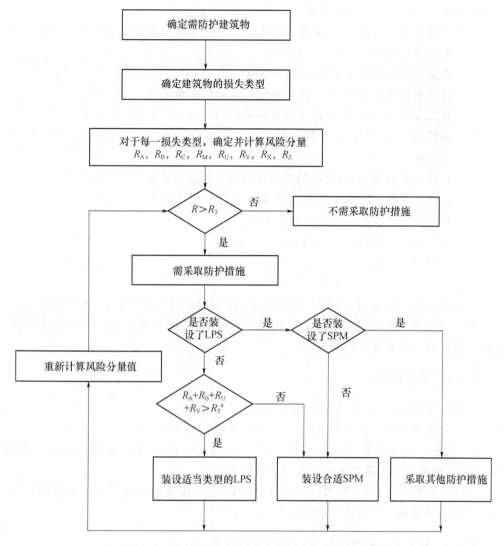

图 8.2 确定是否需要防护和选择防护措施的流程

注:如果 $R_A + R_B < R_T$,不需要完整的 LPS,在这种情况下按照 GB/T 21714.3—2015《雷电防护 第 3 部分:建筑物的物理损坏和生命危险》[4]装设电涌保护器就足够了

当雷电对建筑物的损害可能危及周围建筑或者环境(如化学品泄漏或放射性辐射)时,相关职能部门可能会要求对建筑物采用额外措施并对相应区域采用适当措施。

8.4.5 评估采取防护措施成本效益的步骤

除了对建筑物作是否需要防雷的评估外,对为了减少经济价值损失 L4 而采取防雷措施的成本效益作出评估也是有用的。

计算出建筑物风险 R_4 的各风险分量后,可以估算出采取措施前后的经济价值损失。评估采取措施的成本效益的步骤如下:

——识别建筑物风险 R_4 的各风险分量 R_X;

——计算未采取新的/额外的防护措施时各风险分量 R_X;

——计算各风险分量 R_X 的每年成本损失;

——计算缺乏防护措施的年损失值 C_L;

——选择防护措施;

——计算未采取新的/额外的防护措施后的各风险分量 R_X;;

——计算采取防护措施后各风险分量 R_X 的每年成本损失;

——计算采取防护措施后每年总损失 C_{RL};

——计算防护措施的每年费用 C_{PM};

——进行费用比较。

如果 $C_L < C_{RL} + C_{PM}$,则防雷是不经济的。

如果 $C_L \geqslant C_{RL} + C_{PM}$,则采取防雷措施在建筑物或设施的使用寿命周期内可节约开支。

图 8.3 为评估采取防护措施成本效益的流程,对各防护措施进行组合变化分析,有助于找出成本效益最佳的方案。

8.4.6 防护措施

应按损失类型选择防护措施以减少风险。

只有符合下列相关标准要求的防护措施,才被认为是有效的:

——GB/T 21714.3—2015《雷电防护 第 3 部分:建筑物的物理损坏和生命危险》[4] 有关建筑物中生命损害及物理损害的防护措施;

——GB/T 21714.4—2015《雷电防护 第 4 部分:建筑物内电气和电子系统》[5] 有关电气和电子系统失效的防护措施。

8.4.7 防护措施的选择

应由设计人员根据每一风险分量在总风险 R 中所占的比例,同时考虑各种不同防护措施的技术可行性及造价,选择最合适的防护措施。

应找出最关键的若干参数,以决定减小总风险 R 的最有效的防护措施。

对于每一类损失,有许多有效的防护措施,可单独采用或组合采用,从而使 $R \leqslant R_T$。

应选取技术和造价上均可行的防护方案。

图 8.3 为选择防护措施的简化流程图,任何情况下,安装人员或设计人员应找出关键的风险分量并设法减小它们,同时也应该考虑到成本。

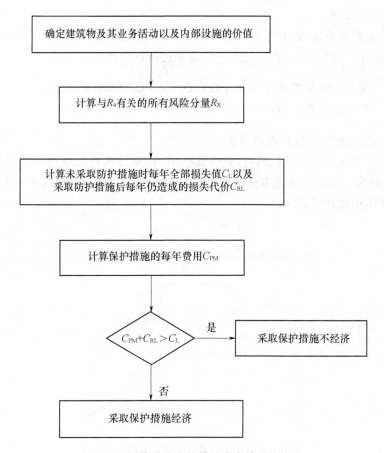

图 8.3　评估采取防护措施成本效益的流程

8.5　年均危险事件次数 N_X 的估算

8.5.1　概述

需防护建筑物的危险事件年平均次数 N 取决于需防护建筑物所处区域的雷暴活动以及需防护建筑物的物理特性。N 的计算方法是：将雷击大地密度 N_G 乘需防护建筑物的等效截收面积，再乘需防护建筑物物理特性所对应的修正因子。

雷击大地密度 N_G 是每年每平方千米雷击大地的次数。在世界上的许多地区，这个数值由地闪定位网络提供。如果没有 N_G 的分布图，在温带地区，可以按下式估算：

$$N_G = 0.1 \times T_D \tag{8-13}$$

式中:T_D是年雷暴日。

对于需防护建筑物,需要考虑的危险事件有:雷击建筑物、雷击建筑物附近、雷击入户线路、雷击入户线路附近、雷击与入户线路相连接的建筑物。

8.5.2　雷击建筑物年均危险事件的次数 N_D 以及雷击毗邻建筑物年均危险事件的次数 N_{DJ}

1. 孤立建筑物雷击截收面积的确定

对于平坦大地上的孤立建筑物,截收面积 A_D 是从建筑物上各点,特别是上部各点(图 8.4)以斜率 1/3 的直线全方位向地面投射,在地面上由所有投射点所构成的面积。可以通过作图法或计算法求出 A_D。

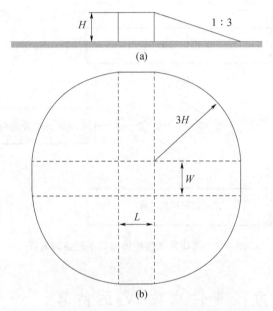

图 8.4　孤立建筑物的截收面积
H:建筑物高度;W:建筑物的宽度;L:建筑物的长度

(1)长方体建筑

平坦大地上一座孤立的长方体建筑物,截收面积为:

$$A_D = L \times W + 2 \times (3 \times H) \times (L+W) + \pi \times (3 \times H)^2 \tag{8-14}$$

式中:L、W、H 分别是建筑物的长度、宽度、高度,单位为 m(图 8.4)。

(2)形状复杂的建筑物

如图 8.5 所示,屋顶上有突出部分的形状复杂的建筑物,宜采用作图法求出 A_D(图 8.6)。

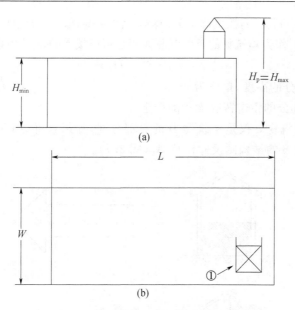

(a)

(b)

图 8.5　形状复杂建筑物

（a）主视投射；（b）俯视投射

①:建筑物的凸出部分;H_{min}:建筑物最矮处的高;H_{max}:建筑物最高处的高;W:建筑物的宽度;L:建筑物的长度

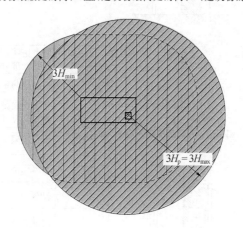

高度为$H=H_{min}$的长方体部分的截收面积;

高度为$H=H_{max}$的突出部分的截收面积。

图 8.6　采用不同方法确定给定建筑物的截收面积

以建筑物的最小高度 H,按式(8-15)计算建筑物的 A_D,取 A_D 与屋面突出部分的截收面积 A'_D 之间的较大者,作为建筑物的近似截收面积是可以接受的。A'_D 可以通过下式计算:

$$A'_D = \pi \times (3 \times H_p)^2 \tag{8-15}$$

式中:H_p 是突出部分的高度,单位为 m。

2. 建筑物一部分的雷击截收面积的确定

当所考虑的建筑物 S 仅是建筑物 B 的一部分时,如果该部分符合以下所有条件,则由该部分建筑物 S 的结构图尺寸计算 A_D(图 8.7)。

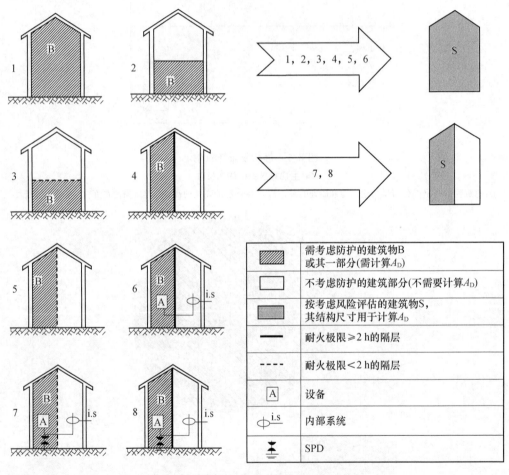

图 8.7　建筑物一部分的截收面积的计算

(1)该部分建筑物 S 是建筑物 B 的一个可以被分离的垂直部分。

(2)建筑物 B 没有爆炸的危险。

(3)该部分建筑物 S 和建筑物 B 的其他部分之间有耐火极限为 2 h 的耐火墙或者

其他等效防护措施所阻隔,以防止火势蔓延。耐火极限的定义和资料参考 GB 50016—2014《建筑设计防火规范》[6]。

(4)公共线路进入该部分时,在入库处安装有电涌保护器(SPD)或其他等效防护措施,以避免过电压传入。

不满足上述所有条件时,应按整座建筑物 B 的尺寸计算 A_D。

3. 建筑物的位置因子

考虑到建筑物暴露程度及周围物体对危险事件次数的影响,引入了位置因子 C_D(表 8.26)。

考虑建筑物(当为孤立建筑物时 $C_D = 1$)与周围 $3H$ 范围以内物体或地形的相对高度后,可以更精确地计算周围物体的影响。

表 8.26　建筑物的位置因子 C_D

建筑物相对位置	C_D
周围有更高的物体	0.25
周围有相同高度或更矮的物体	0.50
孤立建筑物,附近无其他物体	1.00
小山顶或山丘上孤立的建筑物	2.00

4. 雷击建筑物年均危险事件的次数

雷击建筑物年均危险事件的次数 N_D 可以通过下式计算:

$$N_D = N_G \times A_D \times C_D \times 10^{-6} \tag{8-16}$$

式中:N_G 是雷击大地密度,单位为次/(km² · a);A_D 是孤立建筑物的雷击截收面积,单位为 m²(图 8.8);C_D 是毗邻建筑物的位置因子(表 8.26)。

5. 雷击毗邻建筑物年均危险事件的次数

雷击毗邻建筑物年均危险事件的次数 N_{DJ} 可以通过下式计算:

$$N_{DJ} = N_G \times A_{DJ} \times C_D \times C_T \times 10^{-6} \tag{8-17}$$

式中:N_G 是雷击大地密度,单位为次/(km² · a);A_{DJ} 是毗邻建筑物的雷击截收面积,单位为 m²(图 8.8);C_D 是毗邻建筑物的位置因子(表 8.26);C_T 是线路上 HV/LV 变压器的线路类型因子(表 8.28)。

8.5.3　雷击建筑物附近年均危险事件的次数 N_M

雷击建筑物附近年均危险事件的次数 N_M 计算如下:

$$N_M = N_G \times A_M \times 10^{-6} \tag{8-18}$$

式中:N_G 是雷击大地密度,单位为次/(km² · a);A_M 是雷击建筑物附近的雷击截收面积,单位为 m²(图 8.8)。

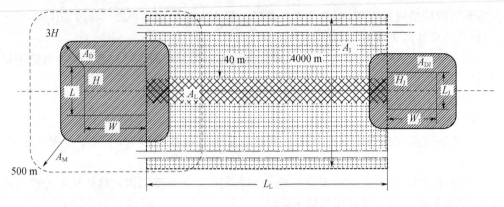

图 8.8　截收面积(A_D、A_M、A_I、A_L、A_{DJ})

距建筑物周边 500 m 范围的线路所包围的截收面积 A_M 为：

$$A_M = 2 \times 500 \times (L+W) + \pi \times 500^2 \tag{8-19}$$

8.5.4　雷击入户线路年均危险事件的次数 N_L

线路可能由多个区段组成，对于每个区段，N_L 的值计算如下：

$$N_L = N_G \times A_L \times C_I \times C_E \times C_T \times 10^{-6} \tag{8-20}$$

式中：N_L 是雷击入户线路年均危险事件的次数，单位为次/a；N_G 是雷击大地密度，单位为次/(km²·a)；A_L 是雷击建筑物附近的雷击截收面积，单位为 m²(图 8.8)；C_I 是线路安装因子(表 8.27)；C_T 是线路上 HV/LV 变压器的线路类型因子(表 8.28)；C_E 是线路环境因子(表 8.29)。

雷击入户线路的截收面积为：

$$A_L = 40 \times L_L \tag{8-21}$$

式中：L_L 是线路区段的长度，单位为 m。如果线路区段的长度未知，则假设 $L_L = 1000$ m。

土壤电阻率对埋地区段线路的截收面积 A_L 有影响。通常土壤电阻率越大，截收面积也越大(A_L 与 $\sqrt{\rho}$ 成正比)。

表 8.27　线路安装因子 C_I

布线方式	C_I
架空	1.00
埋地	0.50
完全设在网格型地网中电缆	0.05

注：线路安装因子基于 $\sqrt{\rho} = 400$ Ω·m 给出

表 8.28　线路类型因子 C_T

类型	C_T
低压供电线路,通信或数据线路	1.0
高压输配电线路(具有 HV/LV 变压器)	0.2

表 8.29　线路类型因子 C_E

环境	C_E
农村	1.00
郊区	0.50
市区	0.10
有高层建筑的市区[a]	0.01

注:a 表示建筑物高度大于 20 m

8.5.5　雷击入户线路附近年均危险事件的次数 N_I

线路可能由多个区段组成,对于每个区段,N_I 的值可计算如下:

$$N_I = N_G \times A_I \times C_I \times C_E \times C_T \times 10^{-6} \tag{8-22}$$

式中:N_I 是雷击入户线路附近年均危险事件的次数,单位为次/a;N_G 是雷击大地密度,单位为次/(km² · a);A_I 是雷击入户线路附近的雷击截收面积,单位为 m²(图 8.8);C_I 是线路安装因子(表 8.27);C_T 是线路上 HV/LV 变压器的线路类型因子(表 8.28);C_E 是线路环境因子(表 8.29)。

雷击入户线路附近的截收面积:

$$A_I = 4000 \times L_L \tag{8-23}$$

式中:L_L 是线路区段的长度,单位为 m。如果线路区段的长度未知,则假设 $L_L = 1000$ m。

8.6　建筑物损害概率的估算

8.6.1　概述

只有当防护措施符合以下要求时,本书中给出的概率值才是有效的:

——GB/T 21714.3—2015《雷电防护第 3 部分:建筑物的物理损坏和生命危险》中关于减少人和动物伤害以及物理损害的防护措施;

——GB/T 21714.4—2015《雷电防护第 4 部分:建筑物内电气和电子系统》中关于

减少内部系统失效的防护措施;

　　——如果能够证明是合理的,也可以选择其他值。

　　只有当防护措施或其特性对需防护的整座建筑物或其分区以及相关设备有效时,概率值 P_X 才能小于 1。

8.6.2　雷击建筑物造成人和动物伤害的概率 P_A

　　雷击建筑物造成人和动物伤害的概率 P_A 取决于采用的 LPS 及附加的防护措施,P_A 可按下式计算:

$$P_A = P_{TA} \times P_B \tag{8-24}$$

式中:P_{TA} 是由防接触和防跨步电压措施决定的 P_A 减少的概率,例如表 8.30 中列出的防护措施并给出了 P_{TA} 值;P_B 是取决于 LPS 设计所依据的 GB/T 21714.3—2015《雷电防护 第 3 部分:建筑物的物理损坏和生命危险》的雷电防护等级(LPL),表 8.31 给出了 P_B 的值。

表 8.30　雷击建筑物因接触和跨步电压导致人和动物伤害的概率 P_{TA}

附加的防护措施	P_{TA}
无防护措施	1.00
设置警示牌	0.10
外露部分(如引下线)作电气绝缘 (例如,采取至少 3 mm 厚的交联聚乙烯绝缘)	0.01
有效的地面等电位均衡措施	0.01
设置遮拦物或建筑物的框架作为引下线	0.00

　　如果采取了表 8.30 中一项以上的措施,P_{TA} 则取各个相应值的乘积。

　　只有在建筑物装设有 LPS 或利用连续金属或钢筋框架作为自然 LPS,且满足 GB/T 21714.3—2015《雷电防护 第 3 部分:建筑物的物理损坏和生命危险》关于等电位连接和接地的要求时,防护措施才能有效地降低 P_A。

8.6.3　雷击建筑物造成建筑物物理损害的概率 P_B

　　LPS 是降低 P_B 的有效防护措施。

　　雷击建筑物造成建筑物物理损害的概率 P_B 与建筑物特性(主要看 LPS 的 LPL)的对应关系参见表 8.31。

表 8.31　P_B 与 LPS 的 LPL 的关系

建筑物特性		P_B
是否安装 LPS[a]	LPS 级别	
建筑物未安装 LPS	—	1.000
建筑物安装 LPS	Ⅳ	0.200
	Ⅲ	0.100
	Ⅱ	0.050
	Ⅰ	0.020
LPL 为 Ⅰ 级,采用连续的金属框架或钢筋混凝土框架作为自然引下线		0.001
建筑物以金属屋顶做接闪器或安装有接闪器(可能包含其他的自然结构部件),使所有屋面装置得到完全的直击雷防护,连续金属框架或钢筋混凝土框架用作自然引下线		0.001

在详细调查的基础上,并考虑了 GB/T 21714.1—2015《雷电防护 第 1 部分:总则》中规定的尺寸要求以及拦截标准,P_B 也可以取本表以外的值

注:a 表示 LPS(包括用于防雷等电位连接的 SPD)的特性符合 GB/T 21714.3—2015《雷电防护 第 3 部分:建筑物的物理损坏和生命危险》要求

8.6.4　雷击建筑物造成内部系统失效的概率 P_C

协调配合的 SPD 系统是降低 P_C 的有效措施。

雷击建筑物造成内部系统失效的概率 P_C 为:

$$P_C = P_{SPD} \times C_{LD} \tag{8-25}$$

式中:P_{SPD} 是安装协调配合的 SPD 系统时 P_C、P_M、P_W 和 P_Z 减少的概率;C_{LD} 是雷击入户线路的屏蔽、接地和隔离的因子。

P_{SPD} 取决于按照 LPL 设计,并符合 GB/T 21714.4—2015《雷电防护 第 4 部分:建筑物内电气和电子系统》要求的协调配合的 SPD 系统。表 8.32 给出了对应 LPL 的 P_{SPD} 值。当没有安装协调配合的 SPD 系统时,$P_{SPD} = 1$。

只有当建筑物安装了 LPS 或有连续金属框架或钢筋混凝土框架作自然 LPS,且满足了 GB/T 21714.3—2015《雷电防护 第 3 部分:建筑物的物理损坏和生命危险》对于等电位连接和接地的要求时,协调配合的 SPD 保护才能有效减少 P_C。

C_{LI} 为雷击入户线路附近的屏蔽、接地和隔离因子。因 C_{LD} 和 C_{LI} 取决于与内部系统相连接线路的屏蔽、接地及隔离条件,表 8.33 给出了对应的 C_{LD} 和 C_{LI} 值。

表 8.32　按 LPL 选取 SPD 时的 P_{SPD} 值

LPL	P_{SPD}
Ⅲ～Ⅳ	0.05
Ⅱ	0.02
Ⅰ	0.01

表 8.33　C_{LD} 及 C_{LI} 与屏蔽、接地、隔离条件的关系

外部线路类型	入口处的连接	C_{LD}	C_{LI}
架空非屏蔽线路	不明确	1.0	1.0
埋地非屏蔽线路	不明确	1.0	1.0
中线多处接地的供电线路	无	1.0	0.2
埋地屏蔽线路(供电或通信)	屏蔽层和设备不在同一等电位连接排连接	1.0	0.3
架空屏蔽线路(供电或通信)	屏蔽层和设备不在同一等电位连接排连接	1.0	0.1
埋地屏蔽线路(供电或通信)	屏蔽层和设备在同一等电位连接排连接	1.0	0.0
架空屏蔽线路(供电或通信)	屏蔽层和设备在同一等电位连接排连接	1.0	0.0
防雷电缆,或布设在防雷电缆管道或金属管道中的线路	屏蔽层和设备在同一等电位连接排连接	0.0	0.0
无外部线路	与外部线路无连接(单独系统)	0.0	0.0
任意类型	符合 GB/T 21714.4—2015《雷电防护 第 4 部分:建筑物内电气和电子系统》要求的隔离界面	0.0	0.0

在估算概率 P_C 时,表 8.33 中 C_{LD} 的值为有屏蔽的内部系统的参数值。对于非屏蔽的内部系统,假定 $C_{LD}=1$。这里的非屏蔽的内部系统是指:与外部线路无连接(单独系统);通过隔离界面与外部线路连接;连接到由防雷电缆或布设在防雷电缆管道或金属管道中的线路组成的外部线路,屏蔽层和设备在同一等电位连接排连接。

8.6.5　雷击建筑物附近造成内部系统失效的概率 P_M

格栅 LPS、屏蔽、合理布线、提高耐受电压、隔离界面和协调配合的 SPD 都是减小 P_M 的有效防护措施。

雷击建筑物附近造成内部系统失效的概率 P_M 取决于所采取的雷电电磁脉冲防护系统(SPM)措施。

如果未安装符合 GB/T 21714.4—2015《雷电防护 第 4 部分:建筑物内电气和电子系统》要求的协调配合的 SPD 系统时,$P_M=P_{MS}$。

如果安装了符合 GB/T 21714.4—2015《雷电防护 第 4 部分:建筑物内电气和电子系统》要求的协调配合的 SPD 系统,则 P_M 的值为:

$$P_M=P_{SPD}\times C_{MS} \tag{8-26}$$

式中：P_{MS}是屏蔽、合理布线及设备耐受电压决定的 P_M 减少的概率。

当内部系统设备的承受能力或耐压水平不符合相关产品标准要求时，宜取 $P_M=1$。

P_{MS}值的计算公式为：

$$P_{MS} = (K_{S1} \times K_{S2} \times K_{S3} \times K_{S4})^2 \tag{8-27}$$

式中：K_{S1}是与建筑物屏蔽效能有关的因子；K_{S2}是与建筑物内部屏蔽体屏蔽效能有关的因子；K_{S3}是与内部线路特征相关的因子（表 8.34）；K_{S4}是与系统的耐冲电压有关的因子。

当设备具有绕组间屏蔽接地的隔离变压器、光纤或光耦合器组成的隔离界面时，可假设 $P_{MS}=0$。

在雷电防护区（LPZ）内部，与屏蔽体之间的最小安全距离为屏蔽体的网格宽度 ω_m。LPS 或格栅型屏蔽体的屏蔽效能因子 K_{S1} 和 K_{S2} 可分别计算为：

$$K_{S1} = 0.12\omega_{m1} \tag{8-28}$$
$$K_{S2} = 0.12\omega_{m2} \tag{8-29}$$

式中：ω_{m1} 和 ω_{m2} 分别是格栅型新空间屏蔽或网格状 LPS 引下线的网格宽度，或者作为自然引下线的建筑物金属柱子的间距或钢筋混凝土框架的间距，单位为 m。

对于厚度不小于 0.1 mm 的连续金属薄层屏蔽体，$K_{S1} = K_{S2} = 1 \times 10^{-4}$。

如果安装有符合 GB/T 21714.4—2015《雷电防护 第 4 部分：建筑物内电气和电子系统》要求的网格型等电位连接网络，K_{S1} 和 K_{S2} 的值还可缩小一半。

当感应环路距 LPZ 界面的屏蔽体的距离小于安全距离时，K_{S1} 和 K_{S2} 值将会更高。

当有多个 LPZ 时，K_{S2} 取各 LPZ 界面上各个屏蔽体的 K_{S2} 值之乘积。

K_{S1}、K_{S2} 的最大值不超过 1。

表 8.34　内部布线与 K_{S3} 的关系

内部布线类型	K_{S3}
非屏蔽电缆—布线时未避免构成环路[a]	1.0000
非屏蔽电缆—布线时避免构成大的环路[b]	0.2000
非屏蔽电缆—布线时避免构成环路[c]	0.0100
屏蔽电缆和金属管道中的电缆[d]	0.0001

注：a 表示大的建筑物中分开布设的导线构成的环路（环路面积大约为 50 m²）

b 表示同一电缆管道中的导线或较小建筑物中分开布设的导线构成的环路（环路面积大约为 10 m²）

c 表示同一电缆的导线形成的环路（环路面积大约为 0.5 m²）

d 表示屏蔽层和金属管道两端以及设备在同一等电位母排上连接

因子 K_{S4} 计算公式如下：

$$K_{S4} = 1/U_W \tag{8-30}$$

式中：U_w是系统的耐冲击电压额定值，单位为 kV。

K_{S4} 的最大值不超过 1。

当一个内部系统中的设备有不同耐冲击电压额定值时，应按最低的耐冲击电压额定值计算 K_{S4}。

8.6.6　雷击入户线路造成人和动物伤害的概率 P_U

雷击入户线路因接触电压导致的人和动物伤害的概率取决于线路屏蔽层的特性、所连内部系统的耐冲击电压、所用防护措施（如围栏、警示牌、隔离界面以及按照 GB/T 21714.3—2015《雷电防护 第 3 部分：建筑物的物理损坏和生命危险》的要求在线路入户处安装 SPD 来进行等电位相连）。

P_U 值的计算公式为：

$$P_U = P_{TU} \times P_{EB} \times P_{LD} \times C_{LD} \tag{8-31}$$

式中：P_{TU} 是取决于接触电压的防护措施，例如遮拦物或警示牌，表 8.35 给出了 P_{TU} 的值；P_{EB} 是安装等电位连接时设备的耐压和线路特性决定的 P_U 和 P_V 减少的概率，表 8.36 给出了 P_{EB} 的值；P_{LD} 是雷击入户线路时线路特性及设备耐受电压决定的 P_U、P_V 和 P_W 减少的概率，表 8.37 给出了 P_{LD} 的值；C_{LD} 是雷击入户线路的屏蔽、接地和隔离因子，表 8.33 给出了 C_{LD} 的值。

表 8.35　雷击入户线路因接触电压导致人和动物伤害的概率 P_{TU}

防护措施	P_{TU}
无防护措施	1.00
设置警示牌	0.10
电气绝缘	0.01
有形的限制（如围栏等）	0.00

表 8.36　按 LPL 选择 SPD 时的 P_{EB} 值

LPL	P_{EB}
未安装 SPD	1.00
Ⅲ～Ⅳ	0.05
Ⅱ	0.02
Ⅰ	0.01
如果具有要求比Ⅰ类 LPL 更高的防护特性（例如更大的标称放电电流 I_n，更低的电压保护水平 U_P 等）	0.005～0.001

注：如果 SPD 具有比Ⅰ类 LPL 更高的防护特性（例如更大的标称放电电流 I_n，更低的电压保护水平 U_P 等），P_{EB} 的值可能会更小

表 8.37　概率 P_{LD} 与单位长度电缆屏蔽层的电阻 R_s 和系统的耐冲击电压额定值 U_W 的关系

线路类型	布线、屏蔽及等位连接		P_{LD}				
			$U_W=1$ kV	$U_W=1.5$ kV	$U_W=2.5$ kV	$U_W=4$ kV	$U_W=6$ kV
供电线路或通信线路	架空线或埋地线无屏蔽、或屏蔽层与设备不在同一等电位连接排连接		1.00	1.00	1.00	1.00	1.00
	架空线或埋地线的屏蔽层与设备在同一等电位排连接	$5\ \Omega/\text{km}<R_s\leqslant 20\ \Omega/\text{km}$	1.00	1.00	0.95	0.90	0.80
		$1\ \Omega/\text{km}<R_s\leqslant 5\ \Omega/\text{km}$	0.90	0.80	0.60	0.30	0.10
		$R_s\leqslant 1\ \Omega/\text{km}$	0.60	0.40	0.20	0.04	0.02

注：在郊区或城市地区，低压供电线通常使用非屏蔽电缆，而通信线通常使用埋地屏蔽电缆（最少 20 根芯线，屏蔽层电阻约为 5 Ω/km，铜导线直径为 0.6 mm）；在农村地区，低压供电线通常使用非屏蔽架空电缆，而通信线通常使用架空非屏蔽电缆（铜导线直径为 1 mm）；高压供电线通常使用屏蔽电缆，屏蔽层电阻约为 1 $\Omega/\text{km}<R_s\leqslant 5\ \Omega/\text{km}$

8.6.7　雷击入户线路造成建筑物物理损害的概率 P_V

雷击入户线路导致物理损害的概率 P_V 取决于线路屏蔽层的特性、所连内部系统的耐冲击电压、隔离界面或按照 GB/T 21714.3—2015《雷电防护 第 3 部分：建筑物的物理损坏和生命危险》要求在线路入户处安装的用于防雷等电位连接的 SPD。

P_V 值的计算公式为：

$$P_V = P_{EB} \times P_{LD} \times C_{LD} \tag{8-32}$$

式中：P_{EB} 是安装等电位连接时设备的耐压和线路特性决定的 P_U 和 P_V 减少的概率，表 8.36 给出了 P_{EB} 的值；P_{LD} 是雷击入户线路时线路特性及设备耐受电压决定的 P_U、P_V 和 P_W 减少的概率，表 8.37 给出了 P_{LD} 的值；C_{LD} 是雷击入户线路的屏蔽、接地和隔离因子，表 8.33 给出了 C_{LD} 的值。

8.6.8　雷击入户线路造成内部系统失效的概率 P_W

雷击入户线路造成内部系统失效的概率 P_W 取决于线路屏蔽的特性、所连内部系统的耐冲击电压、隔离界面或安装协调配合的 SPD。

P_W 值的计算公式为：

$$P_W = P_{SPD} \times P_{LD} \times C_{LD} \tag{8-33}$$

式中：P_{SPD} 是安装协调配合的 SPD 系统时 P_C、P_M、P_W 和 P_Z 减少的概率，表 8.32 给出了对应 P_{SPD} 的值；P_{LD} 是雷击入户线路时线路特性及设备耐受电压决定的 P_U、P_V 和 P_W 减少的概率,表 8.37 给出了 P_{LD} 的值;C_{LD} 是雷击入户线路的屏蔽、接地和隔离的因子,表 8.33 给出了 C_{LD} 的值。

8.6.9 雷击入户线路附近造成内部系统失效的概率 P_Z

雷击入户线路附近造成内部系统失效的概率 P_Z 取决于线路屏蔽层的特性、所连内部系统的耐冲击电压、隔离界面或安装协调配合的 SPD 系统。

P_Z 值的计算公式为:

$$P_Z = P_{SPD} \times P_{LI} \times C_{LI} \tag{8-34}$$

式中:P_{SPD} 是安装协调配合的 SPD 系统时 P_C、P_M、P_W 和 P_Z 减少的概率,表 8.32 给出了对应 P_{SPD} 的值;P_{LI} 是雷击入户线路附近时线路特性及设备耐受电压决定的 P_Z 减少的概率,表 8.38 给出了 P_{LI} 的值;C_{LI} 是雷击入户线路附近的屏蔽、接地和隔离的因子,表 8.33 给出了 C_{LI} 的值。

表 8.38　概率 P_{LI} 与线路类型和系统的耐冲击电压额定值 U_W 的关系

线路类型	P_{LI}				
	$U_W = 1$ kV	$U_W = 1.5$ kV	$U_W = 2.5$ kV	$U_W = 4$ kV	$U_W = 6$ kV
供电线路	1.00	0.60	0.30	0.16	0.10
通信线路	1.00	0.50	0.20	0.08	0.04

8.7　建筑物损失率的估算

8.7.1　概述

建筑物各种损失率 L_X(指一次危险雷击事件导致的特定类型损害造成的平均损失相对量)宜由防雷设计人员(或业主)计算并确定,本书中给出的典型平均值仅是国际电工委员会提出的建议值。不同的值可以由国家相关部门指定或经详细调查研究后确定。

当雷击对建筑物的损害可能危及周围建筑或环境(如化学品泄漏或放射性辐射)时,应考虑额外损失后对 L_X 进行更详细地计算。

8.7.2　每次危险事件的平均损失率

损失率 L_X 与损失类型有关,根据损害的程度及后果,损失类型分为:L1 人身伤亡损失,L2 公众服务损失,L3 文化遗产损失,L4 经济价值损失。

损害类型不同,会有不同的损失率,损害类型分为:D1 人和动物伤害,D2 物理损害,D3 电气和电子系统失效。

宜对建筑物的各个分区分别确定 L_X。

8.7.3　人身伤亡损失(L1)

确定每个分区的损失率 L_{1X}，应考虑以下因素：

——人身伤亡损失的各种实际损失率受建筑物某个分区特性的影响，考虑到这一点，引入有特殊危险时增加损失率的因子和缩减因子；

——分区中可能遭受危害的人员数目与预期的总人数的比率减小，损失率将减小；

——受危害人员每年待在危险场所的小时数如果少于 8760 h，损失率也将减小。

雷电建筑物时 D1 造成的人身伤亡损失率 L_A 的计算公式如下：

$$L_A = r_t \times L_T \times n_z / n_t \times t_z / 8760 \tag{8-35}$$

式中：L_T 是电击伤害引起的损失率(表 8.39)；r_t 是与土壤或地板表面类型有关的缩减因子(表 8.40)；n_z 是可能遭受危害的人员数目(受害者或得不到服务的用户数)；n_t 是预期的总人数(或接受服务的用户数)；t_z 是受危害人员每年待在危险场所的小时数。

雷击入户线路时 D1 造成的人身伤亡损失率 L_U 的计算公式如下：

$$L_U = r_t \times L_T \times n_z / n_t \times t_z / 8760 \tag{8-36}$$

雷击建筑物时 D2 造成的人身伤亡损失率 L_B 和雷击入户线路时 D2 造成的人身伤亡损失率 L_V，计算公式如下：

$$L_B = L_V = r_p \times r_f \times h_z \times L_F \times n_z / n_t \times t_z / 8760 \tag{8-37}$$

式中：r_p 是与防火措施有关的缩减因子(表 8.41)；r_f 是与火灾危险有关的缩减因子(表 8.42)；h_z 是有特殊危险时增加损失率的因子(表 8.43)；L_F 是建筑物内由于物理损害造成的损失率(表 8.39)。

雷击建筑物时 D3 造成的人身伤亡损失率 L_C、雷击建筑物附近时 D3 造成的人身伤亡损失率 L_M、雷击入户线路时 D3 造成的人身伤亡损失率 L_W、雷击入户线路附近时 D3 造成的人身伤亡损失率 L_Z，计算公式如下：

$$L_C = L_M = L_W = L_Z = L_O \times n_z / n_t \times t_z / 8760 \tag{8-38}$$

式中：L_O 是内部系统失效引起的建筑物的损失率(表 8.39)。

当雷击造成建筑物可能损害殃及周围建筑或者周围环境(如化学品泄漏或放射性辐射)时，应当考虑到额外的损失 L_E 计算总损失 L_{FT}：

$$L_{FT} = L_F + L_E \tag{8-39}$$

额外的损失 L_E 计算公式如下：

$$L_E = L_{FE} + t_e / 8760 \tag{8-40}$$

式中：L_{FE} 是建筑物外由于物理损害造成的损失率；t_e 是受危害人员每年待在建筑物外危险场所的小时数。

如果 L_{FE} 和 t_e 的数值未知，可假定 $L_E = 1$。

表 8.39　不同情况下 L_T、L_F 和 L_O 的典型平均值

损害类型	建筑物类型	典型损失率	
D1	所有类型	L_T	$1×10^{-2}$
D2	有爆炸危险的建筑[a]	L_F	$1×10^{-1}$
	医院、旅馆、学校、居民住所		$1×10^{-1}$
	公共娱乐场所、教堂、博物馆		$5×10^{-2}$
	工业建筑、商业建筑		$2×10^{-2}$
	其他		$1×10^{-2}$
D3	有爆炸危险的建筑[a]	L_O	$1×10^{-1}$
	医院的 ICU 病房和手术室		$1×10^{-2}$
D3	医院的其他部分	L_O	$1×10^{-3}$

注:a 表示对于具有爆炸危险的建筑物,可能需要考虑建筑物类型、爆炸危险程度、危险区域划分以及采取防护措施后,对 L_F 和 L_O 的值进行更精确地计算

表 8.40　不同土壤或地板表面类型的缩减因子 r_t

土壤或地板表面类型[a]	接触电阻[b](kΩ)	缩减因子 r_t
农地、混泥土	$≤1.0$	$1×10^{-2}$
大理石、陶瓷	$1.1～10.0$	$1×10^{-3}$
砂砾、厚毛毯、一般地毯	$10.1～100.0$	$1×10^{-4}$
沥青、油毡、木头	>100.0	$1×10^{-5}$

注:a 表示 5 cm 厚的绝缘材料(例如沥青)或 15 cm 厚的砂砾层,一般可将危险降低至容许水平

　　b 表示施以 500 N 压力的 400 cm² 电极与无穷远点之间测量到的数量

表 8.41　各种减小火灾后果措施的缩减因子 r_p

措施	缩减因子 r_p
无措施	1.0
以下措施之一:灭火器、固定配置人工灭火装置,人工报警装置,消防栓,防火分区,逃生通道	0.5
以下措施之一:固定配置自动灭火装置,自动报警装置[a]	0.2
如果同时采取了多项措施,r_p 宜取各相应数值中的最小值;具有爆炸危险的建筑物,任何情况下,$r_p=1.0$	

注:a 表示仅当采取了过电压防护和其他损害的防护并且消防员能够在 10 min 之内赶到时

表 8.42　缩减因子 r_f 与建筑物火灾或爆炸危险程度的关系

危险形式	危险程度	缩减因子 r_f
爆炸[a]	0 区、20 区及固体包装物	1
	1 区、21 区	1×10^{-1}
	2 区、22 区	1×10^{-3}
火灾	高[b]	1×10^{-1}
	一般[c]	1×10^{-2}
	低[d]	1×10^{-3}
爆炸或火灾	无	0

注:a 表示建筑物具有爆炸危险时,可能需要更精确地计算 r_f,如果满足下列条件之一,包含危险区域或固体爆炸物质的建筑物不宜假定为具有爆炸危险:

——爆炸物质存放的时间小于 0.1 h/a

——危险区域不会被雷电直接击中且区域内不会出现危险火花放电(对于金属遮蔽物包围的危险区域,当金属遮蔽物作为自然接闪器没有被击穿,或者没有出现热熔点的问题,且金属遮蔽物包围区域中的内部系统已经作了过电压防护来避免危险火花时,此项得到满足)

b 表示易燃材料建造的建筑物,或屋顶由易燃材料建造的建筑物,或消防负荷(建筑物内全部易燃物质的能量与建筑物总的表面积之比)大于 800 MJ/m² 的建筑物,视为具有高火灾危险的建筑物

c 表示消防负荷为 400~800 MJ/m² 的建筑物,视为具有一般火灾危险的建筑物

d 表示消防负荷小于 400 MJ/m² 的建筑物,或建筑物仅含有少量易燃材料,视为具有低火灾危险的建筑物

表 8.43　有特殊危险时增加损失率的因子 h_z

特殊危险的种类	增加因子 h_z
无特殊危险	1
低度惊慌(例如,高度不高于 2 层和人员数量不大于 100 人的建筑物)	2
中等程度的惊慌(例如,设计容量为 100~1000 人的文化或体育活动场馆)	5
疏散困难(例如,有移动不便人员的建筑物或医院)	5
高度惊慌(例如,设计容量大于 1000 人的文化或体育活动场馆)	10

8.7.4　公众服务损失(L2)

确定每个分区的损失率 L_{2x},应考虑以下因素:

——公众服务损失的各种实际损失率受建筑物某个分区特性的影响,考虑到这一点,引入了缩减因子;

——分区中可能遭受危害的人员数目与预期的总人数的比率减小,损失率将减小。

雷击建筑物时 D2 造成的公共服务损失率 L_B 和雷击入户线路时 D2 造成的公众服

务损失率 L_V 的计算公式如下：

$$L_B = L_V = r_p \times r_f \times L_F \times n_z/n_t \tag{8-41}$$

式中：L_F 是建筑物内由于物理损害造成的损失率（表 8.44）；r_p 是与防火措施有关的缩减因子（表 8.41）；r_f 是与火灾危险有关的缩减因子（表 8.42）；n_z 是可能遭危害的人员数目（受害者或者得不到服务的用户数）；n_t 是预期的总人数（或接受服务的用户数）。

雷击建筑物时 D3 造成的公众服务率 L_C、雷击建筑物附近时 D3 造成的公众服务损失率 L_M、雷击入户线路时 D3 造成的公众服务损失率 L_W、雷击入户线路附近时 D3 造成的公众服务损失率 L_Z 的计算公式如下：

$$L_C = L_M = L_W = L_Z = L_O \times n_z/n_t \tag{8-42}$$

式中：L_O 是内部系统失效引起的建筑物的损失率（表 8.44）。

表 8.44　对应不同损害类型（D2、D3）的 L_F、L_O 的典型平均值

损害类型	典型损失率		服务类型
D2	L_F	1×10^{-1}	燃气、水和电力供应
		1×10^{-2}	电视、通信线路
D3	L_O	1×10^{-2}	燃气、水和电力供应
		1×10^{-3}	电视、通信线路

8.7.5　不可恢复的文化遗产损失（L3）

确定每个分区的损失率 L_{3X}，应考虑以下因素：

——文化遗产损失的各种实际损失率受某个分区特性的影响，引入了缩减因子；

——分区中损失率的最大值应随该分区中的价值与整座建筑物中的总价值的比率减小而减小。

雷击建筑物时 D2 造成的不可恢复的文化遗产损失率 L_B、雷击入户线路时 D2 造成的不可恢复的文化遗产损失率 L_V，计算公式如下：

$$L_B = L_V = r_p \times r_f \times L_F \times c_z/c_t \tag{8-43}$$

式中：L_F 是建筑物内由于物理损害造成的损失率（表 8.45）；r_p 是与防火措施有关的缩减因子（表 8.41）；r_f 是与火灾危险有关的缩减因子（表 8.42）；c_z 是用货币表示的区域内文化遗产的价值；c_t 是用货币表示的建筑物的总价值。

表 8.45　对应损害类型 D2 的 L_F 的典型平均值

损害类型	典型损失率		建筑物或分区类型
D2	L_F	1×10^{-1}	博物馆、美术馆

8.7.6　经济价值损失(L4)

确定每个分区的损失率 L_{4X},应考虑以下因素:

——经济价值损失的各种实际损失率受某个分区特性的影响,引入缩减因子;

——分区中损失率的最大值应随该分区中的价值与整座建筑物中的总价值(动物、建筑、内存物、内部系统及其所支持的各种业务活动)的比率减小而减小。

该分区的相关数量取决于以下损害类型:

D1: c_a(仅考虑动物的价值);

D2: $c_a + c_b + c_c + c_s$(考虑所有货物的价值);

D3: c_s(仅考虑内部系统及其所支持的各种业务活动的价值)。

雷击建筑物 D1 造成的经济价值损失率 L_A 的计算公式如下:

$$L_A = r_t \times L_T \times c_a / c_t \qquad (8\text{-}44)$$

式中: r_t 是与土壤或者地板表面类型有关的缩减因子(表 8.40); L_T 是电击伤害引起的损失率(表 8.46); c_a 是用货币表示的分区中动物的价值; c_t 是建筑物的总价值(所有分区中的动物、建筑物、内存物、内部系统及其所支持的业务活动的价值总和)。

雷击入户线路时 D1 造成的经济价值损失率 L_U 的计算公式如下:

$$L_U = r_t \times L_T \times c_a / c_t \qquad (8\text{-}45)$$

雷击入户线路时 D2 造成的经济价值损失率 L_B、雷击入户线路时 D2 造成的经济价值损失率 L_V,其计算公式如下:

$$L_B = L_V = r_p \times r_f \times L_F \times (c_a + c_b + c_c + c_s) / c_t \qquad (8\text{-}46)$$

式中: r_p 是与防火措施有关的缩减因子(表 8.41); r_f 是与火灾危险有关的缩减因子(表 8.42); L_F 是建筑物内由于物理损害造成的损失率(表 8.46); c_b 是用货币表示的分区相关的建筑物的价值; c_c 是用货币表示的分区中内存物的价值; c_s 是用货币表示的分区中内部系统(包括它们的运行)的价值。

雷击建筑物时 D3 造成的经济价值损失率 L_C、雷击建筑物附近时 D3 造成的经济价值损失率 L_M、雷击入户线路时 D3 造成的经济价值损失率 L_W、雷击入户线路附近时 D3 造成的经济价值损失率 L_Z 的计算公式如下:

$$L_C = L_M = L_W = L_Z = L_O \times c_s / c_t \qquad (8\text{-}47)$$

式中: L_O 是内部系统失效引起的建筑物的损失率(表 8.46)。

当雷击造成建筑物损害可能殃及周围建筑物或者周围环境(如化学品泄漏或放射性辐射)时,应当考虑到额外的损失 L_E 计算总损失 L_{FT}:

$$L_{FT} = L_F + L_E \qquad (8\text{-}48)$$

$$L_E = L_{FE} + c_e / c_t \qquad (8\text{-}49)$$

式中: L_{FE} 是建筑物外由于物理损害造成的损失率; c_e 是用货币表示的建筑物外危险场

所物品的总价值。

如果 L_{FE} 和 t_c 的数值未知,可假定 $L_E=1$。

表 8.46　对应不同建筑物类型的 L_T、L_F 和 L_O 的典型平均值

损害类型	建筑物类型	典型损失率	
D1	仅有动物的所有类型	L_T	1×10^{-2}
D2	有爆炸危险的建筑[a]	L_F	1
	医院、工业建筑、博物馆、农业建筑		5×10^{-1}
	旅馆、学校、办公楼、教堂、公共娱乐场所、商业建筑		2×10^{-1}
	其他		1×10^{-1}
D3	有爆炸危险的建筑[a]	L_O	1×10^{-1}
	医院、工业建筑、博物馆、农业建筑		1×10^{-2}
	旅馆、学校、办公楼、教堂、公共娱乐场所、商业建筑		1×10^{-3}
	其他		1×10^{-4}

注:a 表示对于具有爆炸危险的建筑物,应需要考虑建筑物类型、爆炸危险程度、危险区域划分以及采取防护措施后,对 L_F 和 L_O 的值进行更精确地计算

8.8　风险分量的评估

8.8.1　估算建筑物各风险分量所用的参数

表 8.47 中给出了估算雷击建筑物各风险分量所用的参数。

表 8.47　估算雷击建筑物各风险分量所用的参数

名称		符号
年均雷击危险事件次数	雷击建筑物	N_D
	雷击建筑物附近	N_M
	雷击入户线路	N_L
	雷击入户线路附近	N_I
	雷击毗邻建筑物	N_{DJ}
雷击建筑物造成损害的概率	人和动物伤害	P_A
	物理损害	P_B
	内部系统失效	P_C
雷击建筑物附近造成损害的概率	内部系统失效	P_M

续表

名称		符号
雷击入户线路造成损害的概率	人和动物伤害	P_U
	物理损害	P_V
	内部系统失效	P_W
	内部系统失效	P_Z
损失率	人和动物伤害	$L_A = L_U$
	物理损害	$L_B = L_V$
	内部系统失效	$L_C = L_M = L_W = L_Z$

8.8.2　雷击建筑物(S1)风险分量的评估

S1 产生 D1 的风险分量见式(8-50)：

$$R_A = N_D \times P_A \times L_A \tag{8-50}$$

S1 产生 D2 的风险分量见式(8-51)：

$$R_B = N_D \times P_B \times L_B \tag{8-51}$$

S1 产生 D3 的风险分量见式(8-52)：

$$R_C = N_D \times P_C \times L_C \tag{8-52}$$

8.8.3　雷击建筑物附近(S2)风险分量的评估

估算 S2 产生的风险分量见式(8-53)：

$$R_M = N_M \times P_M \times L_M \tag{8-53}$$

8.8.4　雷击入户线路(S3)风险分量的评估

估算 S3 产生的各风险分量见下列公式：

$$R_U = (N_L + N_{DJ}) \times P_U \times L_U \tag{8-54}$$

$$R_V = (N_L + N_{DJ}) \times P_V \times L_V \tag{8-55}$$

$$R_W = (N_L + N_{DJ}) \times P_W \times L_W \tag{8-56}$$

在很多情况下，N_{DJ} 可以忽略。

如果线路不止一个区段，R_U、R_V 和 R_W 的值分别取各区段线路的 R_U、R_V 和 R_W 值的和。只需考虑建筑物和第一个分配节点之间的各个区段。

如果建筑物有一条以上线路且线路走向不同，应对各条线路分别进行计算。

如果建筑物有一条以上线路且线路走向相同，仅需要计算特性最差的一条线路，即与内部系统相连的具有最大 N_L 和 N_i 值以及最小 U_w 值的线路(例如通信线路与供电线路、非屏蔽线路与屏蔽线路、低压供电线路与有 HV/LV 变压器的高压供电线路等)。

各条线路截收面积的重叠部分只能计算一次。

8.8.5　雷击入户线路附近(S4)风险分量的评估

估算 S4 产生的各风险分量见式(8-57):

$$R_Z = N_I \times P_Z \times L_Z \tag{8-57}$$

如果线路不止一个区段,R_Z 的值取各区段线路的 R_Z 值之和。只需考虑建筑物和第一个分配节点之间的各个区段。

如果建筑物有一条以上线路且线路走向不同,应对各条线路分别进行计算。

如果建筑物有一条以上线路且线路走向相同,仅需要计算特性最差的一条线路,即与内部系统相连的具有最大 N_L 和 N_I 值以及最小 U_w 值的线路(例如通信线路与供电线路、非屏蔽线路与屏蔽线路、低压供电线路与有 HV/LV 变压器的高压供电线路等)。

8.8.6　建筑物的分区 Z_S

为了计算各风险分量,可以将建筑物划分为多个分区 Z_S,每个分区具有一致的特性。然而,一幢建筑物可以是或可以假定为一个单一的区域。

对于所有的风险分量,主要根据以下情况划分区段 Z_S:

——土壤或地板的类型;

——防火分区;

——空间屏蔽。

还可以根据以下情况进一步细分:

——内部系统的布局;

——已有的或将采取的防护措施;

——损失率 L_X 的值。

建筑物的分区 Z_S 应考虑到便于实施最适当防护措施的可行性。

本标准的分区 Z_S 可以是 GB/T 21714.4—2015《雷电防护 第4部分:建筑物内电气和电子系统》中规定的雷电防护区,但也可能不用于雷电防护区。

8.8.7　线路的分区 S_L

为了评估雷击入户线路或线路附近的各风险分量,可以将线路分为区段 S_L。然而一条线路可以是或可以假定为单一区段。

对于所有的风险分量,主要根据以下情况划分区段 S_L:

——线路类型;

——影响截收面积的因子;

——线路特性。

如果一个区段里面的参数不止一个,需假设可导致风险最大化的值。

8.8.8　多分区建筑物风险分量的评估

1. 通用原则

为了估算风险分量和选择相关参数,可采用以下规则。

1)R_A、R_B、R_U、R_V、R_W和 R_Z,每个分区只需确定一个参数值。当有多个值可取时,应取最大值。

2)对于分量 R_C 和 R_M,当区内有多个内部系统时,P_C 和 P_M 分别通过式(8-58)和式(8-59)计算:

$$P_C = 1 - \sum_{i=1}^{n} (1 - P_{C,i}) \tag{8-58}$$

$$P_M = 1 - \sum_{i=1}^{n} (1 - P_{M,i}) \tag{8-59}$$

式中:$P_{C,i}$ 和 $P_{M,i}$ 分别是第 i 个内部系统失效的概率,$i=1,2,\cdots,n$。

除了参数 P_C 和 P_M,如果一个分区中的参数有多种取值,应取假定为可导致风险最大化的值。

2. 单区域建筑物

整座建筑物为单一的一个分区 Z_S,风险 R 为此分区中各风险分量 R_X 之和。

将建筑物划分为单一的一个区,可能导致各种防护措施费用过于昂贵,因为每种防护措施都需要防护整座建筑物。

3. 多区域建筑物

建筑物被划分为多个分区 Z_S,建筑物的风险为所有分区的相关风险之和;而每个分区的风险又是该区所有相关风险分量之和。

将建筑物划分成多个区域,使设计人员在估算风险分量时能考虑到建筑物各部分的特殊性并逐区选择最合适的防护措施,从而减少防雷的总成本。

8.8.9　经济价值损失成本效益分析

对风险 R_4 进行评估应从下列对象予以确定:

——整座建筑物;

——整座建筑物的一部分;

——内部设施;

——内部设施的一部分;

——一台设备;

——建筑物的内存物。

损失费用、防护措施成本和可能节约的成本宜按损失成本的估算方法进行估算。如果无法得到相关的分析数据,则风险容许值取典型值 $R_{\mathrm{T}}=1\times10^{-3}$。

参考文献

[1] 王智刚,丁海芳,刘越屿.建(构)筑物雷电灾害区域影响评估方法与应用[M].北京:气象出版社,2014.

[2] 中国机械工业联合会.建筑物防雷设计规范:GB 50057—2010[S].北京:中国计划出版社,2010.

[3] 全国雷电防护标准化技术委员会.雷电防护 第 1 部分:总则:GB/T 21714.1—2015[S].北京:中国标准出版社,2015.

[4] 全国雷电防护标准化技术委员会.雷电防护 第 3 部分:建筑物的物理损坏和生命危险:GB/T 21714.3—2015[S].北京:中国标准出版社,2015.

[5] 全国雷电防护标准化技术委员会.雷电防护 第 4 部分:建筑物内电气和电子系统:GB/T 21714.4—2015[S].北京:中国标准出版社,2015.

[6] 公安部天津消防研究所,公安部四川消防研究所.建筑设计防火规范:GB 50016—2014[S].北京:中国计划出版社,2014.

第 9 章　供电系统雷电防护

9.1　供电系统电涌保护器的应用

9.1.1　电涌保护器运行电压

电涌保护器的最大持续运行电压不应小于表 9.1 所规定的最小值;在电涌保护器安装处的供电电压偏差超过所规定的 9% 以及谐波使电压幅值增大的情况下,应根据具体情况对限压型电涌保护器提高表 9.1 所规定的最大持续运行电压最小值[1]。

表 9.1　取决于系统特征要求的最大持续运行电压最小值

电涌保护器接于	配电网络的系统特征				
	TT 系统	TN-C 系统	TN-S 系统	引出中性线的 IT 系统	无中性线引出的 IT 系统
每一相线与中性线间	$1.15U_o$	不适用	$1.15U_o$	$1.15U_o$	不适用
每一相线与PE 线间	$1.15U_o$	不适用	$1.15U_o$	$\sqrt{3}U_o$[①]	相间电压[①]
中性线与PE 线间	U_o[①]	不适用	U_o[①]	U_o[①]	不适用
每一相线与PEN 线间	不适用	$1.15U_o$	不适用	不适用	不适用

注:1.　①是故障下最坏的情况,无需计及 15% 的允许误差

2.　U_o 是低压系统相线对中性线的标称电压,即相电压 220 V

3.　此表基于按现行国家标准 GB 18802.1—2011《低压电涌保护器(SPD) 第 1 部分:低压配电系统的电涌保护器 性能要求和试验方法》做过相关试验的电涌保护器产品

9.1.2　电涌保护器接线形式

电涌保护器的接线形式应符合表 9.2 规定。具体接线见图 9.1～图 9.5。

表 9.2　根据系统特征安装电涌保护器

电涌保护器接于	配电网络的系统特征							
	TT 系统 按以下形式连接		TN-C 系统	TN-S 系统引出中性线 按以下形式连接		引出中性线的 IT 系统 按以下形式连接		不引出中性线的 IT 系统
	接线形式 1	接线形式 2		接线形式 1	接线形式 2	接线形式 1	接线形式 2	
每一相线与中性线间	★	○	不适用	★	○	★	○	不适用
每一相线与 PE 线间	○	不适用	不适用	○	不适用	○	不适用	○
中性线与 PE 线间	○	○	不适用	○	○	○	○	不适用
每一相线与 PEN 线间	不适用	不适用	○	不适用	不适用	不适用	不适用	不适用
各相线之间	★	★	★	★	★	★	★	★

注：○表示必须；★表示非强制性，可附加选用。

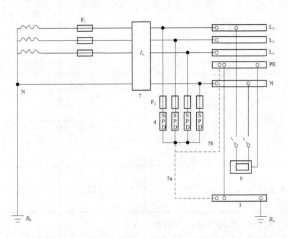

图 9.1　TT 系统电涌保护器安装在进户处剩余电流保护器的负荷侧

3:总接地端或总接地连接带；4:U_P 应小于或等于 2.5 kV 的电涌保护器；5a、5b:电涌保护器的接地连接线；6:需要被电涌保护器保护的设备；7:剩余电流保护器，应考虑通雷电流的能力；F_1:安装在电气装置进户处的保护器；F_2:电涌保护器制造厂要求装设的过电流保护器；R_A:本电气装置的接地电阻；R_B:电源系统的接地电阻

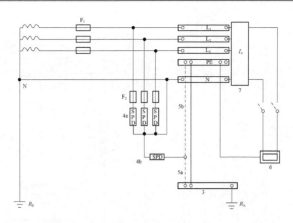

图 9.2　TT 系统电涌保护器安装在进户处剩余电流保护器的电源侧

3:总接地端或总接地连接带;4a、4b:电涌保护器,它们串联后构成的 U_P 应小于或等于 2.5 kV 的电涌保护器;5a、5b:电涌保护器的接地连接线;6:需要被电涌保护器保护的设备;7:安装于母线的电源侧或负荷侧的剩余电流保护器;F_1:安装在电气装置进户处的保护器;F_2:电涌保护器制造厂要求装设的过电流保护器;R_A:本电气装置的接地电阻;R_B:电源系统的接地电阻

注:在高压系统为低电阻接地的前提下,当电源变压器高压侧碰外壳短路产生的过电压加于 4a 电涌保护器时,该电涌保护器应按 GB 18802.1—2011《低压电涌保护器(SPD) 第 1 部分:低压配电系统的电涌保护器 性能要求和试验方法》的规定做 200 ms 或按照厂家要求做更长时间耐 1200 V 暂态过电压试验

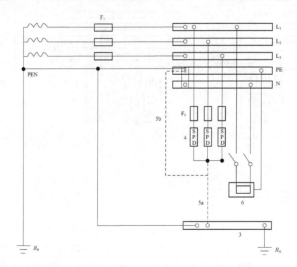

图 9.3　TN 系统安装在进户处的电涌保护器

3:总接地端或总接地连接带;4:U_P 应小于或等于 2.5 kV 的电涌保护器;5a、5b:电涌保护器的接地连接线;6:需要被电涌保护器保护的设备;F_1:安装在电气装置进户处的保护器;F_2:电涌保护器制造厂要求装设的过电流保护器;R_A:本电气装置的接地电阻;R_B:电源系统的接地电阻

注:当采用 TN-C-S 或 TN-S 系统时,在 N 线与 PE 线连接处电涌保护器用 3 个;在 N 线与 PE 线分开 9 m 以后电涌保护器用 4 个,即在 N 线与 PE 线间增加一个(见图 9.5 及其注)

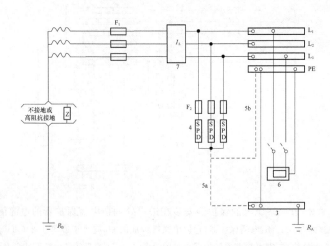

图 9.4　IT 系统电涌保护器安装在进户处剩余电流保护器的负荷侧

3:总接地端或总接地连接带;4:U_P 应小于或等于 2.5 kV 的电涌保护器;5a、5b:电涌保护器的接地连接线;6:需要被电涌保护器保护的设备;7:剩余电流保护器;F_1:安装在电气装置进户处的保护器;F_2:电涌保护器制造厂要求装设的过电流保护器;R_A:本电气装置的接地电阻;R_B:电源系统的接地电阻

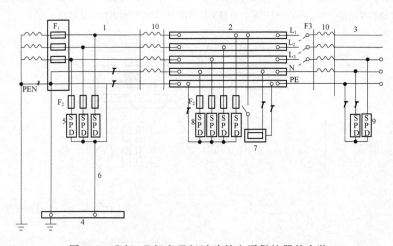

图 9.5　Ⅰ级、Ⅱ级和Ⅲ级试验的电涌保护器的安装

1:电气装置的电源进户处;2:配电箱;3:送出的配电线路;4:总接地或总接地连接带;5:Ⅰ级试验的电涌保护器;6:电涌保护器的接地连接线;7:需要被电涌保护器保护的固定安装的设备;8:Ⅱ级试验的电涌保护器;9:Ⅱ级或Ⅲ级试验的电涌保护器;10:去耦器件或配电线路长度;F_1、F_2、F_3:过电流保护器

注:1. 当电涌保护器 5 和 8 不是安装在同一处时,电涌保护器 5 的 U_P 应小于或等于 2.5 kV;电涌保护器 5 和 8 可以组合为一台电涌保护器,其 U_P 应小于或等于 2.5 kV

　　2. 当电涌保护器 5 和 8 之间的距离小于 9 m 时,在 8 处 N 线与 PE 线之间的电涌保护器可不装

9.2　电气系统电击防护

人遭受的电击,绝大部分来自供配电系统。所谓系统的电击防护措施,就是通过实施在供配电系统上的技术手段,在电击或电击可能发生时,切断电流供应通道或降低电流值,从而保障人身安全。

下面主要讨论不同接地形式的低压配电系统中间接电击的防护问题。若无特别说明,均按正常环境条件下安全电压 $U_L = 50$ V,人体阻抗为纯电阻且电阻值 $R_M = 900$ Ω 进行分析计算。

9.2.1　IT 系统的间接电击防护

IT 系统即系统中性点不接地,设备外露可导电部分接地的配电系统。这种系统发生单相接地故障时仍可继续运行,供电连续性较好,因此在矿井等容易发生单相接地故障的场所多有采用。另外,在其他接地形式的低压配电系统中,通过隔离变压器构造局部的 IT 系统,对降低电击危险性效果显著。因此,在路灯照明、医院手术室等特殊场所也常有应用。

1. 正常运行状态

IT 系统正常运行如图 9.6 所示。此时系统由于存在对地分布电容和分布电导,使得各相均有对地的泄漏电流,并将分布电容的效应集中考虑,如图中虚线所示。此时三相电容电流平衡,各相电容电流互为回路,无电容电流流入大地,因此接地电阻 R_E 上无电流流过,设备外壳电位为参考地电位。尽管系统中性点不接地,但若假设将系统中性点 N 通过一个电阻 R_N 接地,R_N 上也不会有电流流过,即 R_N 两端电压为 0。因此系统中性点与地等电位,即系统中性点电位为地电位,各相线路对地电压等于各相线路对中性点电压,均为相电压。图中 E 为参考地电位点,每相对地电容电流如下:

$$|\dot{I}_{CU}| = |\dot{I}_{CV}| = |\dot{I}_{CW}| = U_\varphi \omega C_0 \tag{9-1}$$

式中:U_φ 是系统电源相电压;C_0 是单相对地电容;ω 是角频率。

2. 单相接地

设系统中设备发生 U 相碰壳,如图 9.7 所示。此时线路 L_1 相对地电压 U_{UE} 大幅降低,因此系统中性点对地电压 $U_{NE} = U_{NU} + U_{UE} = U_{UE} - U_{UN}$,其升高到接近相电压。$L_2$ 相对地电压为 $U_{VE} = U_{VN} + U_{NE}$,L_3 相对地电压为 $U_{WE} = U_{WN} + U_{NE}$。由于三相电压不再平衡,三相电流之和也不再为 0,因此有电容电流流入大地,通过 R_E 流回电源。此时若有人触及设备外露可导电部分,则形成人体接触电阻 R_t 与设备接地电阻 R_E 对该电容电流的分流。电击危险性取决于 R_E 与 R_t 的相对大小和接地电容电流大小。例如

$R_E = 9\ \Omega, R_t \approx R_m = 900\ \Omega$,接地电容电流之和为 $I_{C\Sigma}$,则人体分到的电流 $\dfrac{R_E}{R_E + R_t} I_{C\Sigma} =$

$\dfrac{10\ \Omega}{10\ \Omega + 1000\ \Omega} I_{C\Sigma} \approx 0.01 I_{C\Sigma}$。若没有设备接地(等效于 $R_E \to \infty$),则通过人体的电流

为 $I_{C\Sigma}$。可见,通过设备接地,使得流过人体的电流被大幅降低。

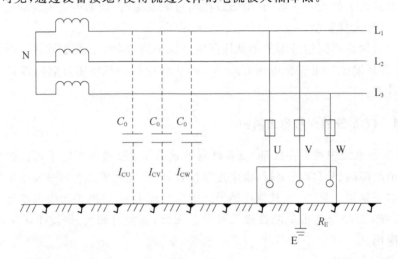

图 9.6　IT 系统正常运行

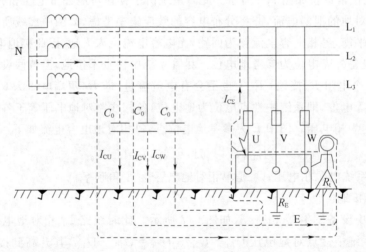

图 9.7　IT 系统单相接地故障分析

(1)单相接地电容电流计算

单回线路的电容电流与线路类型、敷设方式、敷设部位等有关,目前还没有发现有关的实验数据,因此一般采用估算的方法,估算的依据性公式如下。

正常工作时单相对地电容电流：

$$I_C = \frac{U_\varphi l}{1/(\omega C_0)} = U_\varphi l \omega C_0 \tag{9-2}$$

式中：U_φ 是系统电源相电压，单位为 kV；l 是回路长度，单位为 km；C_0 是线路单位长度对地电容，单位为 μF/km。

对于单相接地故障，接地电容电流为正常电容电流的 3 倍，即：

$$I_{C\Sigma} = 3U_\varphi l \omega C_0 \tag{9-3}$$

因此，只要能估算出 C_0，便能计算出 $I_{C\Sigma}$。电缆线路的 C_0 一般在零点几微法每千米范围内。但 C_0 也受诸多因素影响，不易准确计算，因此工程上对电缆线路常用以下经验公式进行估算：

$$I_{C\Sigma} = \sqrt{3}\,U_\varphi l \times 10^2 \tag{9-4}$$

式中：$I_{C\Sigma}$ 是接地电容电流，单位为 mA；U_φ 是系统电源相电压，单位为 kV；l 是回路长度，单位为 km。

如对于 380 V/220 V 系统，$U_\varphi = 0.22$ kV，则每千米电缆的电容电流正常时约为每相 $(\sqrt{3} \times 0.22\ \text{kV} \times 1\ \text{km} \times 10^2)/3 \approx 13$ mA，而发生单相接地故障时，流入大地的电容电流为 38 mA 左右。

(2)单相接地故障的安全条件

当发生第一次接地故障时，只要满足式(9.5)的条件，则可不中断系统运行，此时应由绝缘监视装置发出声音或灯光信号。不中断运行的条件为：

$$R_E I_{C\Sigma} \leqslant 50\ \text{V} \tag{9-5}$$

式中：R_E 是设备外露可导电部分的接地电阻，单位为 Ω。$I_{C\Sigma}$ 是系统总的接地故障电容电流，单位为 A。

式(9-5)一般情况下均可满足。例如，若 $R_E = 9\ \Omega$，则只要 $I_{C\Sigma} < 50\ \text{V}/9\ \Omega = 5$ A 就能满足。而按式 $I_{C\Sigma} = \sum\limits_{i=1}^{n} \sqrt{3}\,U_\varphi l_i \times 10^2 = \sqrt{3}\,U_\varphi \times 10^2 \sum\limits_{i=1}^{n} l_i$ 计算，$I_{C\Sigma}$ 要达到 5 A；对于 380 V/220 V 系统，系统回路的总长度应达到 5000 mA$/(\sqrt{3} \times 0.22\ \text{kV} \times 10^2) = 131$ km。因此只要合理控制系统规模，式(9-5)的要求是能够满足的。

3. 两相接地

IT 系统某一相发生接地，称为一次接地。此时只要接地电容电流 $I_{C\Sigma}$ 在设备外壳上产生的预期接触电压 U_t 小于 50 V，则可认为无电击危险性，系统可继续运行。但若在之后的运行过程中，另一设备中与一次接地不同的相上又发生了接地故障，则称为二次接地。此时形成了类似相间短路的情形，如图 9.8 所示。此时设备 1、2 外壳上的对地电压为 R_{E1}、R_{E2} 对线电压 $\sqrt{3}\,U_\varphi$ 的分压。若 $R_{E1} = R_{E2}$，则两台设备的外壳对地电压均

为 $\frac{\sqrt{3}}{2}U_\varphi$；若 $R_{E1}\neq R_{E2}$，则总有一台设备外壳电压高于 $\frac{\sqrt{3}}{2}U_\varphi$。对 380 V/220 V 低压配电

系统来说，$\frac{\sqrt{3}}{2}U_\varphi$＝190 V，这个电压远大于安全电压 50 V。因此，此时熔断器不仅要熔

断，而且要在规定时间内熔断。若不能满足熔断时间要求，则应考虑其他防护措施，如
装设剩余电流保护装置或采用共同接地等。

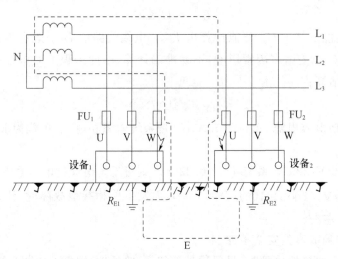

图 9.8　IT 系统二次异相接地故障分析

4.IT 系统中相电压的获取

　　虽然 IT 系统可以设置中性线，但一般不推荐设置，这是因为 IT 系统多用于易发
生单相接地的场所。在这种场所中，中性线接地发生的概率与相线一样高。因中性线
引自系统中性点，一旦发生中性线接地，也就相当于系统中性点接地，IT 系统就变成了
TT 系统，即系统的接地形式发生了质的变化。此时针对 IT 系统设置的各种保护措施
将可能失效，系统运行的连续性和电击防护水平都将受到影响。所以，一般情况下 IT
系统最好不要设置中性线。

　　那么，在 IT 系统中若有用电设备需要相电压（如 220 V），电源又该怎样处理呢？
一般有两种方法：一种是用 9 kV/0.23 kV 变压器直接从 9 kV 电源取得；另一种是通
过 380 V/220 V 变压器从 IT 系统的线电压取得。

9.2.2　TT 系统的间接电击防护

　　TT 系统即系统中性点直接接地，设备外露可导电部分也直接接地的配电系统。
TT 系统由于接地装置就在设备附近，因此 PE 线断线的概率小，且易被发现。另外，

TT 系统设备有正常运行时外壳不带电,故障时外壳高电位不会沿 PE 线传递至全系统等优点,使 TT 系统在爆炸与火灾危险性场所、低压公共电网和向户外电气装置配电的系统等处具有技术优势,应用范围也逐渐广泛[2]。

1. TT 系统可降低人体的接触电压

TT 系统单相接地故障如图 9.9 所示,系统接地电阻 R_N 和设备接地电阻 R_E 对故障相相电压 U_φ 分压。此时人体预期接触电压 U_t 为 R_E 上分得的电压,即:

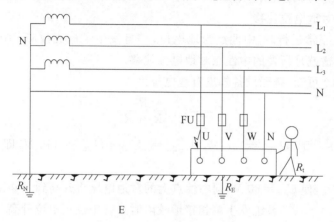

图 9.9　TT 系统单相接地故障分析

$$U_t \approx \frac{R_E}{R_E + R_N} U_\varphi \tag{9-6}$$

当人体接触到设备外露可导电部分时,相当于人体接触电阻 R_t 与设备接地电阻 R_E 并联,此时 U_t 肯定有变化。但人体接触电阻 R_t 在 1000 Ω 以上,远大于 R_E,故 $R_E/R_t \approx R_E$。因此可以认为,仍可以预期接触电压 U_t 不大于 50 V 为安全条件,即要求:

$$U_t = \frac{R_E}{R_E + R_N} U_\varphi < 50 \text{ V} \tag{9-7}$$

一般情况下 $R_N = 4$ Ω,要满足式(9.7),则需要 $R_E \leqslant 1.18$ Ω。这么小的接地电阻值是很难实现的。因此在多数情况下,设备接地虽然能够有效降低接触电压,但要降低到安全限值以下还是有困难的。

2. TT 系统不能使过电流保护器可靠工作

假设 $R_N = R_E = 4$ Ω,则单相碰壳时,接地电流(忽略变压器和线路阻抗)$I_d \approx \frac{220 \text{ V}}{(4+4) \text{ Ω}} = 27.5$ A。对于固定式设备,要求过电流保护器在 5 s 内动作切断电源。若过电流保护器为熔断器,则要求熔体额定电流 $I_{r(FU)}$ 小于 I_d 的 1/5,才能可靠动作,保证熔断器在 5 s 内切断电源,即 $\frac{I_d}{I_{r(FU)}} \geqslant 5$。于是,$I_{r(FU)} = \frac{27.5 \text{ A}}{5} = 5.5$ A。一般在整定熔

断器熔体额定电流时,为防止误动作,要求熔体额定电流为计算电流的 1.5~2.5 倍,即 $I_{r(FU)} \geqslant (1.5 \sim 2.5) I_C$($I_C$ 为计算电流)。故应有 $I_C \leqslant 2.8 \sim 3.7$ A,即只有计算电流在 3.7 A 以下的设备,单相碰壳时才能使保护器在 5 s 内可靠动作。若是手握式设备,要求 0.4 s 内动作,则允许的计算电流更小。

可见,单相碰壳时系统的过电流保护器很难及时动作,甚至根本不动作。

3. TT 系统应用时应注意的问题

(1)中性点对地电位偏移

TT 系统在正常运行时,中性点为地电位,一旦发生了碰壳故障,中性点对地电位就会发生改变,这就是所谓的中性点对地电位偏移。

根据图 9.10 可知,碰壳设备外皮对地电位为:

$$\dot{U}_{UE} = \dot{U}_{UN} \frac{R_E}{R_E + R_N} \tag{9-8}$$

如果 $R_E = R_N$,则 $|\dot{U}_{UE}| = 110$ V,$|\dot{U}_{NE}| = |\dot{U}_{UN} - \dot{U}_{UE}| = 110$ V,即中性点对地电压将达到 19 V。

通过降低 R_E,使 $U_{UE} = 50$ V,则中性点上的对地电压将升高到 170 V。

如上所述,由于 TT 系统发生单相接地故障时系统中性点电位升高,导致中性线电位也升高。此时,若系统中有按 TN 方式接线的设备,则设备外露可导电部分的电位也会升高到中性点电位。尤其是在原本为 TN 的系统中,若有一台设备错误地采用了直接接地,则当这台设备发生碰壳时,系统中所有其他设备外壳上都会带中性点电位(图 9.10),这是相当危险的。因此在未采取其他措施的情况下(如可采取剩余电流保护器),严禁 TT 与 TN 系统混用。

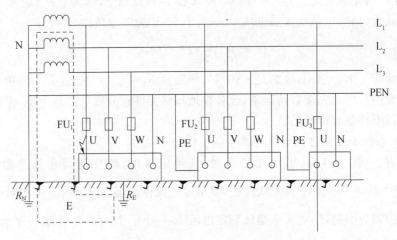

图 9.10　TT 系统与 TN 系统混用的危险分析

（2）自动断开电源的安全条件

自动断开电源的保护应符合下式要求：

$$R_E I_a \leqslant 50 \text{ V} \tag{9-9}$$

式中：R_E 是设备外露可导电部分的接地电阻与 PE 线的接地电阻之和；I_a 是在保证电击防护安全的规定时间内使保护装置动作的电流。

R_E 应是设备接地装置接地电阻与连接设备外壳和接地装置的 PE 线阻抗的复数和。为方便计算，PE 线的阻抗可看成是纯电阻与接地电阻的直接相加。这种近似使安全条件更为严格，故可行。TT 系统的故障回路阻抗包括变压器、相线和接地故障点阻抗以及设备接地电阻和变压器中性点接地电阻。故障回路阻抗较大，故障电流小，且故障点阻抗是难以估算的接触电阻，因此故障电流也难以估算。式（9-11）不采用故障电流 I_d 而采用保护器动作电流 I_a 规定安全条件正是基于此。式（9-9）表明，若实际接地故障电流 $I_d < I_a$，则 $R_E I_d \leqslant 50$ V，此时保护器虽不能（或不能及时）切断电源，但接触电压小于 50 V，可认为是安全的；若 $I_d \geqslant I_a$，虽然 $R_E I_d$ 可能大于 50 V，但故障能在规定时间内切断，因此也是安全的。这样既避开了难以确定 I_d 这一难题，又通过可准确确定的 I_a 将安全要求反映了出来，这是一种典型的工程处理手法。

对不同的保护器，在规定时间内的动作电流 I_a 有所不同。对于低压断路器的瞬时脱扣器，I_a 就是它的动作电流。若故障电流太小，以致不能使瞬时脱扣器动作，则应考虑减小延时脱扣器在规定时间内动作的最小电流；若采用熔断器保护，理论上应根据熔体额定电流 $I_{r(FU)}$ 查得其在规定时间内动作的电流值；若采用剩余电流保护，I_a 应为其额定动作电流 $I_{\Delta n}$。

在接地故障被切断前，故障设备外露可导电部分对地电压仍可能高于 50 V，因此仍需按规定时间切断故障。当采用反时限特性过电流保护器（如熔断器、低压断路器的长延时脱扣器等）时，对固定式设备应在 5 s 内切除故障。但对于手握式和移动式设备，TT 系统通常采用剩余电流保护，此时应为瞬时动作。

4. 分别接地与共同接地

在 TT 系统和 IT 系统中，若每台设备都使用各自独立的接地装置，就称为分别接地。而若干台设备共用一个接地装置，则称为共同接地。当采用共同接地方式时，若不同设备发生异相碰壳故障，则实现共同接地的 PE 线会使其发生相间短路，通过过电流保护器动作，以切除故障，如图 9.11a 所示。IT 系统发生一台设备单相碰壳时，仍可继续运行，这时外壳电压一般低于安全电压限值，即使这个电压会沿共同接地的 PE 线传导至所有设备外壳，也不会有电击危险。但在运行过程中，另一台设备又发生异相碰壳故障的情况是可能出现的。此时若采用分别接地，则两台设备的接地电阻会对线电压分压。对 380 V/220 V 系统来说，不管设备接地电阻多大，总有一台设备所分电压不小于 190 V，而大多数情况下设备接地电阻大小基本相等，即各分得约 190 V 电压，这个电压是十分危险的。而采用共同接地后,相间短路电流会使过电流保护器动作,从而消除电击危险。因此,共同接地对 IT 系统来说是一个比较好的方式。采用共同接地的缺点是:一台设备外壳上的故障电压会传导至参与共同接地的每一台设备外壳上,若保护器不能迅速动作,则十分危险。故在 TT 系统中,若没有设置能瞬间切除故障回路的剩余电流保护,则不宜采用共同接地。

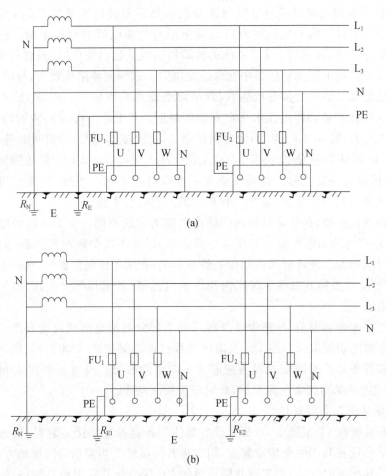

图 9.11　共同接地与分别接地
(a)共同接地;(b)分别接地

9.2.3　TN 系统的间接电击防护

TN 系统主要是靠将单相碰壳故障变成单相短路故障,并通过短路保护切断电源实施电击防护的。因此,单相短路电流的大小对 TN 系统电击防护性能具有重要影响。

从电击防护的角度来说,单相短路电流大或过电流保护器动作电流值小,对电击防护都是有利的。

1. 用过电流保护器切断电源

TN 系统发生单相碰壳故障如图 9.12 所示。这是通过单相接地电流作用于过电流保护器,使其动作以消除电击危险的。切断电源包含两层意思:一是要能够可靠切断(即保护器应动作);二是应在规定时间内切断。因此,较大的接地电流对保护总是有利的。

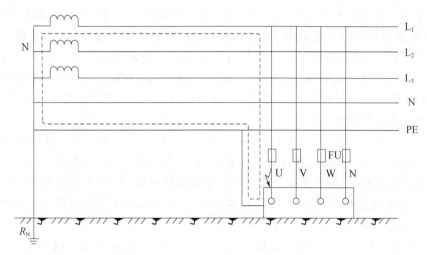

图 9.12 TN-S 系统碰壳故障分析

故障设备距电源越远,单相短路(接地)电流 I_d 因故障回路阻抗增大就会越小。但从式(9-10)分析可知,人体预期接触电压 U_t 基本不变,即要求的电源被切断时间依旧不变。因此,故障设备距电源的距离越远,对电击防护越不利。人体预期接触电压计算公式为:

$$U_t = I_d \mid Z_{PE} \mid = \left| \frac{Z_{PE}}{Z_{PE} + Z_1 + Z_T} \right| U_{\varphi(av)} \tag{9-10}$$

式中: Z_1 是相线计算阻抗,单位为 mΩ; Z_{PE} 是 PE 线计算阻抗,单位为 mΩ; Z_T 是变压器计算阻抗,单位为 mΩ; $U_{\varphi(av)}$ 是平均相电压,单位为 V。

降低线路(包括相线和 PE 线)阻抗对电击防护是有利的。因为这时 I_d 会增大,从而有利于过电流保护器动作。降低 PE 线阻抗还有一个好处,就是可降低预期接触电压 U_t。因此,加大导线截面积不仅能降低电能损耗和电压损失,有利于提高线路的过载保护灵敏度,还可提高电击防护水平。

变压器计算阻抗 Z_T 的大小也对 I_d 有影响,故选择适合的联结组别(如 Dyn11)可大幅降低 Z_T 的大小,对电击防护是有利的。

2. TN 系统应用时应注意的问题

(1)动作时间要求

相线对地标称电压为 220 V 的 TN 系统,配电线路的接地故障保护切断故障回路的时间应符合下列规定:

第一,配电线路或仅供给固定式电气设备用电的末端线路,不宜大于 5 s;

第二,供给手握式电气设备和移动式电气设备的末端线路或插座回路,不应大于 0.4 s。

上述第一条规定为不大于 5 s,是因为固定式设备外露可导电部分不是被手抓握住的,在接地故障发生时易出现人手恰好与之接触的情况,即使接触,人手也易于摆脱。5 s 这一时间值考虑了防电气火灾以及电气设备和线路绝缘热稳定的要求,同时也考虑了躲开大电动机启动电流的影响。当线路较长时,末端故障电流较小,使得保护器动作时间长等因素也被考虑在内。因此 5 s 值的规定并非十分严格,而是采用了"宜"这一严格程度不是很强的用词。

上述第二条严格规定了 0.4 s 的时间限值(采用了"应"这一严格程度很强的用词)。这是因为对于手握式或移动式设备来说,当发生碰壳故障时,人的手掌肌肉对电流的反应是不由自主地紧握不放,不能迅速摆脱带体,以致于会长时间承受接触电压。况且手握式和移动式设备往往容易发生接地故障,这就更增加了这种危险性。因此规定了 0.4 s 这一时间限值。这一限值的规定已考虑了等电位连接的作用,同时考虑了 PE 线与相线截面积之比由 1∶3 到 1∶1 的变化和线路电压偏移等影响。

还有一种情况,即一条线路上既有手握式(或移动式)设备,又有固定式设备。这时应按不利的条件,即 0.4 s 考虑切断电源时间。另有一种相似的情况,即同一配电箱引出的两条回路中,一条接手握式(或移动式)设备,另一条接固定式设备。这时固定式设备发生接地故障,预期接触电压会沿 PE 线传递到手握式设备外壳上,因此也应该在 0.4 s 内切除故障,或通过等电位连接措施使配电箱 PE 排上的接触电压降至 U_L(安全电压限值)以下。

另外,IEC 标准还规定了 TN 系统中其他电压等级下的切断时间允许值,如 120 V 时为 0.8 s,400 V(380 V)时为 0.2 s,大于 400 V(380 V)时为 0.1 s 等。以上括号外为 IEC 推荐的电压等级,括号内为我国相应的电压等级。

(2)安全条件

当由过电流保护器作为接地故障保护时,可被用作电击防护的条件为:

$$I_d \geqslant I_a \tag{9-11}$$

式中:I_d 是单相接地电流;I_a 是保证保护器在规定时间内自动切断故障回路的最小电流值。

I_d 可按下式计算：

$$I_d = \left| \frac{U_{\varphi(av)}}{Z_{PE} + Z_1 + Z_T} \right| = \frac{U_{\varphi(av)}}{|Z_{\varphi P} + Z_T|} \tag{9-12}$$

式中：$Z_{\varphi P}$ 是相保护回路阻抗。

下面讨论三种常见的保护器满足式(9-9)的安全条件。

1)熔断器

对于由熔断器作过电流保护器的情况，由于熔断器的分散性以及试验条件与使用场所条件的不同，不宜直接从其"A—s"特性曲线上通过 I_d 值查动作时间 Δt。GB 50054—2011《低压配电设计规范》[3]给出了在规定时限下使熔断器动作所需的短路电流 I_d 与熔断器熔体额定电流 $I_{r(FU)}$ 的最小比值，分别见表 9.3 和表 9.4。

表 9.3　切断接地故障回路时间小于或等于 5 s 时的 $I_d/I_{r(FU)}$ 最小比值

熔体额定电流（A）	4～9	12～63	80～200	250～500
$I_d/I_{r(FU)}$	4.5	5.0	6.0	7.0

表 9.4　切断接地故障回路时间小于或等于 0.4 s 时的 $I_d/I_{r(FU)}$ 最小比值

熔体额定电流（A）	4～9	16～32	40～63	80～200
$I_d/I_{r(FU)}$	8.0	9.0	9.0	11.0

2)低压断路器

若 I_d 能使瞬时脱扣器可靠动作，则满足安全条件；若 I_d 能使短延时脱扣器可靠动作，则是否满足安全条件取决于短延时脱扣器的动作时间整定值；若 I_d 仅能使长延时脱扣器可靠动作，则应从断路器特性曲线上按最不利条件查出其动作时间判断其是否满足安全条件。对于设置有瞬时动作的接地保护的低压断路器，只要 I_d 能使其可靠动作，就认为满足安全条件。

以上所述"能使脱扣器可靠动作"，是指考虑了一定裕量后，I_d 仍大于脱扣器动作整定值。对于瞬时脱扣器和短延时脱扣器而言，当 I_d 大于或等于动作整定值的 1.3 倍时，就认为能使脱扣器可靠动作。

3)剩余电流保护器

首先，单相接地故障电流必须是剩余电流，才能使用剩余电流保护，否则无论 I_d 多大，保护器都不会动作。在满足这一条件的前提下，对于瞬时动作的剩余电流保护器，只要 I_d 大于其额定漏电动作电流 $I_{\Delta n}$，就可认为满足安全条件；对于延时动作的剩余电流保护器，除要求 $I_d > I_{\Delta n}$ 外，还要看其动作时限是否满足要求。

(3)TN-C 系统的缺陷

1)正常运行时，设备外露可导电部分带电，如图 9.13 所示。三相 TN-C 系统正常运行时,三相不平衡电流、$3n$ 次谐波电流都会流过中性线。现在用电设备中能产生谐波的设备大量增加,如电子整流气体放电灯、各种开关电源等,使得 $3n$ 次谐波电流在很多系统中已超过三相不平衡电流,成为 PEN 线上主要的电流。这些电流会在 PEN 线上产生压降,因系统中性点对地电位仍为 0,故 PEN 线对地电压沿 PEN 线逐渐增大,有报道称已测得高达近 120 V 的电压。在这种情况下,如仍采用 TN-C 系统,则正常工作时 PEN 线上电压就会传导至设备外壳,从而产生电击危险。另外,对于单相TN-C 系统,PEN 线上电流就等于相线电流,该电流产生的电压也会传导至设备外壳上。因此,无论是单相还是三相的 TN-C 系统,其正常运行时设备外壳带电是不可避免的。

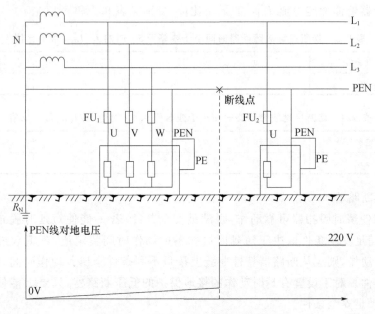

图 9.13　TN-C 系统存在的问题分析

2)PEN 线断线,会使设备外壳带上危险电压。单相 TN-C 系统一旦发生中性线断线,相线电压即会通过负载阻抗传导至 PEN 线断点以后的部分。这时由于负载阻抗上无电流通过,其压降为 0,因此在断点后相电压完全传导至 PEN 线。这个相电压会通过 PEN 线传导至断点以后的每一台设备外壳上,十分危险。另外,对于三相系统,当三相负荷不平衡时,PEN 线断线会使负荷中性点对地电位发生偏移。这个偏移电压也会通过断点后的 PEN 线传导至各设备外壳,其大小与负荷不平衡的程度有关,最严重时也能达到相电压大小。因此,无论单相还是三相系统,TN-C 系统发生中性线断线都是十分危险的。

因此,一些可能导致与 PEN 线断线相同效果的技术措施都是不允许的,如在 PEN

线上装设熔断器,或者装设能同时断开相线和 PEN 线的开关等。

(4)双电源 TN-S 系统的接法

当采用两个或者两个以上电源同时供电时,两个电源采用了各自独立的工作接地系统(图 9.14)。从形式上看,N 线和 PE 线在一个电源的中性点分开以后,在另一个电源的中性点又重新连接,这不符合"N 线和 PE 线在一个电源的中性点分开以后不允许再有电气连接"的 TN-S 系统结构要求。从概念上讲,当图中 a 点两侧完全对称时,PE 线 a 点对地电位应该为 0;而当 a 点两侧不完全对称时,a 点对地电位不为 0 的情况是可以发生的。此时 PE 线上有电流流过,即该 PE 线已不满足 PE 线成立的基本条件,该系统作为 TN-S 系统也就不成立了。

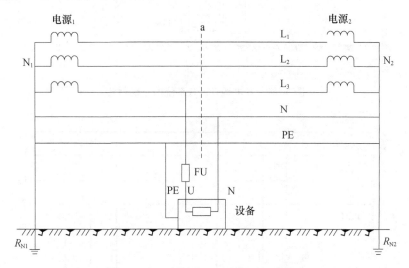

图 9.14　双电源 TN-S 系统不正确做法

因此,若 TN-S 系统中有两个或两个以上的电源同时工作,各电源的工作接地应共用一个接地体,这样才能保证 TN-S 系统的正确性,如图 9.15 所示。

(5)TN-C-S 系统中的重复接地

在 TN-C-S 系统中,在由 TN-C 转为 TN-S 处一般都要作重复接地,如图 9.16所示。

首先,重复接地对 TN-C 部分仍然有效。其次,当设备发生碰壳故障时,重复接地有降低接触电压和增大短路电流的作用。因为此时从 TN-C 与 TN-S 转换处到电源中性点的阻抗,由无重复接地时的单 PEN 线阻抗,变成了有重复接地后的 PEN 线阻抗与 $(R_N + R_{RE})$ 的并联,使这一段的阻抗变小,从而使得故障回路的总阻抗变小,短路电流增大。同时,因为从故障设备到电源中性点阻抗变小,使设备外壳所分电压减小,从而降低了接触电压。

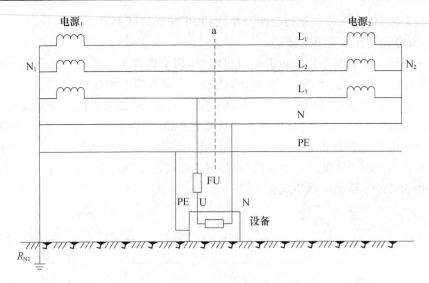

图 9.15　双电源 TN-S 系统的正确做法

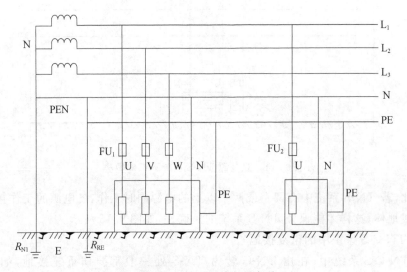

图 9.16　TN-C-S 系统的重复接地

9.3　剩余电流保护器

9.3.1　工作原理

剩余电流保护器(RCD)是 IEC 对电流型漏电保护器的规定名称。剩余电流保护

器的核心部分为剩余电流检测器件。电磁型剩余电流保护器中使用零序电流互感器作为检测器件的例子,如图 9.17 所示。图中将正常工作时有电流通过的所有线路穿过零序电流互感器的铁心环。根据基尔霍夫电流定律,正常工作时,这些电流之和为 0,不会在铁心环中产生磁通并感应出二次侧电流;而当设备发生碰壳故障时,有电流从接地电阻 R_E 上流回电源,这时 $\dot{i}_U + \dot{i}_V + \dot{i}_W = \dot{i}_{RE} \neq 0$,$(\dot{i}_U + \dot{i}_V + \dot{i}_W)$ 产生的磁场会在互感器二次侧绕组产生感应电动势,从而在闭合的副边线圈内产生电流。这个电流就是漏电故障发生的信号,称一次侧的部分 $|\dot{i}_U + \dot{i}_V + \dot{i}_W = \dot{i}_{RE}| \neq 0$ 为剩余电流。根据检测到的剩余电流大小,保护器通过预先设定的程序发出各种指令或切断电源、发出信号等。

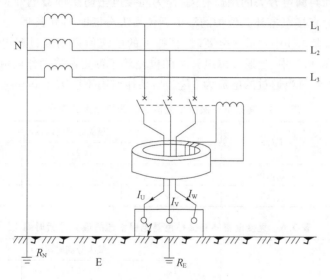

图 9.17　剩余电流检测

　　这里所提到的剩余电流,是指从设备工作端子以外的地方流出去的电流,即漏电电流。一般情况下,这个电流是从 I 类设备的 PE 端子流走的,但当人体发生直接电击时,从人体上流过的电流便成了剩余电流。因此剩余电流保护可用于直接电击防护补充保护。

9.3.2　特性参数

　　1. 额定漏电动作电流 $I_{\Delta n}$ 指在规定条件下,漏电开关必须动作的漏电电流值。我国标准规定的额定漏电动作电流值有 6 mA、9 mA、15 mA、30 mA、50 mA、75 mA、90 mA、200 mA、300 mA、500 mA、900 mA、3000 mA、9000 mA、20000 mA,其中30 mA 以下属于高灵敏度电流,主要用于电击防护;50～900 mA 属于中等灵敏度,用于电击防护和漏电火灾防护;900 mA 以上属于低灵敏度,用于漏电火灾防护和接地故障监视。

2. 额定漏电不动作电流 $I_{\Delta no}$ 指在规定条件下,漏电开关必须不动作的漏电电流值。额定漏电不动作电流 $I_{\Delta no}$ 总是与额定漏电动作电流 $I_{\Delta n}$ 成对出现的,优选值为 $I_{\Delta no}=0.5I_{\Delta n}$。如果说 $I_{\Delta n}$ 是保证漏电开关不误动的下限电流值的话,则 $I_{\Delta no}$ 是保证漏电开关不误动的上限电流值。

3. 额定电压 U_t 常用的有 380 V、220 V。

4. 额定电流 I_n 常用的有 6 A、10 A、16 A、20 A、60 A、80 A、125 A、160 A、200 A、250 A。

5. 分断时间与漏电开关的用途有关,作为间接电击防护的漏电开关最大分断时间见表 9.5,而作为直接电击补充保护的漏电开关最大分断时间见表 9.6。

在表 9.5 和表 9.6 中,"最大分断时间"栏下的电流值是指通过漏电开关的试验电流值。例如,在表 9.5 中,当通过漏电开关的电流等于额定漏电动作电流 $I_{\Delta n}$ 时,动作时间不应大于 0.2 s;而当通过的电流为 $5I_{\Delta no}$ 时,动作时间不应大于 0.04 s。

表 9.5　间接电击保护用漏电保护器的最大分断时间

$I_{\Delta n}$(A)	I_n(A)	最大分断时间(s)		
		$I_{\Delta n}$	$2I_{\Delta n}$	$5I_{\Delta n}$
≥0.03	任何值	0.2	0.1	0.04
	≥40	0.2	—	0.15

表 9.6　直接电击补充保护用漏电保护器的最大分断时间

$I_{\Delta n}$(A)	I_n(A)	最大分断时间(s)		
		$I_{\Delta n}$	$2I_{\Delta n}$	$5I_{\Delta n}$
≤0.03	任何值	0.2	0.1	0.04

作为防火用的延时型漏电保护器,延时时间为 0.2 s、0.4 s、0.8 s、1.0 s、1.5 s、2.0 s。

以 $I_{\Delta n}$ 和 $I_{\Delta no}$ 的应用为例,说明使用以上参数时应注意的问题。若工程设计中,要求漏电保护器在通过它的剩余电流大于等于 I_2 时必须动作(不拒动),而当通过它的电流小于等于 I_1 时必须不动作(不误动),则在选用漏电保护器时,应使 $I_1 \geq I_{\Delta n}$,$I_2 \geq I_{\Delta no}$。当判断一只漏电保护器是否合格时,若刚好使漏电保护器动作的电流值为 I_Δ,则一定要同时满足 $I_\Delta \leq I_{\Delta n}$ 和 $I_\Delta \geq I_{\Delta no}$,该漏电保护器才是合格的。换言之,在制造产品时,RCD 的实际漏电动作电流 I_Δ 在 $[I_{\Delta no}, I_{\Delta n}]$ 是正确的;而在设计的时候,应使设计要求的漏电动作电流值 I_1 和漏电不动作电流值 I_2 在 $[I_{\Delta no}, I_{\Delta n}]$ 之外才是正确的。

9.3.3　RCD 的应用

漏电开关主要用作间接电击和漏电火灾防护,也可用作直接电击防护,但这时只是作为直接电击防护的补充措施,而不能取代绝缘、屏护与间距等基础防护措施。由于 RCD 在配电系统中应用广泛,正确地使用 RCD 就显得十分重要,否则不但不能很好地起到电击防护作用,还可能造成额外的停电或其他系统故障。

1. RCD 在 IT 系统中的应用

IT 系统中发生一次接地故障时,一般不要求切断电源,系统仍可继续运行,此时应由绝缘监视装置发出接地故障信号。当发生二次异相接地(碰壳)故障时,若故障设备本身的过电流保护装置不能在规定时间内动作,则应装设 RCD 切除故障。因此,漏电保护开关参数的选择,应使其额定漏电不动作电流 $I_{\Delta n}$ 大于设备一次接地时的漏电电流,即电容电流 I_{CM},而额定漏电动作电流 $I_{\Delta n}$ 应小于二次异相故障时的故障电流。

2. RCD 在 TT 系统中的应用

由于 TT 系统仅靠设备接地电阻将预期触电电压降低到安全电压以下十分困难,而故障电流通常又不能使过电流保护器可靠动作,因此 RCD 的设置就显得尤为重要。

(1) RCD 在 TT 系统中的典型接线

如图 9.18 所示,图中包含了三相无中性线、三相有中性线和单相负荷的情况。当所有设备都采用了 RCD 时,采用分别接地和共同接地均可。但当部分设备没有装设 RCD 时,未采用 RCD 的设备与装设 RCD 的设备不能采取共同接地。如图 9.19a 所示,当未装 RCD 的设备 2 发生碰壳故障时,外壳电压将传导至设备 1,而设备 1 的 RCD 对设备的碰壳故障不起作用,因此是不安全的。对这种情况,可将采用共同接地的所有设备设置一个共同的 RCD,如图 9.19b 所示。但这种做法会导致在一台设备发生漏电时,所有设备都将停电,其扩大了停电范围。

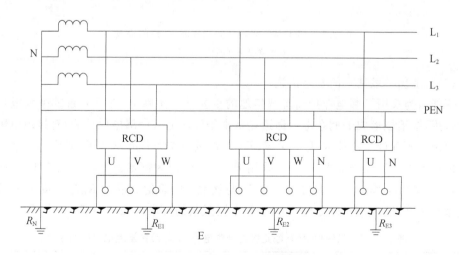

图 9.18　TT 系统中 RCD 典型接线示例

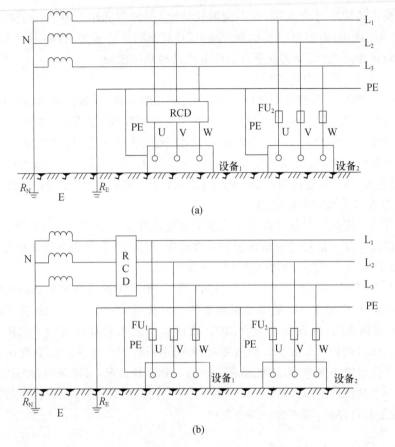

图 9.19 TT 系统采用共同接地时 RCD 的设置

(a)不正确接法；(b)可采用接法

（2）接地仍是最基本的安全措施

不能因为采用了漏电保护而忽视接地的重要性。实际上，在 TT 系统中漏电保护得以采用，接地极形成的剩余电流通道是基本条件。但采用漏电保护后，对接地电阻阻值的要求大幅降低了。按 $R_E I_a \leqslant 50$ V，TT 系统的安全条件要求如下（式中 I_a 为在规定时间内使保护装置动作的电流）。当采用 RCD 时，I_a 应为额定漏电动作电流 $I_{\Delta n}$。按此要求，对于瞬时动作($t \leqslant 0.2$ s)的 RCD，$I_{\Delta n}$ 与接地电阻阻值在满足 $R_E I_a \leqslant 50$ V 条件时的关系见表9.7。可见，安装 RCD 对接地电阻阻值的要求大幅减小了。

表 9.7　TT 系统中 RCD 额定漏电动作电流 $I_{\Delta n}$ 与设备接地电阻的关系

额定漏电动作电流 $I_{\Delta n}$(mA)	30	50	90	200	500	900
设备最大接地电阻(Ω)	1667	900	500	250	90	50

3. RCD 在 TN 系统中的应用

尽管 TN 系统中的过电流保护在很多情况下都能在规定时间内切除故障,但即使在这种情况下,TN 系统仍宜设置漏电保护。一是在系统设计时,一般不会(有时也不可能)逐一校验每台设备(甚至可能是插座)处发生单相接地时,过电流保护是否能满足电击防护要求。二是过电流保护不能防直接电击。三是当 PE 线或 PEN 线发生断线时,过电流保护对碰壳故障不再有作用。因此,在 TN 系统中设置剩余电流保护,对补充和完善 TN 系统的电击防护性能及防漏电流火灾性能是有很大益处的。

(1) TN-S 系统中 RCD 的作用

TN-S 系统中 RCD 的典型接法如图 9.20 所示。采用漏电保护后,电击防护对单相接地故障电流的要求大幅降低。TN-S 的安全条件是 $I_d \geqslant I_a$, I_d 为单相接地故障电流,I_a 为使保护装置在规定时间内动作的电流。因 $I_d = U_\varphi / Z_S$, U_φ 为相电压,Z_S 为故障回路计算阻抗,所以有:

$$I_a Z_S \leqslant U_\varphi \tag{9.13}$$

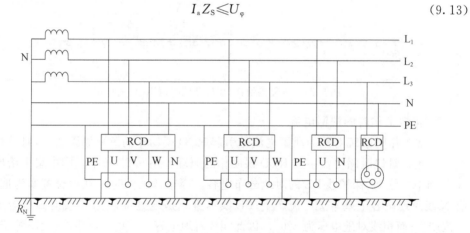

图 9.20　TN-S 系统中 RCD 典型接线示例

以 $U_\varphi = 220$ V, $I_a = I_{\Delta n}$ 计算,对 Z_S 的要求见表 9.8。

表 9.8　TN 系统中 RCD 额定漏电动作电流与故障回路阻抗的关系

额定漏电动作电流 $I_{\Delta n}$(mA)	30	50	90	200	500	900
故障回路最大阻抗 Z_S(Ω)	7333	4400	2200	190	440	220

由表 9.8 可知,如此大的短路回路阻抗,即使算上故障点的接触电阻(或电弧阻抗),也是很容易满足的。可见,在采用 RCD 后,TN 系统保护动作的灵敏性得到了很大提高。

（2）TN-C-S 系统中 RCD 对重复接地的作用

RCD 的正常工作，保证剩余电流通道完好十分重要。对 TN-C-S 系统，剩余电流通道总有一段是 PEN 线。一旦 PEN 线断线，剩余电流通道便被破坏，RCD 正常工作的条件便不成立，而重复接地可很好地解决这一问题。重复接地的电阻值不一定很小，但只要故障回路总阻抗（含重复接地电阻）满足表 9.8 中所列数值，RCD 就能可靠动作，如图 9.21 所示。

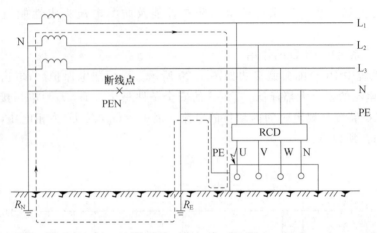

图 9.21　重复接地在 PEN 断线时对 RCD 的作用

4. 正常工作时的泄漏电流

正常工作时系统对地的泄漏电流是引起 RCD 误动作的重要原因之一，对单相系统尤其如此。对地泄漏电流引起 RCD 误动作的原理如图 9.22 所示。图中集中给出了相线 L 和中性线 N、保护线 PE 的对地分布电容。因正常工作时 N 线电位基本为地电位，故 N 线对地电容上基本无电流产生；PE 线本身就是地电位，故 FE 线对地电容上也无电流产生；而相线对地电压为 220 V，因此相线对地电容上有电流产生，其大小等于 $U_\varphi \omega C$（U_φ 为相电压）。该电流从相线流出，但不经中性线流回系统，而是从系统中性点接地电阻流回系统。对于 RCD 来说，这个电流便成为剩余电流。一旦这个电流达到 $I_{\Delta n}$，便会引起 RCD 误动作。泄漏电流的存在给 RCD 动作值 $I_{\Delta n}$ 的选取带来了困难。一方面为了使保护更灵敏，需要使 $I_{\Delta n}$ 尽可能小；另一方面为了使 RCD 在泄漏电流作用下不发生误动作，又应使 $I_{\Delta n}$ 尽可能大，而 $I_{\Delta no} = I_{\Delta n}/2$。因此确定泄漏电流的大小，对于确定 RCD 的参数有着重要意义。由于泄漏电流大小与导线敷设方式、敷设部位及环境、气候等因素相关，因此准确确定泄漏电流大小是有困难的。表 9.9 给出了单位长度导线的泄漏电流值，表 9.10 给出了常用电器的泄漏电流值，表 9.11 给出了电动机的泄漏电流，可供参考。

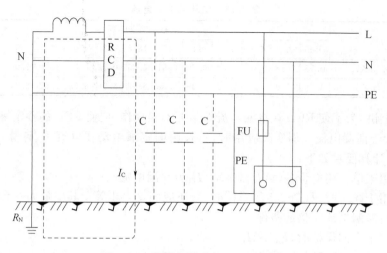

图 9.22 泄漏电流引起 RCD 误动作

表 9.9 220 V/380 V 单相及三相线路埋地、沿墙辐射穿管电线每千米泄漏电流

绝缘材质	截面积(mm²)											
	4	6	0	6	5	5	0	5	120	150	185	240
聚氯乙烯(mA/km)	2	2	6	2	0	0	9	9	99	112	116	127
橡皮(mA/km)	7	2	9	0	5	9	9	5	60	60	60	61
聚乙烯(mA/km)	7	0	5	6	9	3	3	3	38	38	38	39

表 9.10 荧光灯、家用电器及计算机泄漏电流

设备名称	形式	泄漏电流(mA)
荧光灯	安装在金属构件上	0.10
	安装在木质或混凝土构件上	0.02
家用电器	手握式 I 级设备	≤0.75
	固定式 I 级设备	≤3.50
	I 级设备	≤0.25
	I 级电热设备	0.75~5.00
计算器	移动式	1.00
	固定式	3.50
	组合式	15.00

表 9.11   电动机泄漏电流

运行方式	额定功率(kW)												
	1.5	2.2	5.5	7.5	11	15	18.5	22	30	37	45	55	75
正常运行(mA)	0.15	0.18	0.29	0.38	0.50	0.57	0.65	0.72	0.87	1.00	1.09	1.22	1.48
电机启动(mA)	0.58	0.79	1.57	2.05	2.39	2.63	3.03	3.48	4.58	5.57	6.60	7.99	9.54

理论上讲,为了使 RCD 在泄漏电流作用下不误动作,应使 RCD 的额定漏电不动作电流 $I_{\Delta no}$ 大于泄漏电流。但实际应用时,一般用额定漏电动作电流 $I_{\Delta n}$ 计算,并考虑一定的裕量,计算要求如下:

——用于单台用电设备时,$I_{\Delta n} > 4I_{1k}$(I_{1k} 为泄漏电流);

——用于线路时,$I_{\Delta n} > 2.5I_{1k}$ 且同时 $I_{\Delta n}$ 还应满足大于等于其中最大一台用电设备正常运行时泄漏电流 4 倍的条件;

——用于全网保护时,$I_{\Delta n} > 2I_{1k}$。

5. 各级 RCD 的配合

剩余电流保护与短路保护或过载保护类似,也应该具有选择性,这种选择性靠动作时间或动作电流配合,配合原则如下。

(1)电流配合

上一级漏电开关的额定漏电动作电流 $1/2 I_{\Delta n}$ 大于下一级漏电开关的额定漏电动作电流。

应注意的是,这一条件只是确定上级开关 $I_{\Delta n}$ 的条件之一。例如,若下级开关 $I_{\Delta n} = 30$ mA,则上级开关 $I_{\Delta n} = 80$ mA 即满足要求,但若下级共有 9 个回路,每一回路正常工作时的泄漏电流均为 9 mA,则此时流过上级开关的泄漏电流就为 90 mA,应按泄漏电流确定上级开关 $I_{\Delta n}$。

$1/2 I_{\Delta n}$ 中"1/2"的由来是这样的:理论上,上、下级开关的配合应是上级开关的额定漏电不动作电流 $I_{\Delta no}$ 大于下级开关额定漏电动作电流 $I_{\Delta n}$,而上级开关的 $I_{\Delta no} = I_{\Delta n}/2$,这是 RCD 产品标准的推荐值。所以用 $I_{\Delta n}$ 替代 $I_{\Delta no}$ 时,应乘 1/2。

(2)时间配合

上级漏电保护的动作时限应大于下级漏电保护的动作时限。因为 RCD 的动作与低压断路器长延时脱扣器动作不同,无动作惯性,一旦漏电电流被切断,动作过程立刻停止并返回,故一般可不考虑返回时间问题。

以上的时间配合和电流配合,只要有一种配合满足要求,就可以认为上、下级之间具有了选择性。

9.4 电气隔离

电气隔离是指使一个器件或电路与另外的器件或电路在电气上完全断开的技术措

施,其目的是通过隔离提供一个完全独立的规定的防护等级,即使基础绝缘失效,在机壳上也不会发生电击危险。

在工程上,最常用的方法是用 1 : 1 的隔离变压器进行电气隔离。

采用电气隔离的系统如图 9.23 所示。其中设备 0 为采用电动机—发电机的电气隔离,设备 1、2、3 为采用变压器的电气隔离。从图中可清楚地看出,隔离变压器两侧只是通过磁路联系的,没有直接的电气联系,符合电气隔离的条件。在工程应用中,应保证这种隔离条件不被破坏才行。

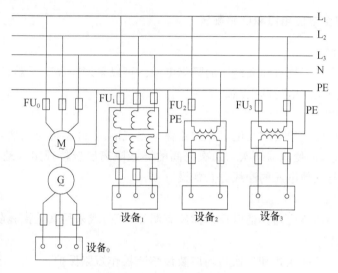

图 9.23　电气隔离示例

应用电气隔离须满足以下安全条件:

——隔离变压器具有加强绝缘的结构;

——二次边保持独立,即不接大地、不接保护导体、不接其他电气回路;

——二次回路电压不得超过 500 V,长度不应超过 200 m;

——根据需要,二次边装设绝缘监视装置,采用间距、屏护措施或进行等电位连接。

9.5　安全电压

9.5.1　安全电压的限值和额定值

1. 限值

安全电压的限值为任何两根导体间可能出现的最高电压值。我国标准规定工频电压有效值的限值为 50 V,直流电压的极限值为 120 V。当接触面积大于 1 cm^2,接触时间超过 1 s 时,建议干燥环境中工频电压有效值的限值为 33 V,直流电压限值为 70 V,潮湿环境中工频电压有效值为 16 V,直流电压限值为 35 V。

2. 额定值

我国规定工频有效值的额定值有 42 V、36 V、24 V、12 V 和 6 V。特别危险环境中使用的手持电动工具应采用 42 V 安全电压,有电击危险环境中使用的手持照明灯和局部照明灯应采用 36 V 或 24 V 安全电压,金属容器内、特别潮湿处等特别危险环境中使用的手持照明灯采用 12 V 安全电压,水下作业等场所应采用 6 V 安全电压。

9.5.2　安全电压电源和回路配置

1. 安全电源

安全电压应采用具有加强绝缘的隔离电源。可以采用隔离变压器、发电机、蓄电池或电子装置作为安全电压的电源。

2. 回路配置

安全电压回路必须与较高电压的回路保持电气隔离,并不得与大地、保护导体或其他电气回路连接,但变压器一次与二次之间的屏蔽隔离层应按规定接地或接零。安全电压的配线应与其他电压的配线分开敷设。

3. 插座

安全电压的插座应与其他电压的插座有明显区别,或采用其他措施防止插销插错。

4. 短路保护

电源变压器的一次边和二次边均应装设熔断器作短路保护。

参考文献

[1] 中国机械工业联合会.建筑物防雷设计规范:GB 50057—2010[S].北京:中国计划出版社,2010.

[2] 李祥超,赵学余,姜长稷,等.电涌保护器(SPD)原理与应用[M].北京:气象出版社,2010.

[3] 中国机械工业联合会.低压配电设计规范:GB 50054—2011[S].北京:中国计划出版社,2011.

第 10 章　仪器仪表智能系统雷电防护

10.1　仪器仪表信号系统电涌保护器原理

随着现代电力电子技术的高速发展,各种电子设备和大规模集成电路的应用越来越广泛,计算机和各种微电子设备已经成为工业应用以及人们日常生活中不可缺少的一部分。由于微电子设备工作电压低、功耗小、过电压耐受能力低,因此对系统电源和信号中的过电压极为敏感。过电压不仅可以引起电子设备系统误操作,还可以造成电子设备的永久性损坏,从而造成直接损失以及相关的间接损失[1]。

电涌保护器的设计主要考虑两个方面:一是信号 SPD 安装后保证信号的正常传输;二是信号 SPD 安装后的保护效果。

以下分别对常用信号端口的 SPD 进行分析。

10.1.1　DCS 工业控制系统模拟信号分析及保护原理

1. DCS 系统介绍

集散控制(DCS)技术的含义是分散控制集中管理,DCS 是计算机技术、数字通信技术和现代控制技术结合的产物,是信息时代的控制技术。

通常 DCS 系统的体系结构分为三层,包括现场控制级、集中操作监视级和综合信息管理级。DCS 是面向整体、面向系统的控制技术,目标是整个系统的最优化控制,包括现场实时控制的最优化和综合信息管理的最优化。

2. DCS 工业控制系统模拟信号分析

在工业现场,用模拟的电流来传输信号,因为模拟的电流信号对噪声并不敏感。4～20 mA 的电流环,便是用 4 mA 表示零信号,用 20 mA 表示信号的满刻度,而低于 4 mA 高于 20 mA 的信号用于各种故障的报警。

4～20 mA 电流环有两种类型:二线制和三线制。当监控系统需要通过长线驱动现场的驱动器件(如阀门等)时,一般采用三线制变送器。这里信号转换器位于监控的系统端,由系统直接向信号转换器供电,供电电源是两根电流传输线以外的第三根线。二线系统的信号转换器和传感器位于现场端,由于现场供电问题的存在,一般是利用接收端 4～20 mA 的电流环向远端的信号转换器供电,通过 4～20 mA 电流环反映信号的大小。

　　4～20 mA 工业模拟信号的典型应用是传感和测量应用。在工业现场有许多种类的传感器可以被转换成 4～20 mA 的电流信号,由于变送器芯片含有通用的功能电路,比如电压激励源、电流激励源、稳压电路、仪表放大器等,所以可以很方便地把许多传感器的信号转化为 4～20 mA 的信号。

　　(1)二线制方案设计需要考虑:

　　电路环中的接收器的数量,更多的接收器将要求变送器有较低的工作电压;

　　变送器所必需的工作电压要有一定的裕量;

　　决定传感器的激励方法是电压还是电流。

　　(2)三线制 4～20 mA 电路在设计上由变送器端提供工作电源,为避免 50/60 Hz 的工频干扰,采用电流来传输信号。信号转换器和现场的负载共用一个地接。三线制方案设计需要考虑:

　　电流环路中的接收器数量;

　　更多的接收器要求变送器拥有更高的工作电压;

　　保证变送器所必需的工作电压,并应该有一定的裕量。

　　3. DCS 工业控制系统模拟信号的电涌保护器电路原理,如图 10.1 所示。

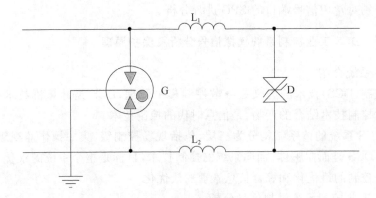

图 10.1　DCS 电涌保护器电路原理图

10.1.2　数字视频监控系统组合式电涌保护器

1. 数字视频监控系统电源和信号分析

数字视频监控系统包括电源、视频信号及控制信号三种。

数字视频监控系统的电源一般使用交流 220 V 或直流 12 V 供电。系统的供电范围包括系统所有设备及辅助照明设备。系统电源装置应由稳压电源和备用电源组成,稳压电源应具有净化功能,其标称功率应大于系统使用总功率的 1.5 倍。备用电源容量应至少能保证系统正常工作时间不小于 1 h。备用电源可以为二次电池及充电器、UPS 电源、备用发电机或它们的组合。前端设备,即黑白(彩色)摄像机、镜头、云台、防护罩、支架等,其供电应合理配置,宜采用集中供电方式。电源安全要求其应具有防雷和防漏电措施并安全接地。

视频信号的特点决定其传输必须采取宽频带、低损耗的传输信道。视频基带信号也就是通常讲的视频信号,它的带宽是 0~6 MHz。视频信号传输可以细分为电缆传输、电话线传输、光纤传输和射频传输。在视频监控系统中,同轴电缆是传输视频图像最常用的媒介。电话线传输是利用现有的网络,通过调制解调器与电话线相连来实现的。光纤传输具有损耗低、信息容量大、传输距离远、不受电磁干扰等优点,在许多系统中得到广泛应用。视频传输可以利用 GPRS 或 CDMA 等共用无线网络传输数据,也可以利用卫星或专用电台传输,其一般采取直流供电,具有一定的穿透性,不需要布视频电缆,也常用于公安、铁路、医院等场所的视频监控系统。

数字视频监控系统中的云台是承载摄像机进行水平和垂直两个方向旋转的装置,里面除机械传动机构外,还有电动机、继电器及相应的控制电路。数字视频监控系统中的控制信号用来控制云台的旋转、镜头的光圈、聚焦、变焦等,其镜头控制输出端的控制电压在 6~12 V 连续可变,信号接口为 RS-485 接口。

2. 数字视频监控系统保护电路

(1)电源保护电路

考虑"三合一"电涌保护器实际应用情况,电源保护部分的防护应采取如图 10.2 和图 10.3 的保护电路。

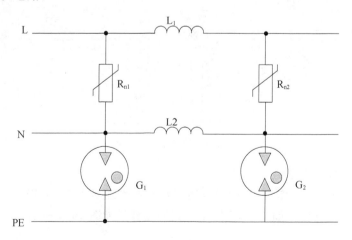

图 10.2　单相电源的保护电路图

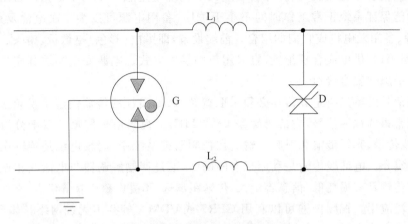

图 10.3　直流电源的保护电路图

(2)控制信号保护电路

数字视频监控系统中的控制信号用来控制云台的旋转、镜头的光圈、聚焦、变焦等，对其保护采用两级保护，气体放电管(GDT)作为第一级保护，瞬态抑制二极管(TVS)作为第二级保护，其设计电路图如图 10.4 所示。

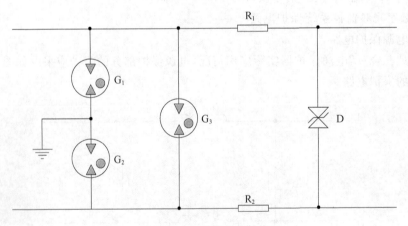

图 10.4　控制信号的保护

(3)视频信号保护电路

采用 GDT 和 TVS 作为二级保护，使用桥式电路主要是减小 TVS 管的分布电容和电阻退耦元件，其电路如图 10.5 所示。其冲击波形如图 10.6 所示。

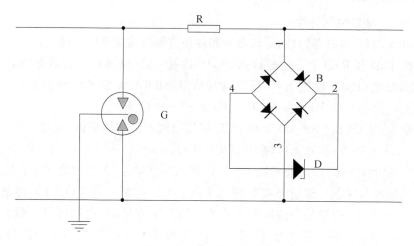

图 10.5　视频信号的保护

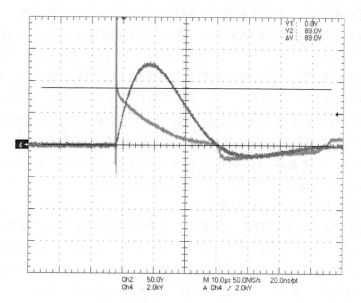

图 10.6　气体放电管与暂态二极管组合(5 kA)的冲击波形

10.1.3　RS-232 信号接口电涌保护器

RS-232 接口是由 ITU-T V.24 和 ITU-T V.28 两个建议共同规定的一个完备的串行物理接口,适用于同步和异步串行二进制数据交换系统中数据终端设备(DTE)和数据电路终端设备(DCE)之间的互连。该接口主要在传输速率低(20 kbit/s)、传输距离近(数十米)的场合下应用。

1.RS-232 接口电气特性

EIA-RS-232C 对电器特性、逻辑电平和各种信号线功能都作了规定。

(1)在 TxD 和 RxD 上。发送数据(TxD)通过 TxD 终端将串行数据发送到 MO-DEM;接收数据(RxD)通过 RxD 线终端接收从 MODEM 发来的串行数据。逻辑 1(MARK)=−3~−15 V;逻辑 0(SPACE)=+3~+15 V。

(2)在 RTS、CTS、DSR、DTR 和 DCD 等控制线上。信号有效(接通,ON 状态,正电压)=+3~+15 V;信号无效(断开,OFF 状态,负电压)=−3~−15 V。对于数据(信息码):逻辑"1"(传号)的电平低于−3 V,逻辑"0"(空号)的电平高于+3 V;对于控制信号:接通状态(ON),即信号有效的电平高于+3 V;断开状态(OFF),即信号无效的电平低于−3 V。也就是当传输电平的绝对值大于 3 V 时,电路可以有效地检查出来;介于−3~+3 V 的电压无意义;低于−15 V 或高于+15 V 的电压也认为无意义。因此,实际工作时应保证电平在±(3~15)V。

(3)传输速率较低。在异步传输时,波特率≤20 kbit/s,其特性阻抗为 3~7 kΩ。

(4)RS-232 传输线采用屏蔽双绞线。接口线间和线地耐受电压值约为 600 V 和 40 V。

(5)在近距离通信时,不采用调制解调器 MODEM,通信双方可以直接连接,这种情况下,只需要使用少数几根信号线。最简单的情况是,在通信中根本不要 RS-232C 的控制联络信号,只需使用 3 根线(TxD、RxD、SG)便可实现全双工异步串行通信。故在设计 RS-232 接口 SPD 时,只需对这三根信号线进行防电涌设计。

(6)RS-232C 标准规定的数据传输速率为 150 baud/s、300 baud/s、600 baud/s、1200 baud/s、2400 baud/s、4800 baud/s、9600 baud/s、19200 baud/s。

2.RS-232 接口 SPD 接入电容值要求

接收器的功能是接收数据线上的串行数据并按规定的格式把它转换成并行数据,存放在数据总线缓冲器中。在异步工作方式中,当允许接收时,接收器监视接收数据线,当无字符传送时,接收线为高电平。发现接收线上出现低电平时,即认为它是起始位,即启动一个内部计数器。当计数器计到一个数据位宽度的一半时,即重新检测接收线。若仍为低电平,则确认它是起始位,而不是噪声信号。此后,每当计数器计到一个数据位宽度时,将接收线上的数据送至移位寄存器,经过移位得到并行数据。由此可见,接收线上从一个有效电平转换到另一个有效电平的时间必须小于半个数据位才可正确的接收数据。对外部 RS-232 电平也是如此,设 RS-232 接口线上最大电平为 $\pm U_1$,最小有效电平为 $\pm U_2$,比特率为 K ,驱动器内阻为 R,则不使计算机串行异步通信(RS-232 标准接口)出错时接收线上接入的最大电容 C 由下式决定。

$$U_1+U_2=2U_1(1-e^{-\frac{1}{2KRC}})$$

$$C = \frac{-1}{2KR\ln\left(\dfrac{U_1 - U_2}{2U_1}\right)}$$

(10-1)

3. RS-232 接口 SPD 原理(图 10.7)

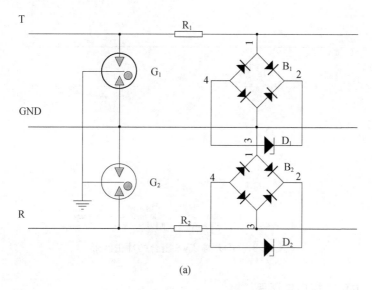

(a)

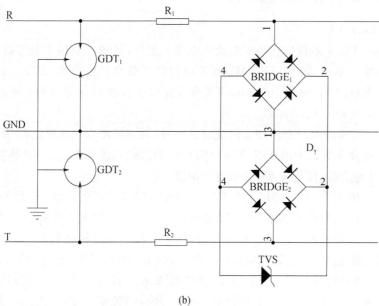

(b)

图 10.7　RS-232 接口 SPD 原理图

(a)原理图 1;(b)原理图 2

4. GDT 与 TVS 组合的冲击波形(图 10.8)

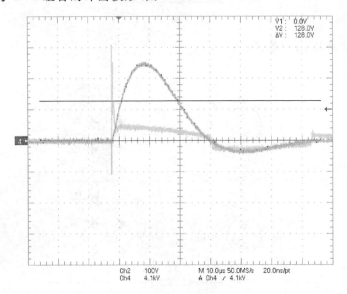

图 10.8　GDT 与 TVS 组合的冲击波形

10.1.4　RJ-45 接口电涌保护器

1. 100 Base-TX

100 Base-TX 介质接口在两对双绞线电缆上运行,其中一对用于发送数据,另一对用于接收数据。由于 ANSI TP-PMD 规范既包括屏蔽双绞线电缆(STP),也包括非屏蔽双绞线电缆(UTP),所以 100 Base-TX 介质接口支持两对 5 类以上非屏蔽双绞线电缆和两对 5 类屏蔽双绞线电缆。

100 Base-TX 链路与介质相关的接口有两种:对非屏蔽双绞线电缆,MDI 连接器必须是兼容 5 类及 5 类以上的 8 脚 RJ-45 连接器;对屏蔽双绞线电缆,MDI 连接器必须是 IBM 的 STP 连接器,使用屏蔽 DB-9 型连接器。

如果是 5 类 UTP 及 5 类以上 UTP,100 Base-TX UTP 介质接口使用两对 MDI 连接器线将信号传出和传入网络介质,这意味着 RJ-45 连接器 8 个管脚中的 4 个是被占用的。为使串音和可能的信号失真最小,另外 4 条线不应传输任何信号。每对的发送和接收信号是极化的,一条线传输正(+)信号,而另一条线传输负(-)信号。对 RJ-45 连接器,正确的配线对分配是管脚[1,2]和管脚[3,6]。应尽量在 MDI 管脚分配中使用正确的彩色编码线对。表 10.1 所示即为 100 Base-TX 的 UTP MDI 连接器引脚分配表。

表 10.1　100 Base-TX 的 UTP MDI 连接器引脚分配表

引脚号	信号名	电缆编码
1	发送＋	白色/橙色
2	发送－	橙色/白色
3	接收＋	白色/绿色
4	保留	—
5	保留	—
6	接收－	绿色/白色
7	保留	—
8	保留	—

2. 千兆以太网

千兆以太网是建立在以太网标准基础之上的技术。作为以太网的一个组成部分，千兆以太网也支持流量管理技术，它保证在以太网上的服务质量。

千兆以太网原先是作为一种交换技术设计的，采用光纤作为上行链路，用于楼宇之间的连接。之后，在服务器的连接和骨干网中，千兆以太网获得广泛应用。由于 IEEE 标准（采用 5 类及以上非屏蔽双绞线的千兆以太网标准）的出台，千兆以太网可适用于任何大、中、小型企事业单位。

目前，1000 Mbaud 以太网多采用 6 类布线，5 类 UTP 在千兆以太网上的应用正在研究中。1000 Base-T 的传输码速也是 125 Mbaud，但它要使用 CAT-6(5)中全部四对线，并在每一对线上同时实现收发操作，编码方式改为 5 电平编码 PAM5 后，才能在每个信号脉冲内并行传送一个字节的数据，即 125 Msymbols/s×8 bit/symbol＝1 Gbit/s。在铜线上传输 1000 Mbit/s 高速的码流，布线系统的支持是最主要的问题。即在 CAT-6(5)的四对线上传输 1000 Mbit/s 的数据流，所面临的信号衰减、回波、返回损耗、串音和电磁干扰等问题是影响网络性能的重要因素。CAT-6 布线中是以线缆的特殊结构实现的，它解决了回波损耗、信号衰减、串扰等问题，其对应的国际标准为 TIA/EIA-568B-2.1。

3. 网络端口保护电路

(1)快速以太网（百兆以太网）的保护电路

对于百兆以太网的防护，其保护电路为两级保护，第一级保护为 GDT，第二级保护为 TVS 阵列 SLVU 2.8。这种 TVS 阵列采用半导体材料，专为低电平保护设计，具有较好的电涌抑制效果，很适合应用在此类场合。分别对双绞线中 1 和 2、3 和 6 线路进行保护，如图 10.9 所示。

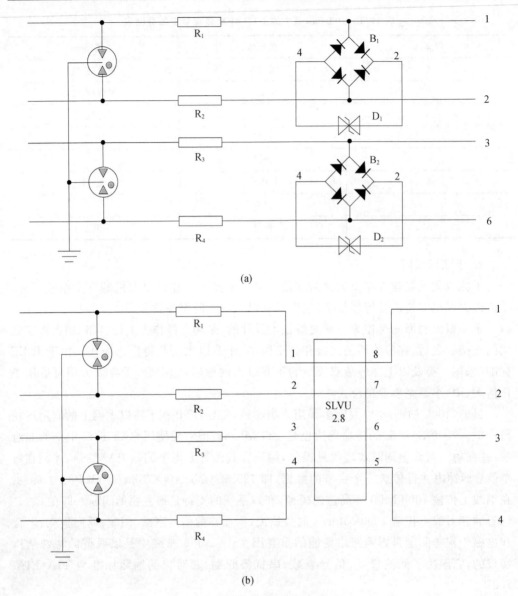

图 10.9　100 M 网络 SPD 原理图

(a)第一级保护 GDT;(b)第一级保护 SLVU2.8

(2)千兆以太网的保护电路

对于千兆以太网的防护,其保护电路与百兆以太网保护电路类似,第一级保护为 GDT,第二级保护为 TVS 阵列 SR05。分别对双绞线中 1 和 2、3 和 6、4 和 5 及 7 和 8 线路进行保护,如图 10.10 所示。

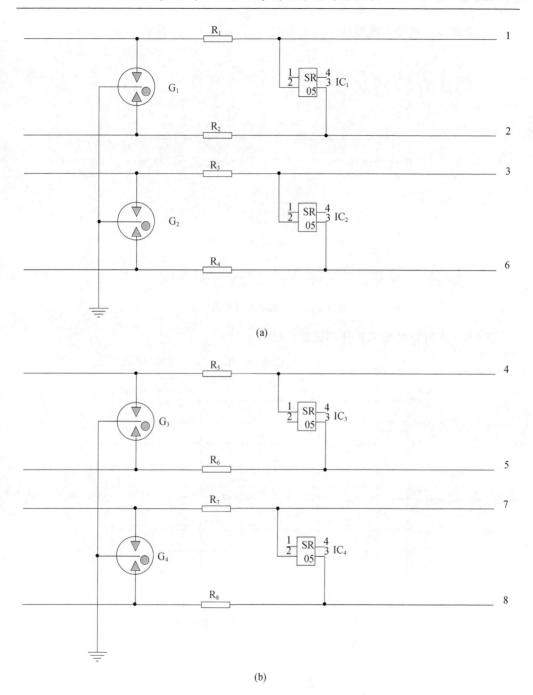

图 10.10 千兆网络 SPD 原理图

(a)原理图 1;(b)原理图 2

4. 千兆以太网冲击波形(图 10.11)

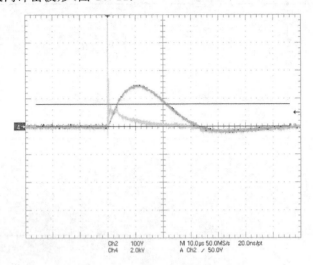

图 10.11　千兆以太网冲击波形

5. RJ-45 SPD 的插入损耗测试波形(图 10.12)

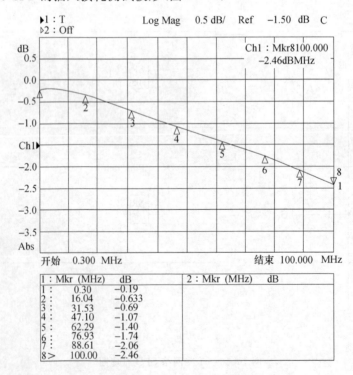

图 10.12　RJ-45 SPD 的插入损耗测试波形

10.2　仪器仪表信号系统电涌保护器应用

电信和信号线路上所接入的电涌保护器,其最大持续运行电压最小值应大于接至线路处可能产生的最大运行电压。用于电子系统的电涌保护器,其标记的直流电压 U_{DC} 也可以用于交流电压 U_{AC} ,反之亦然[2]。

10.2.1　合理接线

1. 应保证电涌保护器的差模和共模限制电压的规格与需要保护系统的要求一致(图 10.13)。

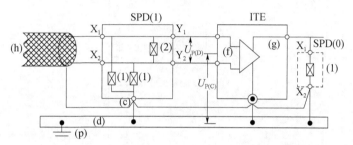

图 10.13　需要保护的电子设备(ITE)的供电电压输入端及信号端的差模和共模电压的保护措施举例
(c):电涌保护器的一个连接点(通常电涌保护器内的所有限制共模电涌电压元件都以此为基准点);(d):等电位连接带;(f):电子设备的信号端口;(g):电子设备的电源端口;(h):电子系统线路或网络;(p):接地导体;$U_{P(C)}$:将共模电压限制至电压保护水平;$U_{P(D)}$:将差模电压限制至电压保护水平;X_1、X_2:电涌保护器非保护侧的接线端子,在它们之间接入(1)和(2)限压元件;Y_1、Y_2:电涌保护器保护侧的接线端子;(1):用于限制共模电压的防电涌电压元件;(2):用于限制差模电压的防电涌电压元件

2. 接至电子设备的多接线端子电涌保护器,为将其有效电压保护水平减至最小所必需的安装条件,如图 10.14 所示。

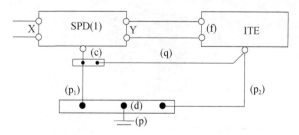

图 10.14　将多接线端子电涌保护器的有效电压保护水平减至最小所必需的安装条件举例
(c):电涌保护器的一个连接点(通常电涌保护器内的所有限制共模电涌电压元件都以此为基准点);(d):等电位连接带;(f):电子设备的信号端口;(p):接地导体;(p$_1$)、(p$_2$):接地导体(应尽可能短),当电子设备 ITE 在远处时可能无(p$_2$);(q):必需的连接线(应尽可能短);X、Y:电涌保护器的接线端子,X 为其非保护的输入端,Y 为其保护侧的输出端

(1)有效的电压限制效果通过下列方式达到：

——尽可能靠近设备安装 SPD(见三端子、五端子或多端子 SPD)；

——避免 SPD 连接导线过长，并减小 SPD 端子 X_1、X_2(图 10.15)与被保护区域之间不必要的弯曲，图 10.16 对应的连接方式是最理想的。

(2)二端子 SPD。

图 10.15 和图 10.16 表示两种可能的安装二端子 SPD 的方法，第二种安装方法消除了 SPD 连接导线长度的副作用。

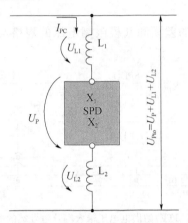

图 10.15　引线电感引起的 U_{L1} 和 U_{L2} 对保护水平 U_P 的影响

L_1、L_2：SPD 连接导线的导体电感；U_{L1}、U_{L2}：电涌电流 I_{PC} 变化率 di/dt 在相应的电感 L 上感应的常模电压，与连接导线整体长度或单位长度有关；X_1、X_2：SPD 的端子，对应于 SPD 的非保护侧，限压元件位于这些端子间；I_{PC}：直击雷电流的部分电涌电流；U_{Pto}：在信息技术设备输入端(f)由保护水平 U_P，及 SPD 与被保护设备间连接导体上的电压降产生的电压(实际保护水平)，在 SPD 开始导通前 U_{L1} 及 U_{L2} 等于 0，当开关型 SPD 导通时 U_P 为残压；U_P：SPD 输出端电压(保护水平)

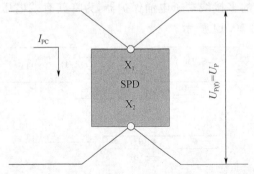

图 10.16　通过把连接导线连接至公共点去除保护单元的电压 U_{L1} 和 U_{L2}

X_1、X_2：SPD 的端子，对应于 SPD 的非保护侧，限压元件位于这些端子间；I_{PC}：直击雷电流的部分电涌电流；$U_{P(f)}$：在设备输入端(f)由保护水平 U_P 及 SPD 与被保护设备间连接引线产生的电压(实际保护水平)；U_P：SPD 输出端电压(保护水平)

（3）三端子、五端子或多端子 SPD。

要获得有效的限制电压，需要针对系统进行特定的研究，考虑保护装置与信息技术
设备之间各种状况。

附加措施：

——不要将连至保护端口的电缆与连至非保护端口的电缆放置在一起；

——不要将连至保护端口的电缆与接地导体（p）放置在一起；

——SPD 保护侧至被保护的信息技术设备的连接应尽可能短，或采取屏蔽措施。

雷电感应过电压对建筑物内部系统的影响。

建筑物内部可能存在雷电感应过电压，可通过耦合进入内部网络。这类过电压通
常是共模的，但也可能以差模形式出现，这类过电压会造成绝缘击穿或信息技术设备中
的元件损坏。

其他可采取的措施：

——SPD 与信息技术设备间采取等电位连接（q）以减小共模电压（图 10.17）；

——采用双绞线以减小差模电压；

——采用屏蔽线以减小共模电压。

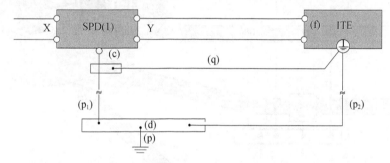

图 10.17　实际保护水平受干扰影响最小的信息技术设备与三、五或多端子 SPD 安装的必要条件
（c）：SPD 公共参考端，SPD 内的所有共模、电压限制型电涌电压元件通常以此为参考点；（d）：等电位连接体
（EBB）；（f）：信息技术/电信接口；（p）：接地导体；（p₁）、（p₂）：接地导体（尽可能短），对于远程供电的信息技术设备
（p₂）可能不存在；（q）：必要的连接导线（尽可能短）；X、Y：SPD 的端子，对应于 SPD 的非保护侧，限压元件位于这些
端子间

10.2.2　多功能电涌保护器

在交直流电源或通信线路进入建筑物的交界面处安装电涌保护器的传统做法可能
不足以保护计算机工作站和多媒体中心等电涌敏感设备的终端。由于建筑物内部的电
缆网络之间的感应耦合，SPD 的电流转移至接地系统以及接地极之间的电位差，内部
电涌也可出现在信号电缆上。多功能 SPD 能补充已有的保护措施，为各种设备终端提

供就地防护。当服务线路通过多功能 SPD 时,SPD 可保护连接至公共参考点的设备群处的服务设施,减少设备群接地连接处的循环电涌电流。

多功能 SPD 在一个单独的外壳中包含有一个组合保护电路,其至少用于两个不同的服务设施。它可以限制设备承受的电涌电压并为不同服务线路提供等电位连接。组合装置中电涌电压保护电路,其中用于电源线路的应符合 IEC 的要求,用于电信和信号线路保护的应符合国家标准要求。多功能电涌保护器称为 MSPD。

布线工作可能导致建筑物线缆产生电磁感应电涌、地电位抬升和电源与通信之间的等电位连接不良。已研发出 MSPD 可以保护设备和局部设备终端群免受上述困扰(图 10.18),这些设备终端连接多项服务线路。

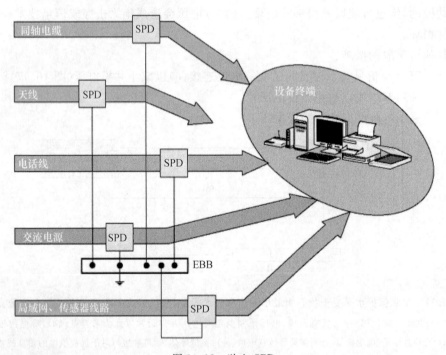

图 10.18　独立 SPD

MSPD 设计和构造的一个重要特征是将用于各种独立服务线路中的 SPD 进行等电位连接,这减小了在不同服务线路之间的电压差,如图 10.19 所示。

根据应用情况,有必要在 MSPD 上设置一个接地端子。

验证 MSPD 的等电位连接,包括在独立的服务设施之间、它们的接地之间,或两者之间施加一个电涌,然后测量 MSPD 被保护侧通过的接地电流。

在设备内部设置共用参考点可通过直接等电位连接(图 10.19)或者通过一个合适的元件(如图 10.20 中的 SPC(电涌保护元件))来实现。SPC 在正常情况下具有绝缘特性,但是当一个系统内或两个系统间有电涌出现时,能提供一个有效的等电位连接。
这些 SPC 元件可集成到 SPD 中。

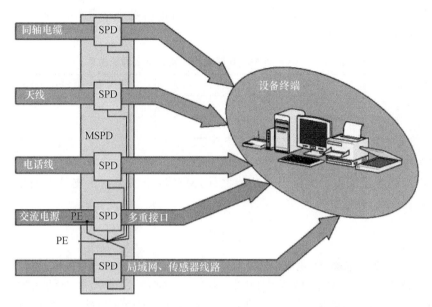

图 10.19　具有 PE 线连接的 MSPD

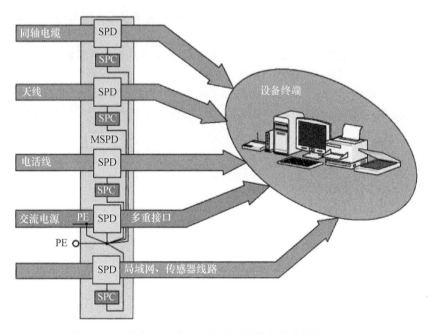

图 10.20　具有 SPC 与 PE 端子瞬态等电位连接的 MSPD

MSPD 应尽量安装在离保护设备(计算机、电话等)距离较近的地方,根据 GB/T 21714—2015《雷电防护》[3-6] 中的规定,MSPD 应安装在 LPZ1-2 或 LPZ2-3 交界面。因此 MSPD 不能被设计用来承受 LPZ0-1 交界面的直击雷电流。表 10.2 表示了 LPZ 和 MSPD 的试验分类之间的关系。

表 10.2　LPZ 和 MSPD 要求的试验分类之间的关系

LPZ 区域	国家标准中 SPD 的分类	IEC 中 SPD 的分类
0/1	不适用	不适用
1/2	C2	Ⅱ
2/3	C1	Ⅲ

除电源和数据端口的电压限制功能之外,MSPD 应满足它所支持的通信/数据接口的传输和安装特性。

参考文献

[1] 李祥超,赵学余,姜长稷,等.电涌保护器(SPD)原理与应用[M].北京:气象出版社,2010.

[2] 中国机械工业联合会.建筑物防雷设计规范:GB 50057—2010[S].北京:中国计划出版社,2010.

[3] 全国雷电防护标准化技术委员会.雷电防护 第 1 部分:总则:GB/T 21714.1—2015[S].北京:中国标准出版社,2015.

[4] 全国雷电防护标准化技术委员会.雷电防护 第 2 部分:风险管理:GB/T 21714.2—2015[S].北京:中国标准出版社,2015.

[5] 全国雷电防护标准化技术委员会.雷电防护 第 3 部分:建筑物的物理损坏和生命危险:GB/T 21714.3—2015[S].北京:中国标准出版社,2015.

[6] 全国雷电防护标准化技术委员会.雷电防护 第 4 部分:建筑物内电气和电子系统:GB/T 21714.4—2015[S].北京:中国标准出版社,2015.